程国政 编注　路秉杰 主审

# 中国古代建筑文献集要

【清代】上 （修订本）

同济大学出版社

## 内 容 提 要

本册选文对象为清代的建筑文献,分上、下两本,共选文约 160 篇,涵盖重要的历史事件、城池营造、园林营构、著名建筑、典章制度、水利工程和技术等方面。力求通过文章的遴选勾勒出清代建筑历史发展的轨迹。

全书文章编排按作者生卒年代顺序,兼顾当事之历史人物的时代顺序;作者生卒年等不详的文献按照事件发生的年代等线索酌定编排顺序;单篇篇目按照提要、正文、作者简介与注释进行编排。本书为建筑文献读本,适合广大建筑专业的师生和古建筑工作者以及爱好者阅读、收藏。

**图书在版编目(CIP)数据**

中国古代建筑文献集要.清代.上/程国政编注.--修订本.
--上海:同济大学出版社,2016.8
ISBN 978-7-5608-6517-1

Ⅰ.①中… Ⅱ.①程… Ⅲ.①建筑学-古籍-中国-清
代 Ⅳ.①TU-092.2

中国版本图书馆 CIP 数据核字(2016)第 208781 号

上海市"十二五"重点图书
上海文化发展基金会图书出版专项基金项目

**中国古代建筑文献集要** 清代 上(修订本)
程国政 编注 路秉杰 主审
责任编辑 封 云 责任校对 徐春莲 封面设计 陈益平

出版发行 同济大学出版社 www.tongjipress.com.cn
(地址:上海市四平路 1239 号 邮编:200092 电话:021-65985622)
经 销 全国各地新华书店
印 刷 浙江广育爱多印务有限公司
开 本 787mm×1092mm 1/16
印 张 154.75
字 数 3 863 000
版 次 2016 年 10 月第 1 版 2016 年 10 月第 1 次印刷
书 号 ISBN 978-7-5608-6517-1

定 价 980.00 元(全 8 册)

# 序　言

　　1986 年前后,同济大学建筑与城市规划学院建筑历史与理论专业硕士、博士研究生导师陈从周教授,鉴于研究生古代汉语能力明显不足,甚至连普通的繁体字都不识,严重制约了中国建筑历史与理论研究的开展与深入,因此,建议设置"古代汉语"课,特聘海宁蒋启霆(字雨田)老先生授课,我负责具体依据考查研究需要选择合适的文章和组织上课。每周 2 学时,共计 32 学时,计 2 学分。

　　在教学过程中,我们逐步体会到我们所需要的并不仅仅是古代汉语,而是"古代汉文"。古代汉文实在太多了,汗牛充栋,时间有限,我只能选一些与建筑有关而又简单的文章。因此,直到 1996 年我将 10 余年来的讲课成果集结成书时,正书名还是用的《古代汉语》,副书名才是《中国古代建筑文选》。2000 年以后,才正式改成《中国古代建筑文献》。

　　因为博士研究生入学考试的专业课与硕士生的专业课原来都是三门:建筑历史(含中外)、建筑设计、建筑文献,现在国家规定只准考两门,三门课中的中外建筑史是必考的,因此,只能在古代汉语与建筑设计中选一门作为第二门考试科目。经过再三考虑和比较,最后我们保留了古代汉语即中国建筑文献课。因为考建筑历史与理论专业的几乎全是建筑学专业的,对建筑的认识和理解以及实际设计能力已达到了一定水平,而所缺少的却是中国文化的兴趣与素养、语言文字的识别和理解能力。而要培养出优秀的中国古建筑研究家来,必须从根本上提高他们中国文化的素质和修养,只有这样,才有可能达到目的。最后,我们选择了古代汉语,也正式改称"中国古代建筑文献"课。

　　1986 年集结成书的教材,共计 87 篇。文章顺序按时代先后,由近及远,这是考虑到难易问题,最后才涉及青铜器、金石铭文,但也不是我们全部教学过的。此外,还考虑到有关中国建筑的文献散布零落且流布极广,极不易搜寻。易得易寻的,我们就少选或不选了。尽量选一些对我们很有意义又不太易搜寻到的,以减少同学们的搜寻之苦。有些选文直接和建筑相关,有些则间接相关,有些则纯粹是思想方法和理论指导性的。

到最后,我们仍是感到不能满足,后来又逐渐发现了许多很精彩的篇章,如南宋董楷《受福亭记》,可以说是上海有建制以来关于市镇记载的第一篇;杜佑《通典·食货志》"黄帝经土设井"段,完全是一篇小区规划理论……于是,我又补充了18篇。这些文章有的有注解,有的无注解,文字极不规范,也不统一。要想将其全部加以注解,非一两人短期内所能胜任,因此,长期以来仅是维持教学而已。我曾先后邀请几位专门研究古文、古文献的专家协助进行注释,结果也都没有完成。

幸而近年得识程国政同志,武汉大学古文献整理与研究专业1987届研究生毕业,从周大璞、李格非、宗福邦等师受业,受过较为严格的古文献整理、研究方法之训练。来同济大学,闻古建筑文献读本阙如之情形,立下宏愿,广搜典籍,汇文成册,矢志补建筑历史与理论专业长期无正式入门教材之憾。

这些年,程国政同志在繁重的工作之余,始终如一地坚持从浩瀚的文献海洋中搜寻、甄别散落的篇章段落。据我所知,他浏览过的古籍在万种以上,册数难以计数,寒暑假、节假日,他都跋涉在故纸堆里;近年,他的搜寻又扩展到古代各类营造文献,有些篇目已经选入这套书中了,他说"正在酝酿更大的计划"。

皇天不负躬耕人。令人欣喜的是,这套丛书得到了上海文化发展基金会图书出版专项基金的多次资助,并被列入"上海市重点图书"、"上海市'十二五'重点图书";同时还获得多个奖励,这些奖掖都有效地促进了这项工作的持续推进。这正应了"慧眼识珠"的老话,可喜可贺。

光阴倏忽,寒暑迭易,转眼间到了2013年的春天,"末日"没有来临,集腋终而成裘,数百篇、几百万字的《中国古代建筑文献集要》就要出版了。此书有幸面世,对中国古代建筑文化研究之作用,甚有益补。吾虽老眼昏花,犹朦胧望见矣!

壬辰冬腊月初六日
东郡小邑 路秉杰
谨撰于上海同济新村旧寓

# 修订本前言

光阴荏苒，一眨眼《中国古代建筑文献集要》出版已经 4 年了；更没想到的是，这样一部专业性、学术性极强的图书居然受到读者的热情支持和点赞，初版的图书很快就销售一空。

对于我而言，《中国古代建筑文献集要》的出版只是我漫长的古代营造文献整理研究工作的第一步，本人的研究整理工作一直在继续。这次，出版社资深编辑封云先生说该书列入出版计划，这几年的修订成果、部分增补篇目也可一并纳入。

这次新增的篇目大多以专题的形式，或是某个古代作家的专题，或为某一著名营造案例、某一地域里的集中大规模营造等。

像李邕，稍稍了解书法史的人都知道，他的行书碑堪称遗世独立，其《麓山碑》《李思训碑》，世人谓之"书中仙手"。但你可曾知道，他还写有国清寺、曲阜孔子庙、东林寺及五台山等著名寺庙的碑文，这些寺庙在唐高宗、武则天到唐玄宗时代，大多是国字号寺庙。

还有孙樵，对长安到四川这一带似乎独有情钟，其《兴元路记》《梓潼移江记》生动地记录了中古时期我国开道路、修水利的生动历史。《兴元路记》中，孙樵亲身实地考察之后，经过深入地比较研究，认为新修的文川驿道比褒斜道散关褒城线好。虽然新道也有需要改进的地方，但荥阳公"其始立心，诚无异于古人，将济斯民于艰难也。然朝廷有窃窃之议，道路有唧唧之叹，岂荥阳公之始望也！"但是，这条新道修成一年不到，就被废弃了。虽然文川驿道很便捷，但从眉县林溪驿到城固县文川驿，尤其是中段平川驿到四十八窟窿，道路蜿蜒于红岩河中流的深山峡谷中，激流陡崖，险阁危栈，困难万重。青松驿以南，又要连续翻越好几座高山峻岭，山深林密，野兽出没，居民稀少，给养供应十分困难。更加上仓促修成的道路，基础不固，设备不全，一遇暴雨水涨，山塌水冲，桥阁摧毁，修复尤难，常致道路阻绝，使命中断，行旅商贩搁而不通。所以修成之后不到一年，又回到散关褒城线的旧驿道了。而《梓潼移江记》记录的则是唐朝一位官员为涪江将郪（今四川三台）民众谋福利的故事。涪江将郪（县）紧紧缠绕，所以每到三秋涨水季节，就如蟠龙迫城，洪水卷着狂澜冲突堤坝、啃咬崖岸，吞屋噬人，地方官员深以为忧但也无可奈何。荥阳公郑复来了，他知道前观察使想凿江东软地另开一条新江，让怒号的江水不再祸害百姓。可是，就像许多新工程一样，这样的民生工程

"役兴三月,功不可就"。什么原因?原来是因为"江势不可决,讹言不可绝"。于是荥阳公说厚其值、戮其将、动其卒,种种方法都被认为不可。最后,荥阳公"视政加猛,决狱加断""杖杀左右有所贰事,鞭官吏有所阻政者",扰政、懒政官吏都受到惩罚;对百姓,他下令称"开新江非我家事,将脱郡民于鱼腹耳。民敢横议者死。"新江修好了,事迹汇报上去之后,你猜猜什么结果?有关部门说:事先不报告就擅自开工,"诏夺俸钱一月之半"。

著名的工程像诸葛武侯祠的历代兴建,敦煌莫高窟、武当山、普陀山的营造,郧阳、安庆等新设省府营造,等等,还有石鼓书院、安庆府学,等等,都是以专题的形式呈现的。武当山的营造既罗列了历代帝王的诏书赐牒,也汇聚了赋文游记,等等。普陀山成为我国佛教四大名山,则与康熙、雍正和乾隆的襄助关系极大:南京明故宫的黄瓦龙宫都被移来,没有皇帝旨意谁能做到?法雨寺新造大铜镂,裘琏不但把锻造文字写得活灵活现,还把工匠锻造的"潜规则"描画得栩栩如生,这些都是方丈亲口告诉他的。看来,工匠的江湖一样水深啊!

还有郧阳府,其实就是明朝时的特区。当剿灭政策发生逆转,转为安抚和给予户籍之后,原本的流民就成为了郧阳(今天鄂陕豫交界一带)民众,于是郧阳府、郧阳府学、郧阳府学孔子庙、书院、藏经阁、提督军务行台(类似今天的军分区),还有供大家登高赏美的镇郧楼、春雪楼都得一一建起来,于是在很长时间内,营造便时时生发,郧阳也从特区渐渐变成了大明治域里的一个副省级行政区。

安庆府也一样,其成长的过程同样漫长而有序。造衙门,造城,先是安庆府,后来渐渐成长为清朝的一个省级行政区,处理公务、修桥筑路、登临游观、训教生民、教育后生,乃至求雨弥龙王、礼贤敬烈的祠庙建筑——都得安阶就列,悉心建造。从康熙朝的《安庆府志》看,安庆的营造最为崇隆就是学校书院的建设了,可谓是历代沿袭,从未断绝,可见中华民族对教育、教化的重视。尤其需要指出的是,那时学校书院的建设是没有专门经费的,只有官员解囊、百姓捐助,加上羡银余帑这样东拼西凑得来资金,并且一任接着一任干才能最后完成。看来古人的"立德立功立言"不是一句随便说说的话。

现在,有学者提出"中国需要重构社会科学",在我看来,重构社会科学首先要回望、重估数千年支撑这个民族的传统文化价值。不能因为近代以来我们挨打了、落后了,我们就抛弃了民族的精神内核和日常人文。回望、评估,要从大处着眼、细处入手,而脚踏实地的开展古代文献的整理研究就是中华社会科学体系重塑的第一步。

拉拉杂杂,是为序。

**编者于同济园**

二〇一六年十月　丹桂飘香时节

# 前　言

中国地域广大,气候差异明显,农业文明长期作为经济、社会的基础,宗法血缘制社会结构稳定,儒释道并存、海纳百川的政治、文化内核……改朝换代不断,但秦汉以来中国古代建筑始终有着稳定的精神内核维系其发展、嬗进,尽管有转折、起伏,而到宗法血缘制封建王朝结束,其间的积淀与渐变一直没有停歇。这种中华风从城市与建筑的布局,到梁柱间架的多寡,形体、构件的比例,再到斗拱的等级层数,甚至装修、彩画、着色的规格,门簪、门钉的数量等等,都包含皇族到平民层层递减的制度安排。

这些信息,都隐藏在代代传续、浩如烟海的典籍之中,经史子集篇幅不等都能寻见其蛛丝马迹,虽然,服从于“礼”的营造活动始终摆脱不了“末”与“技”的命运,但只要我们耐心搜寻,还是能不断获得新发现。令人欣慰的是,这些发现,常常都能与建筑匠造遗存不谋而合。其实典籍与实物本来常是一事两翼,只是我们没有静下心来细细找寻而已。

清兵1644年入关,成为中华帝国的新统治者。随着顺治、康熙、雍正、乾隆等皇帝的开拓治理,中国东南西北的疆域都得到极大的拓展,经济社会长足进步,尤其是江南、岭南等得到广泛、持续且卓有成效的开发,南北货物随着海运,特别是大运河的运输,得到及时的交流。

清人入主紫禁城,得到了明朝遗留的富丽皇宫,所以虽历经十二帝,统治中国268年,并未对紫禁城大动“手术”,只进行了一些局部的修缮、改造等。清代,由于康熙、乾隆等皇帝的喜好山水和带头行动,包括承德避暑山庄、圆明园、颐和园在内的诸多皇家园林先后成为著名的园林构筑;康熙、乾隆每到一地,发现营造水平高超的园林,就要描摹回来,依样复制。帝王的推崇热捧,在社会中起到了引领风尚的作用,清代崇尚自然的文人山水园林勃兴不是偶然的。

康熙、乾隆均极喜欢出巡。康熙六次下江南,史载其核心目的是为了治河、导淮、济运;乾隆亦六次下江南,也是为了海塘的治理。他们一次出巡常常费时数月,一路上恭迎皇驾驻跸,地方上自然是费尽心思,修离宫、造园林,可谓是极尽奢华,泗上林泉、东昌府、光岳楼、扬州、常州,一直到南边的安澜园,为迎接皇帝的到来而修造的各种设施,几乎都是当时的地标性营构,应该说康熙、乾隆的南巡,极大地激发了江南园林的勃兴。没有帝王们的刺激与鼓励,我国的园林营造水平能否达到如此出神入化的境界,很难说。

清代,黄河、淮河、运河的治理仍是国家头等重要的事。康熙、乾隆等帝一方面提升官员的勋爵级次,一方面增设治水机构,可是,皇帝的种种努力往往成为泡影,因为河督等官的私人利益往往与黄、淮河决堤紧密相连,大家心知肚明这一官职是肥差。尤其是和珅专权时期,要想得到此职,须先行贿。《郭君传》中老河工郭大昌一次次打破了河督们的黄金梦,虽然他经验丰富、见解精辟,所出计策总是高瞻远瞩、切中要害,不断取得理想的成果,但他一次又一次在治河经费问题上与河官发生冲突,最终只能在凄凉中离开污秽的世界。《书山东河工事》记录的则是堵缺过程中装神弄鬼的荒唐事除了黄淮运传统水患外,海潮啮岸、长江水患的危害亦日益显现,乾隆下江南,关注的就是海塘建设;而长江,魏源的《湖北堤防议》尖锐地指出:"人欲与水争地为利,而欲水让地不为害,可乎?"他为治理长江献"因败为功"、"因败制宜"二策。

随着疆域的拓展,文人墨客反映的边疆风情也色彩丰富起来。《宁古塔纪略》、《和阗》、《乌鲁木齐杂诗》、《敕建绥远城碑》、《台湾行》、《大喇嘛寺歌》、《屋宇》等篇章中,那些奇异的建筑、别样的风景,不一样的风土人情,无不让人着迷。

鸦片战争、太平天国农民运动打碎了帝国的梦。从曾国藩开始,建水师,放童生留洋,重修被毁的江南贡院,筹办江南造船厂并新造轮船,组织人手翻译西洋书籍,大清被来自工业文明的炮声震醒之后,有识之士开始了洋务运动,试图"师夷之长以制夷"。李鸿章、张之洞、郭嵩焘、盛宣怀,乃至王韬、张謇、李圭等有识之士纷纷为国家的觉醒、强盛做出各种各样的努力,这些努力包括实业救国、教育救国,包括兴铁路,办钢厂、兵工厂,介绍万国博览会等等。随着他们的介绍,工业文明的诸多新生事物纷纷进入中国人的视野。

清朝实行海禁,广州在很长时间内成为唯一的对外通商口岸。伴随出现了中间人撮合中外商品贸易的"洋货行",俗称"十三行"。他们最终在广州形成十三行街区,200多年间垄断了包括丝绸、茶叶、瓷器直至房地产等行业,积累了大量的财富。庐山租借地的出现则与外敌的入侵中国的大背景紧密联系。1886年冬日的一天,英国人李德立以传教士的身份登上庐山,从此开始改变了庐山。

1894 年,他以极为低廉的价格最终获得长冲谷 4 500 亩土地 999 年的租期,开始了旅游地产的开发,于是我们今天就看到了庐山上的"万国建筑博物馆"。需要指出的是,虽然庐山的开发是国家积贫积弱蒙受屈辱的产物,但在技术层面上,李德立开发庐山的理念和很多方法即使在今天也立于"潮头"。

中国人很早就与世博会亲密接触了。王韬的《玻璃巨室》描绘第一届世博会举办场所水晶宫,李圭则更是以中国参展团成员的身份参加了 1876 年美国费城世博会,他们的笔不但记录了眼花缭乱的展会场面,还将所见所闻形成建议。比如李圭所提的开办"合公私而一之"的邮政局的建议,就在李鸿章的支持下,1878 年择北京、天津、烟台、牛庄(营口)、上海等五处试办。当然还有新式大学,《明定国是诏》的主要成绩就是催生了京师大学堂。

……

需要指出的是,欲系统而又全面地整理散落在浩如烟海古文献中的建筑文献,非一人、非文献家或建筑史家能单独完成的,它是一项浩瀚复杂的大工程。工作进行到清代,这种感受愈加强烈。但尽管要做工作的浩瀚而巨量,披荆辟莽的垦荒之事总还是要有人做的,不是吗?

本书为《中国古代建筑文献集要》的清代卷,选文对象为清朝建筑文献。仍以同济大学建筑与城市规划学院研究生古建专业路秉杰《古建筑文献读本》油印讲义之目录为基点,原篇目有筛酌,同时努力扩大文献征释范围;文章编排按作者生卒年代顺序,兼顾历史人物尤其是皇帝年号的顺序;作者生卒年月等不详的文章遵循其中举年月、入仕途时间、事件发生的年代、年号等线索酌定顺序;具体篇目按照提要、作者简介、正文与注释进行编排。全书共选文约160 篇,力求涵盖重要历史事件、城池营造、园林营构、著名建筑、典章制度、水利工程和技术、国防设施及企业、土地租借、旅游馆舍、社会救助设施等,期望为有志于此类研究的人们提供一个入门读本。

希望我们的工作能为方家、后来者提供一个靶子,后出转精也是学术前进的规律。念此,我们甘当这个靶子!

编　者
辛卯年十一月
壬辰年十一月　再缀

# 凡　　例

## 一、取材原则及范围

1. 以古代建筑文化及技术发展史中有代表性的篇目为主,兼及地域及时代特色。

2. 以经、史、集部典籍为主,兼顾子集。

3. 考虑到阅读对象特点,所选篇目出处均以书名、出版社及年份构成。如:《十三经注疏》(中华书局 1980 年影印本)。

## 二、选文顺序

大体按照作者生卒时间顺序排列文字;作者生平不详者,依帝王年代、事件发生年月等酌定次序。

## 三、提要及作者简介

1. 提要:为本文阅读提示,力求用简洁的文字厘清所选篇目的内容、价值及背景线索等。

2. 作者简介:除简要介绍其生平事迹外,尽量介绍与选文有关的内容。

## 四、注释体例

1. 注释对象及单篇注释数量

注释对象以建筑、当事者、时代背景的词语为主,兼及有关文意理解的关键词语;篇幅较大者注释数量限定在 100 个左右。

2. 注释格式

词语注释:先释词义,后释字义;注释用语力求规范、简洁。

注音:生僻词语先注意后释义;词语中单字注意则先释词义,后注单字音、释义;单字先注音,后释义。

例:① 词语。

鞑靼:音 dádá,我国古代北方一少数民族。

诡谲:阴险狡诈。谲,音 jué,欺诈,玩弄手段。

② 单字

耷,音 dā,向下垂,[书]大耳朵。

③ 句子

疑难句子先释全句句意,后释疑难词汇、单字。如,"儒其居"句:谓平常读书人家。槁腴:谓干枯丰腴。

3. 古今字

有些古文字简化后字义扞格者,保持原貌。如:"束脩","甚夥"等。

# 目 录

## 清 代 上

清　代　上

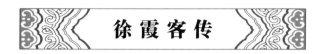

## 徐霞客传

### 清·钱谦益

【提要】

本文选自《牧斋初学集》卷七一(上海古籍出版社 1985 年版)。

徐霞客(1587—1641),名弘祖,字振之,号霞客。明南直隶江阴(今江苏江阴)人。伟大的地理学家、旅行家和探险家。受家传耕读文化熏陶,徐霞客幼年好学,博览群书,尤钟情于地经图志,少年即立下了"大丈夫当朝游碧海而暮宿苍梧"的志向。

徐霞客的旅游生涯,大致可分为三个阶段:

第一阶段为 28 岁以前,受父辈影响,喜爱历史、地理、游记类书籍,并凭兴趣游览太湖、泰山等地,没有留下游记。

第二阶段为 28 岁至 48 岁,历时 20 年,游览了浙、闽、黄山和北方的嵩山、五台、华山、恒山诸名山。但游记仅写了二卷,约占全书的十分之二,"五岳归来不看山,黄山归来不看岳"就是此时的感受。

第三阶段为 51 岁至 54 岁,为纪游后段,历时 4 年,游览了浙江、江苏、湖广、云贵等江南大山巨川,写下了 8 卷游记。

徐霞客游踪遍及今 16 个省、直辖市、自治区。他不畏艰险,曾三次遇盗,数次绝粮,仍勇往直前,严谨地记下了观察的结果。直至进入云南丽江,因足疾无法行走时,仍坚持编写《游记》和《山志》,基本完成了《徐霞客游记》。53 岁,云南地方官用车船送徐霞客回江阴。第二年正月病逝于家中。遗作经季梦良等整理成书,广泛流传。

60 余万字的《徐霞客游记》开辟了地理学上系统观察、描述自然的新方向。《游记》既是系统考察祖国地貌地质的地理名著,又是描绘华夏风景资源的旅游巨篇,还是文字优美的文学佳作,流布国内外,影响深远。

钱谦益所撰《徐霞客传》说,徐霞客喜欢山水,"奇情郁然,玄对山水""有再三至,有数至,无仅一至者";善游山水:"其行也,从一奴或一僧,一杖一襆被。不治装,不裹粮;能忍饥数日,能遇食即饱,能徒步走数百里。凌绝壁,冒丛箐,扳援下上,悬度缏汲,捷如青猿,健如黄犊。以釜岩为床席,以溪涧为饮沐,以山魅、木客、王孙、夔父为伴侣。梦梦粥粥,口不能道词;与之论山经,辨水脉,搜讨形胜,则划然心开";喜欢争奇逐胜(如攀登雁山绝顶),重视亲情友情,富有科学探究精神……为我们刻画了一个栩栩如生的明代旅人——徐霞客。

徐霞客者,名弘祖,江阴梧塍里人也。高祖经,与唐寅同举除名[1]。寅尝以倪云林画卷偿博进三千[2],手迹犹在其家。霞客生里社,奇情郁然,玄对山水,力耕奉母,践更徭役[3],蹙蹙如笼鸟之触隅,每思飏去。年三十,母遣之出游。每岁三时出游,秋冬觐省[4],以为常。东南佳山水,如东西洞庭、阳羡、京口、金陵、吴兴、武林、浙西径山、天目、浙东五泄、四明、天台、雁宕、南海落迦[5],皆几案衣带间物耳。有再三至,有数至,无仅一至者。其行也,从一奴或一僧,一杖一襆被,不治装,不裹粮;能忍饥数日,能遇食即饱,能徒步走数百里。凌绝壁,冒丛箐[6],扳援下上[7],悬度缑汲[8],捷如青猿,健如黄犊。以釜岩为床席[9],以溪涧为饮沐,以山魅、木客、王孙、夔父为伴侣[10]。梦梦粥粥[11],口不能道词;与之论山经,辨水脉,搜讨形胜,则划然心开[12]。居平未尝謦欬为古文辞[13],行游约数百里,就破壁枯树,燃松拾穗,走笔为记,如甲乙之簿[14],如丹青之画,虽才笔之士,无以加也。游台、宕还,过陈木叔小寒山[15],木叔问曾造雁山绝顶否?霞客唯唯。质明已失其所在,十日而返,曰:吾取间道打萝上龙湫,三十里有宕焉,雁所家也,扳绝磴,上十数里,正德间白云、云外两僧团瓢尚在[16]。复上二十余里,其颠罡风逼人[17],有麋鹿数百群,围绕而宿,三宿而始下。其与人争奇逐胜,欲赌身命,皆此类也。

已而游黄山、白岳、九华、匡庐[18],入闽,登武夷,泛九鲤湖,入楚,谒玄岳[19],北游齐、鲁、燕、冀、嵩、洛,上华山,下青柯坪,心动趣归,则其母正属疾,啮指相望也[20]。母丧服阕,益放志远游。访黄石斋于闽[21],穷闽山之胜,皆非闽人所知。登罗浮,谒曹溪,归而追石斋于黄山,往复万里,如步武耳[22]。由终南背走峨眉,从野人采药,栖宿岩穴中,八日不火食,抵峨嵋,属奢酋阻兵,乃返。只身戴釜,访恒山于塞外,尽历九边厄塞,归过余山中,剧谈四游四极,九州九府,经纬分合,历历如指掌。谓昔人志星官舆地[23],多承袭傅会[24],江河二经[25],山川两戒[26],自纪载来,多囿于中国一隅,欲为昆仑海外之游,穷流沙而后返。小舟如叶,大雨淋湿,要之登陆,不肯,曰:"譬如涧泉暴注,撞击肩背,良足快耳。"

丙子九月[27],辞家西迈。僧静闻愿登鸡足[28],礼迦叶[29],请从焉。遇盗于湘江,闻被创死,函其骨,负之以行。泛洞庭,上衡岳,穷七十二峰。再登峨眉,北抵岷山,极于松潘[30]。又南过大渡河,至黎、雅[31],登瓦屋,晒经诸山。复寻金沙江,极于牦牛徼外[32]。由金沙南泛澜沧,由澜沧北寻盘江,大约在西南诸夷境,而贵竹、滇南之观,亦几尽矣。过丽江,憩点苍、鸡足。瘗静闻骨于迦叶道场,从宿愿也。由鸡足而西,出玉门关数千里,至昆仑山,穷星宿海,去中夏三万四千三百里。登半山,风吹衣欲堕,望见外方黄金宝塔。又数千里,至西番参大宝法王[33]。鸣沙以外,咸称胡国,如述卢、阿耨诸名,由旬不能悉[34]。《西域志》称沙河阻远,望人马积骨为标识,鬼魅热风,无得免者,玄奘法师受诸魔折,具载本传。霞客信宿往返,如适莽苍[35]。

还至峨嵋山下,托估客[36],附所得奇树虬根以归。并以《溯江纪源》一篇寓余,言《禹贡》岷山导江,乃泛滥中国之始,非发源也。中国入河之水为省五,入江之水为省十一,计其吐纳,江倍于河,按其发源,河自昆仑之北,江亦自昆仑之南,非江源短而河源长也。又辨三龙大势,北龙夹河之北,南龙抱江之南,中龙中界之特短,北龙只南向,半支入中国。惟南龙磅礴半宇内,其脉亦发于昆仑,与金沙江相并,南下环滇池以达五岭。龙长则源脉亦长,江之所以大于河也。其书数万言,皆订补桑经[37]、郦注及汉、宋诸儒疏解《禹贡》所未及。余撮其大略如此。

霞客还滇南,足不良行,修《鸡足山志》,三月而毕。丽江木太守侍候粮[38],具笋舆以归。病甚,语问疾者曰:"张骞凿空[39],未睹昆仑。唐玄奘、元耶律楚材,衔人主之命,乃得西游。吾以老布衣,孤筇双屦[40],穷河沙,上昆仑,历西域,题名绝国,与三人而为四,死不恨矣。"

余之识霞客也,因漳人刘履丁。履丁为余言:"霞客西归,气息支缀[41],闻石斋下诏狱,遣其长子间关往视[42],三月而反,具述石斋颂系状[43],据床浩叹,不食而卒。"其为人若此。

梧下先生曰[44]:昔柳公权记三峰事[45],有王玄冲者,访南坡僧义海,约登莲花峰,某日届山趾,计五千仞为一旬之程,既上,爝烟为信。海如期宿桃林[46],平晓,岳色清明,伫立数息,有白烟一道,起三峰之顶。归二旬而玄冲至,取玉井莲落叶数瓣[47],及池边铁缸寸许遗海,负笈而去。玄冲初至,海谓之曰:"兹山削成,自非驭风冯云,无有去理。"玄冲曰:"贤人勿谓天不可登,但虑无其志尔。"霞客不欲以张骞诸人自命[48],以玄冲拟之,并为三清之奇士[49],殆庶几乎?霞客纪游之书,高可隐几[50]。余属其从兄仲昭雠勘而存之,并为古今游记之最。霞客死时,年五十有六。西游归,以庚辰六月卒,以辛巳正月葬江阴之马湾。亦履丁云。

## 【作者简介】

钱谦益(1582—1664),字受之,号牧斋,又自称牧翁、尚湖、蒙叟、绛云老人、虞山老民、聚沙居士、敬他老人、东涧遗老等,常熟(今属江苏苏州)人。明末清初文学家。万历三十八年(1610)进士。清顺治二年(1645)迎降,授礼部侍郎管秘书院事,充修明史副总裁。次年称病归里并深以为耻。他暗地支持和参与反清活动,并忏悔自赎。一生博览群书,精于史学,诗文作品在当时负有盛名。有《初学集》《有学集》《投笔集》等。

## 【注释】

[ 1 ]徐经(1473—1507):字衡父,又字直夫,自号西坞。在吴郡,徐经与唐寅为莫逆。弘治己末(1499)大比之年,两人相约同赴京会试。由于徐、唐两人在京师的行动惹人注目,会试三场考试结束,顷刻便蜚语满城,盛传"江阴富人徐经贿金预得试题"。户科给事华昶便匆匆弹劾主考程敏政鬻题。结果导致徐、唐二人均遭削除仕籍,发充县衙为小吏。程敏政因此罢官归家。弘治帝死,徐经再返科场。正德丁卯(1507)客死京师,年仅三十五。

唐寅(1470—1523):字伯虎,一字子畏,号六如居士、桃花庵主、鲁国唐生、逃禅仙吏等。据传于明宪宗成化六年庚寅年寅月寅日寅时生,故名唐寅。吴县(今江苏苏州)人。20余岁时家中连遭不幸,父母、妻子、妹相继去世,家境衰败,在好友祝允明的规劝下潜心读书。29岁参加应天府试,中"解元"。30岁赴京会试,受诬被斥为吏。遂绝意进取,以卖画为生。擅山水、人物、花鸟,其山水山重岭复,以小斧劈皴为之,雄伟险峻,而笔墨细秀,布局疏朗,风格秀逸清俊。画名与沈周、文征明、仇英并称"吴门四家";诗文与祝允明、文征明、徐祯卿并称"江南四才子"。

[ 2 ]倪云林:即倪瓒(1301—1374)。元代画家、诗人。初名珽。字泰宇,后字元镇,号云林居士、云林子,或云林散人等。江苏无锡人。瓒博学好古,家雄于财,四方名士日至其门。工诗画,画山水意境幽深。有《清闷阁集》,与黄公望、王蒙、吴镇为元四家。偿博:指偿还赌债。

〔3〕践更:经历。

〔4〕觐省:谓探望父母。

〔5〕落迦:浙江普陀有落迦山。

〔6〕丛箐:茂密的竹林。

〔7〕扳援:攀附,攀着物什向上或向前。

〔8〕悬度:谓腾跃而跨越。

〔9〕崟岩:谓高耸的山岩。崟:音 yín,高耸貌。

〔10〕王孙:猴的别名。玃父:马猴。玃:音 jué。《清稗类钞》:状似猕猴而大,毛色苍黑,长七尺,人行,健走。相传遇妇女必攫去,故名。

〔11〕梦梦:昏乱,不明。粥粥:柔弱无能貌。

〔12〕划然:犹豁然。开朗貌。

〔13〕鞶帨:音 pán shuì,指腰带和佩巾。喻雕饰华丽的辞采。

〔14〕甲乙:比并,相属。此谓其描述准确生动。

〔15〕陈木叔:即陈函辉(1590—1646)。原名炜,字木叔,号小寒山子,临海县城(今浙江临海市)人。崇祯七年(1634)进士。九年(1636),补靖江县令,废苛捐杂税,行"一条鞭"法,减轻百姓负担,设社学教育生员,当年就有人中举;致力水利,疏浚河道,开辟良田,吏部考绩列第一。明亡后从鲁王航海,已而相失。入云峰山,投水死。

〔16〕正德:明武宗朱厚照年号,1506—1521 年。团瓢:圆形草屋。

〔17〕罡风:道家称天空极高处的风。后用来指强烈的风。

〔18〕白岳:指齐云山。道教的大名山之一,在今安徽休宁县西十五公里。

〔19〕玄岳:指武当山。

〔20〕啮指:晋干宝《搜神记》:曾子从仲尼在楚而心动,辞归问母。母曰:"思尔啮指。"后因以"啮指"表达母亲对儿子的渴念和儿子对母亲的孝思与眷顾。

〔21〕黄石斋:即黄道周(1585—1646)。福建漳浦人。天启间进士。崇祯时官至少詹事。后追随南明,战败,不屈,死。徐霞客称他:"字画为馆阁第一,文章为国朝第一,人品为海内第一。"

〔22〕步武:指很短的距离。武:半步。

〔23〕星官:指天文星象。

〔24〕傅会:传说附会。

〔25〕江河二经:指长江、黄河两条干流。徐霞客《溯江纪源》:"江、河为南北二经流,以其特达于海也。"

〔26〕两戒:国家疆域的南北界限。唐僧一行提出"天下山河两戒"的地理观念。北戒相当于今青海、陕北、山西、河北、辽宁一线;南戒相当于四川、陕南、河南、湖北、湖南、江西、福建一线。

〔27〕丙子:崇祯九年(1636)。

〔28〕鸡足:鸡足山。在云南。

〔29〕迦叶:摩诃迦叶。佛陀十大弟子之一。出家后苦行,道德高尚,被尊为头陀第一。头陀行又称为苦行。《大唐西域记》:"迦叶承旨主持正法,结集既已,至第二十年,厌世无常,将入寂灭,乃往鸡足山。"其弟子们相信,迦叶尊者在鸡足山持佛祖袈裟,进入华首(石)门。于是,鸡足山成为佛教圣地。

〔30〕松藩:在今四川阿坝东北部,历史上是著名的川西门户。

[31] 黎、雅:黎州(今属四川),为剑南西部边防要地;雅:雅州(今四川雅安)。

[32] 牦牛:高寒地带特有的牛种,分布于青藏高原青藏、川西、青海等地区。

[33] 大宝法王:元、明时中央对西藏喇嘛教领袖的最高封号。明代时,有三大法王之封。但大宝法王的地位高于大乘和大慈两法王。

[34] 由旬:古印度长度单位,佛学常用语。意译为一程、驿等。《大唐西域记》卷二:由旬,"自古圣主一日军行也"。

[35] 信宿:两夜。莽苍:此指郊野,郊外。

[36] 估客:行商。

[37] 桑经:指《水经》。相传为汉桑钦所作,故称。

[38] 木太守:朱元璋洪武十六年(1383),以木德为丽江知府。木德从征有功,子孙袭此职。偫:音 zhì,准备。餱粮:干粮。

[39] 凿空:古代称对未知领域探险为凿空。

[40] 孤筇:一柄手杖。谓独自步行。

[41] 支缀:支持延续。犹奄奄一息。

[42] 间关:亦作"闲关"。犹辗转。

[43] 颂系:谓有罪入狱,宽容而不加刑具。颂,古"容"字,谓宽容。

[44] 梧下先生:作者自称。

[45] 柳公权:唐代书法家。三峰:指莲花峰、落雁峰、朝阳峰。

[46] 桃林:桃林坪。在华山谷口以南五里。

[47] 玉井莲:韩愈《古意》:太华峰头玉井莲,开花十丈藕如船。

[48] 张骞:西汉时探险家、旅行家与外交家。两次仗节赴西域,对丝绸之路的开拓贡献巨大。

[49] 三清:即道教所称的玉清、太清、上清,为神仙居住之所。

[50] 隐几:此指高过几案。

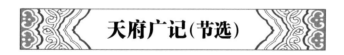

# 天府广记(节选)

## 清·孙承泽

**【提要】**

本文选自《天府广记》(北京古籍出版社 1984 年版)。

北京为古都,自春秋时燕国的都城至辽朝的陪都,作为地方政治、经济、文化中心的历史悠久;金时,同样是地方政权的中心。北宋政权灭亡后,金朝的势力范围扩大到淮水沿岸,它在华北平原上的统治也就转入了相对稳定的状态,于是金朝的统治者便把首都从远在松花江上的会宁府(今黑龙江阿城白城子)迁至燕京。金天德三年(1151)三月,金主完颜亮命梁汉臣、孔彦舟等人在燕京城的基础上扩建新都,金贞元元年(1153)完颜亮正式迁都,改燕京为中都。从此,北京作为我国封建王朝统治中心的历史,真正开始了。金中都是在北京原始聚落的旧址上发展起来的一座大城,又是向全国政治中心过渡的关键之城,在北京城市发展史上承上启下,意义重大。

金中都虽然华丽,但其存在不及百年,13世纪初蒙古军队南下,中都毁于战火,金迁都汴京。随后,忽必烈建立元帝国,定都燕京,改称大都,后再灭南宋,大都正式成为全中国的统治中心。由于中都已毁,元世祖忽必烈乃在其东北郊另选一片湖泊地区——太液池(即今中海与北海)周边,重建都城。刘秉忠设计的大都城,从世祖至元四年(1267)开始建造,历时26年完成,全城以太液池为中心,周围约30公里,南北略作长方形,主要工程包括宫殿、城池、运河(即通惠河)等。

至元四年(1267)开始营建的大都城,至十一年宫城大内建成,十三年大城建成,二十二年颁布中都旧城迁居大都新城用地规定,"旧城居民之迁京城者,以赀高(有钱人)及居职者为先,仍定制以地八亩为一分;其或地过八亩及力不能做室者,皆不得冒据;听民作室"(《元史·世祖本纪十》),开始了居民区的全面营建。城与金中都一样,仍为三重,也与其他许多城市的三重城设计一致;城开11门,除北面两门,另三面仍为三门。宫城位于全城南部中央,坐南朝北,长方形,宫城西为太液池,太液池西岸南为隆福宫,北为兴圣宫,三宫鼎峙,形成以太液池为中心的宫苑区,是为皇城。大都城的居民划分为50坊,以后又陆续增设新的坊,坊名有泰亨、丹桂、居贤等。从南城墙中央丽正门向北,经崇天门、大明殿、延春阁、厚载门至大天寿寺万宁寺中心阁为大都的中轴线。原中都旧城也称南城,仍有居民,分为62坊。

值得注意的是南城的出现,它脱离大都新城的位置,是蒙古人和汉人身份地位上的差别在居住地上的区别处置,当然也便于管理。有意思的是,这种"北尊南穷"的理念延续至今,今天的北京人仍不愿居于南城,也使得当地大部分的经济适用房建在南面,以满足低收入家庭的需要。

关于元大都,孙承泽还在文中叙说:"元世祖思创业艰难,取所居之地青草置于大内丹墀之前,谓之'誓俭草'。"经历朝代更迭巨变的孙承泽引此文,意味深长。

明洪武元年(1368),明军攻入大都,改大都为北平府,为燕王朱棣封地,将北城墙南移约5里。后来朱棣篡位,是为明成祖。成祖即位后,于永乐四年到十八年(1406—1417)对"大都城"实行重大改建,改建工程最重要的是兴建宫城(紫禁城)及皇城。

永乐元年(1403),改北平为北京,称"行在",准备迁都。十九年,正式定都,称京师,至崇祯十七年(1644)明亡,明定都在此共223年。永乐四年开始营建城池、宫室;十七年在重建南城墙时,将墙址南移两里;次年,新建宫殿竣工。嘉靖三十二年(1553)增建城南外垣,有内、外之分。北京的平面布局至此定型,呈"凸"字形。内城开九门,皇城位于内城中部,在元大都萧墙基础上改建。皇城内有宫城,即紫禁城,仍为"前朝后寝"的格局。大城居民区共分36坊,以坊为基本居民区单位的布置仍留存,只是此时分属中、东、西、南、北五城管辖。

重建的北京城,采用了元大都的格局,不仅是明朝全国政治中心,也是科学技术、文化教育中心,更是人文荟萃之所。

清世祖顺治元年(1644),清兵入关,宣统四年(1911)清朝亡,清朝定都北京268年。除修缮宫殿、城墙外,城区基本上都没有改动,倒是在京城西郊经营皇家园林,成果大大超越了前代。自康熙起,先后修建了畅春园、圆明园、长春园、绮春园、清漪园、静明园和颐和园等。其中圆明园融合中西园林艺术的精华,被誉为

"万园之园",可惜毁于英法联军之手。再者就是,清初废除内城坊制,改由满族旗人居住,属八旗管辖。于是,沿袭千余年的城坊制最终消失。

北京城在变……

# 宫　殿

**金**海陵天德三年[1],遣左右丞相张浩等取其定府潭园材木[2],营建宫室。皇城周九里三十步,应天门十一楹,左右有楼,门内有左右翔龙门及日华、月华门,前殿曰大安殿,左右掖门内殿东廊曰敷德门,大安殿之东北为东宫,正北列三门,中曰粹英,为寿康宫,母后所居。西曰会通门,门北曰承明门,又北曰昭庆门,东曰集禧门,尚书省在其外。其东西则左右嘉会门也。门有二楼,大安殿后门之后也。其北曰宣明门,则常朝后殿门也。北曰仁政门,旁为朵殿。朵殿上为两高楼,曰东西上阁门。内有仁政殿,常朝之所也。宫城之前廊东西各有二百余间,分为三节,节为一门,将至宫城东西转,各有廊百许间,驰道两旁植柳,廊脊覆碧瓦,宫阙殿门则纯用碧瓦。应天门旧名通天门,大定五年更[3]。七年改福寿殿曰寿安宫。明昌五年[4],复以隆庆宫为东宫,慈训殿为承华殿。承华殿者,太子所居之东宫也。泰和殿,泰和二年更名庆宁殿[5],又有崇庆殿、鱼藻池、瑶池殿,并贞元元年建。有神龙殿,又有亲会亭,又有安仁殿、隆德殿、临芳殿,皇统元年[6],有元和殿,有常武殿、广武殿,为击毬习射之所。

……

元世祖至元四年十月[7],议筑宫城,发中都、真定、顺天、河间、平滦民二万八千余人[8],至八年二月工成。宫城周围九里三十步,东西四百八十步,南北六百十五步,高三十五尺。分六门:正南曰崇天,左曰星拱,右曰云从,东曰东华,西曰西华,北曰厚载。旧记曰:南丽正门内千步廊,可七百步,建灵星门,门建萧墙[9],周回可二十里,俗呼红门拦马墙。门内二十步,有河,上建白石桥三座,名周桥,桥四白石龙擎载。旁尽高柳,郁郁万株,远与城内海子西宫相望。及桥可二百步为崇天门,门外有五总,建阙楼其上,连内观,旁出为十字角楼。其左有门为东华,右为西华,中为大明门。仍旁建掖门,绕为长庑,中抱丹墀之半,左右为文武楼,与庑相连,中为大明殿,乃登极、正旦、寿节、会期之正衙也。殿后连为主廊十二楹,四周金红琐窗,连建后宫,广三十步,殿半之。后有寝宫,俗呼为拿头殿。东西相向。至冬则自殿外一周皆护皮帐,夏则黄油绢幕,内寝屏幛重覆。帷幄而后裹以银鼠,席地皆编细簟,上架深红厚毡,后覆茸单。宫后连抱长庑,以通前门,以贮妃嫔,而每院间必建三楹,东西相向,为绣榻。庑后横亘道以入延春宫,丹墀皆植青松,即万年枝也。置金酒海,前后列红莲床。其上为延春阁。后仍为主廊,东有文思小殿,西有紫檀小殿。

寝东有玉德殿,又东有宣文阁,旁有秘密堂,西有鹿顶小殿。前后散为便门,高下分引而入,更为别殿,飞甍数座。又后为清寒宫,宫后引抱长庑,远连长春宫。其中皆以处嬖幸也[10]。又后为厚载门,上建高阁。东百步有观星台,台旁有雪柳万株。台西为内浴室,有小殿在前。由浴室而出内城,临海子,广可五六里,驾飞桥于海中,起瀛洲之殿。后引长桥,上万岁山,山高可数十丈,东临太液池,西北皆俯瞰海子。下有故殿基,尚存金主围棋石盘。山半有方壶殿,又为吕公洞,洞上数十步为金露殿,由东而上,为玉虹殿。殿前有石岩如屋,绕层栏。登广寒殿,内列二十四楹,出为露台,绕以白石栏。道旁有铁竿数丈,上置金葫芦三,引铁链以系之。乃金章宗所立,以镇其下龙潭。山下万柳中有浴室,前有小殿,为穴,中盘双龙,昂首共吐一丸于上,注以温泉,自瀛洲外城西渡飞仙桥上,入明仁殿,半临邃河,河流引自瀛洲西,邃地而出,绕延华阁,达于兴圣宫,复西折秃乐斯后老宫而出,抱前苑东下于海子,约远三四里。新殿后有二水晶圆殿,中有修衢长桥,远而升懿德殿,桥旁二石柱,度桥前苑入懿德殿主廊,寝宫亦如前制,乃建都之初基也。山后仍为寝宫,连以长庑,庑后西绕邃河,东流水出便门,走绕东北,又绕红墙入红门,可二十步许,为光天门。仍辟左右掖门,而缭以长庑,中为光天殿。殿后穿廊如前,但廊后高起隆福宫,左右后三向皆为寝殿。殿东有沉香殿,长庑环抱,又后为兴圣宫,中建小直殿,引邃河分流绕其下,甃以白石,翼为仙桥,四起琐窗,而抱彩楼。楼后东西为日月殿,后又有礼天台,高跨殿上。又少东有流杯亭,又少东出便门,步邃河入明仁殿,后为延春阁,规制高大,与延华相望,四面皆临花苑。苑东有端本堂,又东为棕毛殿。少西出掖门,为慈仁殿。又后苑中为金殿,四外尽植牡丹百余本,高可五尺。又西翠殿,又有花亭毯阁,金殿前有野果,名红姑娘,外垂绛囊[11],中空有桃子如丹朱。苑外重绕长庑,庑后出内墙东连海子,以接厚载门。

　　元世祖思创业艰难[12],取所居之地青草置于大内丹墀之前,谓之"誓俭草"。司农达不花诗:墨河万里金沙漠,世祖深思创业难。却倚阑干望青草,丹墀留与子孙看。

　　明太宗永乐十四年[13],车驾巡幸北京,因议营建宫城。初,燕邸因元故宫,即今之西苑,开朝门于前。元人重佛,朝门外有大慈恩寺,即今之射所。东为灰厂[14],中有夹道,故皇墙西南一角独缺。太宗登极后,即故宫建奉天三殿,以备巡幸受朝。至十五年,改建皇城于东,去旧宫可一里许,悉如金陵之制而弘敞过之。按,金陵宫殿作于吴元年,门曰奉天,三殿曰奉天、曰华盖、曰谨身,两宫曰乾清、坤宁,四门曰午门、东华、西华、玄武。至洪武十年[15],改作大内午门,添两观,中三间,东西为左右掖门,奉天门之左右为东西角门,奉天殿之左右曰中左中右。两庑之间,左文楼,右武楼,奉天门外两庑曰左顺、右顺及文华、武英二殿。至二十五年,建金水桥及端门、承天门楼各五间,长安东西二门。北京宫殿悉仿其制。永乐十五年起工,至十八年,三殿工成。十九年辛丑四月初八日庚子灾。新宫既迁旧内,东华门之外逼近居民,喧嚣之声至彻禁御,宣德七年[16],始加恢扩,移东华门于河之东,迁民居于西之灰厂隙地。正统五年三月[17],建三殿两宫。六年九月工成。嘉靖三十六年丁巳四月十三日[18],奉天等殿门灾,延烧至午门,楼廊俱尽,次日辰刻始熄。三十七年七月,大朝门等工成。四十一年,三殿成,改奉天殿曰皇极殿,门曰皇极门,华盖殿为中极,谨身殿为建极,文楼曰文昭,武楼曰武成,左顺门曰会极,右顺门曰归极,东角门曰弘政,西角门曰宣治。又改乾清右小阁曰道心,左门曰仁荡,右门曰义平。正德九年,两宫灾。万历二十四年丙申三月,乾清、坤宁灾。二十五年二月重建。是年六月十九日三殿灾。天启五年二月起工,至七年八月初二日,三殿工成,共用银五百九十五万七千五百十九两余。皇城外围墙三千二百二十五丈九尺四寸。其门凡六:曰大明门,曰长安左门,曰长安右门,曰东安门,曰西安门,曰北安门、俗呼曰厚载门,仍元旧也。墙外红铺七十二。登闻鼓院在长安右门外。紫禁内城墙南北各二百三十六丈二尺,东西各三百二丈九尺五寸,其门凡八:曰承天门,曰端门,曰午门、即俗所谓五凤楼也,东曰左掖门,西曰右掖门,再东曰东华门,再西曰西华门,向北曰玄武门,墙外红铺三十六。午门之内曰皇极门,左曰弘政门,右曰宣治门,旁曰归极门,曰会极门。皇极门内东曰文昭阁,西曰武成阁,上曰皇极殿,中曰中极殿,后曰建极殿,所谓三大殿也。中极渗金圆顶,如穿堂之制。建极殿后曰云台门,东曰后左门,西曰后右门、亦名曰平台。又东则景运门,西则隆宗门,中则乾清门,上则为乾清宫。崇祯八年八月初四日,题敬天法祖牌。东暖阁曰昭仁殿,西暖阁曰弘德殿,左曰日精门,右曰月华门,曰端凝殿,曰懋勤殿,左小门曰龙光,右小门曰凤彩。西御憩房,万历中更寿安居。乾清宫后披檐,东曰思政轩,西曰养德轩。中圆顶则交泰殿,上则为坤宁宫,皇后所居。坤宁东露顶曰贞德斋,西露顶曰养正轩,东披檐曰清暇居,北围廊曰游艺斋。左曰景和门,右曰隆福门,再北左曰端则门,右曰基化门,便接琼苑左右门矣。此中一路之大略也。

乾清宫后,过日精门之东,曰崇仁门,稍南则曰奉慈殿。万历中[19],改东裕库曰弘孝殿,崇先殿改为神霄殿。日精门往北曰顺德北门,则东一长街也。再北向西,与龙光门斜对者曰咸和左门,向南者曰景仁宫,其东则东二长街也。南首曰麟趾门,北首曰千婴门。麟趾门之东曰延禧宫,曰怡神殿,再东曰嘉德左门,再东曰苍震门。咸和左门之北,向西与景和门相对者,曰广和左门,向南者曰承乾宫,东宫贵妃所居。东二长街之东曰永和宫,广和左门之北向西与端则门相对者曰大成左门,向南者曰钟祥宫,皇太子所居,后改兴龙宫。东二长街之东曰景阳宫,千婴门之北并列者则乾东之房五所,宫正司六尚局皆在乾清宫之东。此东一路之略也。

乾清宫后,过月华门之西曰遵义门,向南则养心殿,西南则祥宁宫。宫前向北者曰无梁殿,嘉靖中玄修之所[20]。月华门之西南者曰隆道阁,原名道心阁,下曰仁德堂,阁东曰忠义堂,曰仁荡门,曰义平门,西南则慈宁宫矣。月华门往北曰顺德右门,则西一长街也。再北向东与凤彩门斜对者曰咸和右门,向南者曰毓德宫,原名长乐宫,后又改永寿宫,则西二长街也。北首曰百子门,南首螽斯门,西曰启祥宫、原名未央宫,内二石坊,北曰圣本肇初,南曰玄德永衍,盖兴献帝所生之地也。再西曰嘉德右门,曰隆德殿,祀三清诸神。再西北曰英华殿,有菩提树二株。北则八角井,再西则咸安宫。咸和右门之北向东与兴福门相对者曰广和门,向南者曰翊坤宫,西宫贵妃所居。西二长街之西曰永宁宫,后改长春宫。广和右门之北与基化门相对者曰大成右门,向南者曰储秀宫。西二长街之西曰咸福宫,又后则乾西之房五所。此西一路之大略也。

坤宁宫所谓中宫也。宫后则为后苑,钦安殿在焉。曰天一门、万春亭、千秋亭、对育轩、清望阁、金香亭、玉翠亭、乐志斋、曲流馆、四神祠。有假山曰堆绣山,山亭曰御景。池亭二,东曰浮碧,西曰澄瑞。万历十一年修。东南曰琼苑左门,西南曰琼苑右门。钦安殿后曰顺贞门,此外则玄武门矣。紫禁内城之外、北安门东有重华宫,制度如乾清宫,有中路,有两长街。中路门曰永泰、昭祥、端拱、昭德、重华、广爱、咸熙、肃雍、康和、丽春,殿曰重华圆殿,阁曰清和,馆曰迎春。东长街门曰广顺、中和、景华、宣明、景明,殿曰洪庆。西长街门曰兴善、丽景、长春、清华、高明,宫曰宁福、延福、嘉福、明德、永春、永宁、宜春、宜喜、延春。又东则内承运库,再东南则崇质宫,俗云黑瓦殿,景泰年间天顺居者[21],所谓南城也。再南则皇史宬[22],藏贮历朝宸翰及实录[23]。左右小门曰鳝历[24],再东则追先阁、钦天阁,嘉靖御制钦天颂石碑。西过观心殿,稍南则嘉乐馆,东为苍龙门,南为丹凤门,中为龙德殿,左右曰崇仁、广智。北有桥,玲珑精巧,来自西域。桥之南北有飞虹、戴鳌两坊,大学士姜立纲书[25]。东西有天光、云彩二亭,又北叠石为山曰秀岩,山上有圆殿曰乾运,其东西二亭曰凌云、御风,山后有佳丽门,又后为永明殿。最后为圆殿,引流水绕之,曰环碧。再北则玉芝宫,门曰宝庆,曰芝祥,曰景神殿,曰永孝殿,曰大德殿。其东墙外则观心殿也。自皇史宬东西有门通河,河上有涌福阁,原名澄辉,稍北则吕梁殿东安桥,再北桥亭曰涵碧,又北曰回龙观,其殿曰崇德,观内海棠,每春开如堆绣。北安门西则白石桥、万法殿、大高玄殿、灵真阁、翊灵轩、象一宫。过北中门之南曰寿皇殿,曰北果园,东曰永寿殿,曰观德殿,习射处也。南则万岁山,山高一十四丈除,树木蓊郁,有毓秀、寿春、长春、玩景、集芳、会景诸亭,山下一洞曰寿明,殿曰观花,曰永寿,楼曰玩春,阁曰万福、永康、延宁,山前门曰万岁。再南曰北上门,左曰北上东门,右曰北上西门。再南过北上门则玄武门。北上西门之西曰乾明门,曰西上北门,其东则西下马门矣。过西上南门又南曰灵台,曰宝钞司。自西中门之西则西苑门,迤南向东曰灰池,曰乐成殿。河之西曰昭和殿,曰紫光阁,曰阳德门,曰万寿宫,曰旋磨台,曰无逸殿,曰豳风亭。金海桥之北曰玉熙宫,曰承华殿,曰玄禧殿,曰宝月亭,曰清馥殿,曰王妈妈井。桥之东北,金之琼华岛,至元八年赐名万岁山,俗呼为萧太后梳妆楼。山皆奇石叠成。中三殿,中曰仁智,左曰介福,右曰延和,至其顶为广寒殿。左右四亭,曰方壶、瀛洲、玉虹、金露。山北有殿临池,曰凝和。二亭临水:拥翠、飞香。西北有殿,用草,曰太素,后草亭曰岁寒,左轩临水曰远趣,前草亭曰会景。西岸南行有亭临水曰映辉,又南有殿临池曰迎翠,有亭临水曰澄波。又西有小山,引泉喷激曰水帘,有殿曰翼然,再南则南台,有殿临水曰昭和。琼华岛东南曰圆殿,即承光殿,有古松三株。曰金水桥,有坊二,一曰金鳌,一曰玉蛛。再南曰五雷殿,即椒园也,实录成,焚草于此。由金水桥玉熙宫迤西曰棂星门,迤北曰经厂,曰大光明殿,曰大极殿,曰洗帛厂,曰果园厂,曰甲字十库,曰西安门。皇城内河来自玉泉山,经高梁桥,分而为二:一灌城隍;一从德胜水关汇入后湖,至乐王庙西桥下流入禁地,所谓西苑太液池也。池水又分而为二:一环绕灵台宝钞司东,与护城河合流,过长安右门之北,经承天门前,再东过长桥左门之北,自涌福阁下从巽方流出,经玉河桥与城河合;一自玄武门之西从地沟入,由怀公门过长庚桥、里马房桥,经仁智殿西御酒房东、武英殿前、思善门外、皇极殿前、文华殿西而北而东,自慈庆宫外南从地沟亦至巽方而出[26],会于玉河桥。

**附载**:燕王旧宫:洪武元年八月,大将军徐达、指挥张焕计度元皇城周围一千二百二十六丈。至二十二年,封太宗为燕王,命工部于元皇城旧基建府,拆旧宫殿为之。

其制山川二坛在皇城之右,皇城四门,东曰体仁,西曰遵义,南曰端礼,北曰广智,门楼廊庑二百七十二间。中曰承运殿十一间,后为圆殿,次曰存心殿,各九间。承运殿之两庑为左右二殿,自八间殿之后,前中后三宫各九间,宫门两厢等室九十九间。王城之外周垣四门,其南曰灵星,余三门同王城门,周垣之内堂库等室一百三十八间,凡为宫殿室屋八百一十一间。

## 【作者简介】

孙承泽(1592—1676),字耳北,一作耳伯,号北海,又号退谷,一号退谷逸叟、退谷老人、退翁,顺天府上林苑采育(今属大兴区)人。崇祯四年(1631)进士。累官至刑科都给事中。崇祯十七年(1644)春,李自成攻进北京,他在玉兔堂书架后自缢,被人解救后,又同长子跳井,也被救。顺治元年,又任吏科给事中,累官大理寺卿、兵部右侍郎、都察院左都御史、吏部左侍郎等。因推荐人才,顺治帝怀疑其图谋不轨。承泽退居西山樱桃沟,以写书为乐事。有《天府广记》《春明梦余录》等。《天府广记》是一部记述明代北京城市历史及政府机构的都邑志。精于史学的孙承泽广记北京的建置、形胜、险隘、分野、风习、城坊、学宫、武学、书院、城池、宫殿、后市、鼓院、仓场、贡院等,内容可谓无所不包、无所不收。

## 【注释】

[1]金海陵天德三年:1151年。

[2]张浩(? —1163):字浩然,籍贯辽阳(今辽宁辽阳市),渤海人。历仕金太祖、太宗、熙宗、海陵王、世宗五朝,官至尚书令。他在海陵王和世宗统治时期,任宰相十余年,是金代重要的历史人物。

天辅年间,金太祖破辽东,张浩投奔,受到赏识,太祖以他为"承应御前文字"(《金史·张浩传》,下引同),办理文字事务。太宗天会八年(1130),赐进士及第,授秘书郎。先后受命修宫室、定朝仪、"管勾御前文字"。熙宗时,由户、工、礼三部侍郎升为礼部尚书,参与"详定内外仪式",在一系列改革中起了一定的作用。海陵王杀熙宗自立,召张浩为户部尚书,拜参知政事。正隆六年(1161),以左丞相进为太傅、尚书令、司徒。这一时期,他所从事的最有意义的一项工作是营建中都。

海陵王是金朝最有改革精神的一位皇帝,其中最重大的改革,就是把金朝的都城从上京(今黑龙江省阿城县白城子)迁到燕京(今北京市)。其中,张浩起了重大作用。

天德三年(1151)三月,海陵王命张浩等增广燕京,营建宫室。张浩营建燕京,仿汉人都城宫室制度。都城周围七十五里,共十二个城门。都城中的内城是皇帝的宫城,周围九里三十步。内城南门称宣阳门,为正门。宣阳门上有重楼,三门并立。"中门绘龙,两偏绘凤,用金钉钉之,中门惟车驾出入乃开,两偏分双单日开一门。"(《历代宅京记》卷十八)内城内建宫殿九重,共三十六殿,皇帝宫殿居于正中,其后为皇后宫殿。内城之南,东边建太庙,西边是尚书省。内城之西,还建有同乐园、瑶池等皇室贵族游乐之所。整个工程"金碧辉煌,规模宏丽"(同上引),可与汉唐时的长安宫室媲美。贞元元年(1153),海陵王定都燕京,"以燕乃列国之名,不当为京师号,遂改为中都"(《金史·地理志》)。张浩又请求凡四方百姓愿居住于中都者免除十年赋役,以实京师。海陵王采纳了他的意见。金奠京都,对其后的中国历史产生了重大影响,张浩在其中的作用至关重要。

随后不久,张浩又开始营造汴京,但这一次是违心的。正隆三年(1158),海陵王为了南侵宋朝,准备迁都汴京(今河南开封),把这里作为进兵江南的大本营。他派张浩和敬嗣晖营建汴京宫室。张浩对海陵王说:"往岁营建中都,天下乐然趋之,今民力未复,而重劳之,恐不似前时之易成也。"海陵王没有接受他的意见,他也就没有坚持,前去汴京营建宫室。在修建宫室过程中,宦官梁充时常受命视察。当时,汴京工程浪费惊人,"一殿之费以亿万计",梁充见了还说不够华丽,甚至命令毁掉重建。张浩以丞相之尊,"曲意事之"(《金史·梁充传》)。

定府:真定府。《燕魏杂记》:真定"府治后有潭园,围九里,古木参天,台沼相望。"

[ 3 ]大定五年:1165 年。

[ 4 ]明昌五年:1194 年。

[ 5 ]泰和二年:1202 年。

[ 6 ]皇统元年:1141 年。

[ 7 ]至元四年:1267 年。

[ 8 ]真定:在今河北正定县以南,与太原并称井陉口内外两大都会。河间:在今河北。宋大观二年(1108)改瀛州为河间府。平滦:明洪武二年(1369)改永平路置,治所在卢龙县(今属河北)。辖境相当今河北长城以南的陡河以东地区。

[ 9 ]萧墙:古代宫室内当门的小墙。一为"塞门",又称"屏"。臣至此屏,便会肃然起敬。通"肃",喻内部。

[10]嬖幸:指被宠爱狎昵的人。

[11]绛囊:红色口袋。

[12]元世祖:即忽必烈。

[13]永乐十四年:1416 年。永乐:明成祖朱棣年号。

[14]灰厂:今北京府右街北段。

[15]洪武十年:1377 年。

[16]宣德七年:1432 年。宣德:明宣宗朱瞻基年号。

[17]正统五年:1440 年。正统:明英宗朱祁镇年号。

[18]嘉靖三十六年:1557 年。嘉靖:明世宗朱厚熜年号。

[19]万历:明神宗朱翊钧年号,1573—1620 年。此年号为明朝使用时间最长的年号,共使用了 48 年。

[20]玄修:修道。

[21]景泰:明代宗朱祁钰(1428—1457)年号,1450—1457 年。天顺:明英宗朱祁镇(1427—1464)年号,1457—1464 年。1450 年,明英宗被蒙古瓦剌军俘去之后,其弟祁钰继位,在位 8 年。病中,因英宗复辟被废黜软禁于黑瓦殿而气死,终年 30 岁。

[22]皇史宬:我国明清两代皇家档案馆,又称表章库。位于今北京天安门东边南池子大街南口。始建于明嘉靖十三年(1534),两年后建成。占地 8 千余平米,建筑面积 3 400 平米。建筑全为整石雕砌,殿内大厅无梁无柱。殿内地面筑有 1.42 米高的石台,其上排列 150 余个外色铜皮雕龙的樟木柜。整座建筑能防火、防潮、防虫、防霉,且冬暖夏凉,温度相对稳定,极宜保存档案文件。宬:音 chéng,古代的藏书室。

[23]宸翰:帝王的墨迹。

[24]矞:音 lóng。

[25]姜立纲(1444—1499):字迁宪,号东溪。浙江瑞安人。以善书闻名海内,远播日本。

[26]巽方:东南方。

# 明北京城营建[1]

北京宫殿城池官署创始于永乐四年,而告成于正统六年[2]。此营建之大者,故悉录之。

明太宗永乐四年闰七月,淇国公丘福等请建北京宫殿以备巡幸,遂遣工部尚书宋礼诣四川,吏部右侍郎师逵诣湖广,户部左侍郎古朴诣江西,右副都御史刘观诣浙江,右金都御史仲成诣山西,督军民采木。人月给米五斗,钞三锭。命泰宁侯陈锐,北京刑部侍郎张思恭督军民匠造备砖瓦,造人月给米五斗。命工部征天下诸色匠作,在京诸卫及河南、山东、陕西、山西都司,中都留守司,直隶各卫选军士,河南、山东、陕西、山西等布政司,直隶、凤阳、淮安、扬州、庐州、安庆、徐州、海州选民丁,期明年五月俱赴北京听役[3],率半年更代[4],人月给米五斗,其征发军民之处一应差役及间办银课等项令停止。

十五年四月,西宫成。其制中为奉天殿,殿之侧为左右二殿,奉天殿之南为奉天门,左右为东西角门,奉天门之南为午门,午门之南为承天门,奉天殿之北有后殿、凉殿、暖殿及仁寿、景福、仁和、万春、永寿、长春等宫,凡为屋千六百三十余楹。

十八年,营建北京。凡庙社祈祀场坛宫殿门阙规制悉如南京,而高敞壮丽过之。复于皇城东南建皇太孙宫,东安门外建十王邸,通为屋八千三百五十楹。自永乐十五年兴工,至是成。升营缮清吏司郎中蔡信为工部右侍郎。

是年,拓北京南城,计二千七百丈。

正统元年十月,命太监阮安、都督同知沈清、少保工部尚书吴中率军夫数万人修建京师九门城楼[5]。初,京城因元旧,永乐中虽略加改葺,然月城楼铺之制多未备[6],至是始命修之。

四年四月,修造京师门楼城濠桥闸完。正阳门正楼一,月城中左右楼各一,崇文、宣武、朝阳、阜成、东直、西直、安定、德胜八门各正楼一,月城楼一,各门外立牌楼,城西隅立角楼。又深其濠,四涯悉甃以砖石。九门旧有木桥,今悉撤之,易以石。两桥之间各有水闸,濠水自城西北隅环城而东,历九桥九闸,从城东南隅流出,至大通桥东去。自正统二年正月兴工,至是始毕。

五年三月,建奉天、华盖、谨身三殿,乾清、坤宁二宫。是日兴工,遣驸马都尉西宁侯宋瑛等告天地太庙社稷。太宗皇帝营建宫阙尚多未备,三殿成而复灾,以奉天门为正朝。至是修造之,发见役工匠操练官军七万人兴工,至六年十月工成,赐太监阮安、工部尚书吴中等有差。

七年四月,建宗人府、吏部、户部、兵部、工部、鸿胪寺、钦天监、太医院于大明门之东,翰林院于长安左门之东。初,各衙门自永乐间皆因旧官舍为之,散处无序。至是上以宫殿成,命即其余工以序营建,悉如南京之制。其地有民居妨碍者,悉徙之。

礼部先于宣德五年二月建于大明门之东,视南京加弘壮[7]。是年复建刑部、都察院、大理寺于宣武街西,詹事府于玉河东堤。又于通五府六部处作公生门。

是年七月,命于京师玉河西堤建房一百五十间,以馆迤北使臣。

八年,建五府、通政司、锦衣卫于大明门之西,其地为旗手卫公署,迁于通政之后。时太常寺丞戴庆祖等于本寺掘坑取土,上闻之命锦衣卫逮系。

十年六月,甃京师城内面。京师城垣其外固以砖石,内惟土筑,至是命太监阮安、成国公朱勇、修武伯沈荣、尚书王卺、侍郎王佐督工修甃之。

正统十四年,中丞朱鉴《兴造吉凶疏》曰[8]:

臣闻阴阳家者流有云,地有四势,气从八方。国都为天下之根本,而皇城又国都之正宫,凡有兴作,不可不慎。

今以外局四势论之,龙弱虎强,山无四顾,喜得有水,亦嫌反跳。术者皆曰:帝星所临,固不必论。且以内局四势论之[9],往日北平布政司为正宫,故以晨昏钟鼓在前,今以奉天殿为正宫,晨昏钟鼓不宜在后。缘左为青龙,右为白虎,前为朱雀,后为玄武,左为阳,右为阴,青龙宜动,白虎、朱雀、玄武宜静。自永乐、宣德以来,各衙门在青龙头旺,庆寿寺衰微,浮图破坏,故不为灾,住居安稳,国家无事。

近年以来,却将白虎头上庆寿寺重新修盖,朝暮焚香,钟鼓齐鸣,又将二浮图鼎新修理,虎嫌生角,龙怕无晴。且闻庆寿寺金人所造,革之可也。何为重修?二浮图金人所创,除之可也,奚为复建?加以西山一带新造寺宇数多,本欲求福,殊不知反助其为虐耳。以致江南草寇生发,塞北烟燧不宁,皆因白虎头兴旺之所致也。虽有关于天数,亦必本于人事。阴阳之术不可尽信,地理之书亦不可不信。细民之家,尚欲趋吉,皇城之内,可不避凶?

如蒙允,乞敕在廷文武大臣计议,先将庆寿寺庐其居,移其人,杜其门,弛其钟鼓,去其二浮图,俟边境宁息无事之日,将寺移去东边旧工部地方起造,改为龙兴寺,可建二浮图,任其鸣钟鼓以耸青龙头。仍将顺天府钟鼓楼移来东台基东厂之内起盖,晨昏扣钟以敌白虎臂。又将顺天府移来旧都察院,及将大兴,宛平并三儒学移来旧吏、户、礼三部地方开设,以配三法司[10],务使青龙动而且兴,白虎静而且安。其玄武门迤北顺天地方取正,改作库藏,以收天下黄册图籍,以压玄武之地。或得余暇,再于城之东南巽地之角起盖功臣庙,可助外局之龙,庶得四势动静相宜,八方气候相应。则国安民康,天下太平矣。

何孟春曰[11]:

神木厂所藏大木,皆永乐中肇建宫殿之胜物也,其最巨有樟扁头者,围二丈,长卧四丈余,骑而过其下,高可以隐。春按曾西墅棨作《工部尚书河南宋公礼墓志》云:永乐初,议建帝京,公承命取材,得大木于马湖。一夕自行若干步,不假人力。事闻,诏封其山为神木山焉。然则厂之得名,岂非亦以是也?胡文穆公《神木山神祠碑》文云:永乐四年,工部尚书礼取材于蜀,得大木若干于马湖府,计庸万夫力,刊除道路出之[12]。一夕木忽自行,达于坦途,所经声吼如雷,巨石为开,度越岩阻,肤寸不损。百工顾视,欢哗踊跃。事闻,廷臣称贺。上遣官致祭,封其山为神木山,诏有司建祠,岁月祭享,以答神贶。

盖其祥如此。木生于山,自萌蘖而拱把[13],连抱不中,厄于斧斤,仆于风雨,克历千数百年以待大用于盛世。神之所以卫闷呵禁而致其力者[14],固有在也。一旦膺诏求而奠皇居,灵应事见,于昭有赫,是岂寻常耳目之所能测哉?按营缮所需木植砖瓦,有五大厂:曰神木厂;曰大木厂,即獐鹿房厂,堆放木植兼收苇席;曰黑窑厂;曰琉璃厂,烧造砖瓦及内府器用;曰台基厂,堆放柴薪及芦苇。

《圣政记》曰:

> 洪武八年三月,诏计均工夫役。初,中书省议民田每顷出一丁为夫,名曰均工夫役,民咸便之。至是上复命户部计其田多寡之数,工部定其役,每岁冬农隙至京应役,一月遣归。

> 初制,各省有匠籍应班役[15],此即差役法也。后折匠班银,官自雇之,此即雇役法也。后法便于民。然国初时得以营建巨万而无困敝者,以行前法耳。太宗营北都,于永乐四年闰七月,征天下诸匠作,河南、山东、陕西、山西及直隶江北诸卫所府州县各选军士民丁,期明年五月俱赴北京听役,半年更代,人月给米五斗。

**【注释】**

[1] 明北京城营建:朱元璋推翻元朝统治后,1368年在南京称帝,改号洪武,建立了明朝。同时,大将徐达统兵攻克元大都,更名北平。随即受命对元大都进行了毁灭性的破坏,建筑精华——元宫殿被悉数拆除,力图消除元"王气"。当年金铺朱户、丹楹藻绘、辉煌不极的元宫城荡然无存。朱元璋派第四子朱棣镇守燕蓟。朱元璋逝后,燕王朱棣起兵北平,夺得皇位。随即于永乐元年(1403)正月将北平改称北京,暂称"行在"。

永乐四年(1406),朱棣分遣大臣赴各地督民采木,烧造砖瓦,并征发各地工匠、军士、民工,开始筹备营造北京。永乐十五年(1417),大规模营建开始,永乐十八年(1420)完工。第二年,朱棣颁诏正式迁都北京。

明北京城是在元大都城基础上,吸取历代都城规划的优点,参照南京规制营建而成。"凡庙社、郊祀、坛场、宫殿、门阙,规制悉如南京"(梁思成《中国建筑史》)。实际上,北京新建的宫殿比南京的更加壮丽。经过不断的营建,北京城外城包着内城南面,内城裹着皇城,皇城又包着紫禁城,全城形成一"凸"字形。内城基本按元大都旧址规制而行,但内城北墙向南移五里,至今德胜门、安定门一线,后又将南城墙向前推移到今正阳门一线。内城设九门,皇城在内城中央,设六门;宫城(紫禁城)是北京城的核心,设四门:南为午门,北为玄武门,东为东华门,西为西华门。由于南城墙向南拓展,皇城与紫禁城也依次南移,皇城南移到今天所见的位置即长安街北侧。皇城的中门,根据明南京的名称改称承天门(今天安门),承天门内仿照南京城布局建造端门。宫城南移到现在紫禁城的位置,正门由元代的棂星门改称午门。

在营建紫禁城的同时,又利用午门前方的中心御道左右两侧,按"左祖右社"规制建造了太庙和社稷坛两组对称严格的建筑群。此外,在承天门(清代改称天安门)前开辟一个"T"字形的宫廷广场,广场东、西、南三面都修筑了宫墙,使广场封闭起来,并在东、西两翼和南端凸出的一面,各开一门即长安左门、长安右门和正南方的大明门(清代改称大清门)。

特别说一说天安门。承天门(天安门)是明皇城中的重要建筑。承天门在永乐十八年(1420)建成时,也只是一座黄瓦飞檐、三层楼式五座木牌坊,牌坊正中高悬"承天之门"匾额。

承天之门寓有"承天启运"和"受命于天"之意,喻示帝位"受命于天",替天行使权力,理应万世为尊。明天顺元年(1457),承天门遭雷击烧毁,直到成化元年(1465),才由工部尚书白圭主持重建。这次重建,奠定了今日天安门的形制。此后,明代180年间虽有修建,但都未作大的变动。崇祯十七年(1644),李自成攻占京城,承天门再毁。清顺治八年(1651),清顺治帝福临下令重建并更名为"天安门"(意"承天启运""安邦治国""国泰民安")。康熙二十七年(1688),新中国1952年、1970年三次大规模修缮,基本保持了顺治时改建的形制。

[2]正统六年:1441年。这年九月,奉天、华盖、谨身三殿,乾清、坤宁二宫成。十一月英宗以三殿二宫成而颁诏大赦天下。(参见《明英宗实录》)

[3]听役:指等候营造役项分配。

[4]率:大概,大略。更代:更换,更替。

[5]阮安:明朝宦官,交趾人(今属越南)。永乐年间入宫。他主持重建了三殿(奉天、华盖、谨身)。此外,还参与治理杨村河,并受命治理张秋河,在赴张秋途中去世。沈清(1377—1443):字永清,安徽滁州人。嗣其父为燕山前卫百户,守御开平。永乐间,从车驾北征有功,累升本卫世袭指挥同知。洪熙中,为总兵官,镇居庸。宣德中,以功升都督同知,总督官军,匠作修造京师城垣、濠堑、桥道。正统中,升左都督(正一品),敕谕提督营建奉天、华盖、谨身三殿,乾清、坤宁二宫。殿成,升爵修武伯,锡诰券,子孙世袭。吴中(1373—1442):字思正,武城(今属山东)人。永乐五年(1407),任工部尚书,后改任刑部尚书。正统六年(1441),以督修宫殿有功,晋为少师。先后在工部20余年,除长陵、献陵、景陵外,北京宫殿多为他所督建,规划井然。但因为不体恤工匠且耽于声色,为时论所鄙。

[6]月城:围绕在城门外的半圆形小城,即瓮城。

[7]弘壮:宏伟壮丽。

[8]朱鉴(1390—1477):字用明,号简斋。泉州人。永乐十六年(1418)进士,授蒲圻县(今属湖北)教谕。宣德三年(1428),升监察御史,巡按湖广(今湖南、湖北两省)。正统五年(1440),奉命巡按广东。正统七年,升山西左参政。正统十四年,擢山西布政使,转都察院右副都御史,巡抚山西。后辞官家居二十余年。

[9]内局:制造和供应皇宫日用物品的机构,大多在皇城内。明朝有八局。四势:风水家言,地有四势,朱雀、玄武、青龙、白虎。

[10]三法司:中国旧制三个司法机关的合称,明清前的朝代基本都是有实无名,直至明清才真正确立"三法司体制"。《商君书·定分》:"天子置三法官,殿中置一法官,御史置一法官及吏,丞相置一法官。"后世"三法司"之称即源于此。明清两代以刑部、都察院、大理寺为三法司,遇有重大案件,由三法司会审,亦称"三司会审"。

[11]何孟春(1474—1536):字子元,号燕泉,郴州人。弘治六年(1493)进士,授兵部主事。后出理陕西马政。正德初,出为河南参政,不久擢右副都御史,巡抚云南,镇压十八寨少数民族起义。世宗即位,迁吏部侍郎,代署部事。因言事触怒世宗,调南京工部左侍郎。嘉靖六年(1527)致仕归里。谥文简。有《何文简疏议》《家语注》《何燕泉诗》《余冬序录》等。

[12]刊除:删除。

[13]拱把:指径围大如两手合围。

[14]卫閟:指禁肃宫城之地。閟:古同"闭";又通"祕",神秘,秘密。呵禁:大声呵斥制止。

[15]班役:差役,当差。

# 先 农 坛

先农坛在山川坛内西南隅[1]，永乐中建。按洪武元年，御史寻适请耕耤田，享先农，以劝天下，上从之。二年建坛。坛南为耤田，北为神仓。岁亲祭先农，以后稷配，已而又奉仁祖配[2]。八年，令府尹祭，不设配。永乐建坛京师，一如其制，建于太岁坛旁之西南，为制一成，石包砖砌，方广四丈七尺，高四尺五寸，四出陛。西为瘗位[3]，东为斋宫、銮驾库，东北为神仓，东南为具服殿。殿前为观耕台，用木，方五丈，高五尺，南东西三出陛，台南为耤田。护坛地六百亩，供黍稷及荐新品物。又地九十四亩有奇，每年额税四石七斗有奇，太常寺会同礼部收贮神仓，以备旱潦[4]。又令坛官种一百九十亩，坛户二百六十六亩七分，上耕耤田亲祭[5]，余年顺天府尹祭。嘉靖中，建圆廪方仓以贮粢盛[6]。耕之日，上具弁服诣坛躬祭如仪[7]，更翼善冠黄袍[8]，各官吉服。户部尚书进耒耜，顺天府官进鞭。上秉耒耜，三推三返。部臣受耒耜，府臣受鞭，府官捧青箱[9]，随以种子播而覆之。上御观耕台坐观，三公五推，九卿九推，府官率庶人终亩。

**【注释】**

[1]先农坛：位于今北京宣武区东经路21号正阳门西南，与东面的天坛建筑群相对应。先农，远古称帝社、王社，至汉时始称先农。"春时东耕于藉田，以祀先农，则神农也"（《汉仪》）；"坛于田，以祀先农"（《五经要义》）。藉田祭先农，唐前为帝社，祭坛曰藉田坛，垂拱（685—688）后改为先农坛。至此祭祀先农正式成为一种礼制，每年开春，皇帝亲领文武百官在此行藉田礼。先农坛建于明永乐四年至十八年（1406—1420），是明清两代皇家祭祀先农诸神的场所。共有庆成宫、太岁殿（含拜殿及其前面的焚帛炉）、神厨（包括宰牲亭）、神仓、具服殿等五组建筑群。另有观耕台、先农坛、天神坛、地祇坛等四座坛台。这些组群建筑与坛台基本都坐落于内坛墙里，仅庆成宫、天神坛、地祇坛位于内坛墙之外、外坛墙之内。另外，内坛观耕台前有一亩三分耕地，为皇帝行藉田礼时亲耕之地。先农坛的建筑群，迄今已400余年，整体布局基本完整，建筑的构筑特色及艺术风格基本保留了明代特征。山川坛：即先农坛。明永乐十八年（1420），始建山川坛，悉仿南京旧制，合祀太岁诸神。明万历四年（1576），改山川之名为先农坛，设先农坛祠署，铸先农坛祠祭署印。

[2]后稷：周始祖，名弃。被尧举为"农师"，被舜命为后稷。教民耕种，主管农事。仁祖：朱世珍（1283—1344）。朱元璋父亲。明朝立国后，被尊为皇帝，庙号仁祖。

[3]瘗位：设瘗坎之处。古代行祭地礼时用以埋牲、玉帛的坑穴。瘗：音yì，掩埋。

[4]旱潦：谓干旱水涝。

[5]耕耤：亦作"耕藉"。古时每年春耕前，天子、诸侯举行仪式，亲耕藉田，种植供祭祀用的谷物，并以示劝农。历代皆有此制，称为耕藉礼或藉田礼。耤：音jí。

[6]粢盛：古代盛在祭器内以供祭祀的谷物。粢：音zī，谷子，子实去壳后为小米。

[7]弁服：古代贵族的帽子和衣服。随场合而异，有韦弁服、皮弁服、冠弁服等不同样式。

[8]翼善冠：冠名。始于唐太宗时。明永乐三年，定：皇帝常服冠以乌纱覆之、折角向上，亦名翼善冠。见《明史·舆服志二》。

[9]青箱:古代行藉田礼时装种子的箱子。

# 漕 船

漕船初造于应天龙江关提举司[1]。永乐年,改造于清江提举,部为给料。旧船三,新船七。景泰、天顺间,计船万一千七百七十五艘。又产木处每隔岁辄令有司自行派造,其后止解物料焉。又其后料解渐缩,于是有解价之议,而厂料愈不继,船遂以无当。隆庆末年,船漂流益甚,科臣往勘还报曰:船薄而小,并粮太重,漕臣过也。漕抚王宗沐奏言[2]:运船市木,岁责商人,商人岂不利佳木哉? 一经南都,则拔其尤者为黄马船料矣,下瓜、仪[3],则市其佳者于民间造作矣,至其中空不堪者,始萃于清江。清江厂所委指挥等官昼夜营求,而又甲乙相承,莫可究诘。夫以不堪之料付之营求之人,而乘以不可究诘之势[4],运船之弊,横溃四出,不亦宜耶? 谓自今厂署毋注选,听工部择司官练达清谨者任之[5],三年而代,指挥等官悉罢委,别于淮安卫、山阳等县附注经历、县丞四员[6],俾专制造,亦三年核其功罪而代。又请岁解银湖广布政司,责成粮储道,必市美木,皆亲造栋选,庶几乎船胜漕也。报可。然木价既多,且匠作不坚,板薄钉稀,不久辄坏。兼以军士守护经年,空船看护,种种不便,南科祝世禄具陈其苦[7],下部未覆。万历四十三年,南司马梅守峻请复归龙江厂,而淮厂匠作钻营,部亦不覆,船不堪用,累及旗甲[8],自行雇觅。

**【注释】**

[1]漕船:用于漕运的船只。北宋建都东京(今河南开封),依靠东南漕运,漕船是不可缺少的运输工具。此后,漕运在多个朝代成为国家战略。至明代,漕船有海船和内河浅船两种,罢海运后主要是内河浅船。《漕船志·建置》载:"洪武元年(1368),诏中书省漕四方之粟于京师。洪武三十年(1397),议海运辽东以给军饷。是时河海运船俱派造川湖诸省及龙江提举司。"永乐七年(1409),淮安、临清肇建清江、卫河二厂,"南京直隶、江西、湖广、浙江各总里河浅船俱造于清江,遮洋海船并山东、北直隶三总浅船俱造于卫河,大约造于清江者视卫河多十之七"(同上引)。嘉靖三年(1524)工部题准,卫河总运船俱归清江厂团造。为何明代漕船选择清江船厂制造?《建置》中分析:"芜湖、仪真,群商四会,百木交集,船厂不设于二处而设于清江,何也? 缘永乐初江南粮饷民送于淮,官军运船俱于淮安常盈仓转输,此厂之所由建也。况长淮分天下之中,北达河泗,南通大江,西接汝蔡,东近沧溟,乃江淮之要津,漕渠之喉吻。船厂之建,非但便于转输,实我国家一统之讦谟、万世之长计也。"清江设厂,主要是由淮安在漕粮转输中的地位决定的。

洪武、永乐年间,河海运船无定式也无定数。《漕船志·船纪》载:"国初用南京、南直隶、浙江、福建等处各卫所官军海运,后改漕运。所谓河船即今之浅船也;所谓海船即今之遮洋船也。当时船数、船式未经定议。每年会议粮运合用船只临时派造,以为增减。"天顺(1457—1464)以后,始定天下船数为11 775艘。嘉靖六年(1527)后,卫河提举司并于清江提举司。

明代对浅船、遮洋船的尺寸式样、用料和料价规定得很详细,且按造船地点、方式编为船号,有军字号、民字号、运字号。《漕船志·船纪》载,永乐、宣德年间,"造于湖广者为'湖'字几号,造于江西者为'江'字几号,造于浙江、徽州等府者仿此。天顺间始照各总类编,原系民造者为民字几号,旗军自造者为军字几号,又有运字号者,则造于提举司者也"。到嘉靖时,"船只军、民、运字号虽存,而皆造于提举司矣"。

漕船多由楠木、杉木、松木、杂木等打造,使用一定年限就需要修理改造。《漕船志·船纪》载:"正统以前,所造船只或用杉木,或用杂木,小坏则修理,大坏则改造。景泰以后,始有松木者五年一造,杉木者十年一造,或有株、楠、杂木者七年一造。自成化十六年(1480)以后,停止各处解木,清江厂俱用楠木十年一造。"这是针对江北情况而言的。明代漕船使用年限还根据地域划分,以是否经过瓜洲坝为标准。"清江、卫河二提举司成造浅船、遮洋船,每年俱于瓜(洲)、仪(真)二处湾泊,各雇江船于各州县水次兑运,回至瓜、仪上载不经过坝,故十年一造",而"江南直隶、浙江、江西、湖广卫所为外江船,因其往回经坝二次,故五年一造"。

应天:朱元璋攻克建康(集庆),将其改名为应天府。明初定都于此,永乐十九年改称南京。

[2]王宗沐(1524—1592):字新甫,号敬所,临海(今属浙江台州)人。明嘉靖二十三年(1544)进士,授刑部主事。累官广西按察佥事、江西提学副使、江西按察使。后升右副都御史,总督漕运兼抚凤阳,任内提高淮河防洪能力。万历三年(1575),任刑部左侍郎。九年罢官归里,闲居10年。著作有《江西大志》《宋元资治通鉴》《十八史略》《台州府志》等。

[3]瓜:瓜州渡,在扬州。仪:仪征。均为运河上重要关节处。

[4]究诘:深究追问,追问原委。

[5]练达:干练通达,熟悉人情世故。清谨:廉洁谨慎。

[6]淮安卫:运河重镇淮安城在明朝设有两个卫,即淮安卫和大河卫。淮安卫指挥使司曾设在总督漕运部院。卫所制是明朝的最主要军事制度,明洪武十七年(1384),在全国的各军事要地,设卫所。京师和各要害地方皆设卫所,屯驻军队。数府划为一个防区设卫,下设千户所和百户所。大抵5 600人称卫,1 120人称千户所,120人称百户所。淮安卫辖6个千户所,总人数近7 000人。屯田717顷90亩,俱在山阳、安东境内。年税粮10 550石,拥有漕船223艘,年运漕粮7万担。大河卫辖8个千户所,人数近万人。屯田969顷,分布在山阳、安东、桃源、清河、沭阳境内,年税粮14 694石。拥有漕船336艘,年运漕粮10万余石。两卫都设造船厂、军械局、教场及卫学等。淮安卫和大河卫的建立,对恢复明初淮安经济民生有重大影响。山阳:位于白马湖畔,东依运河。古时,因境内有三眼终年积水的汪塘而称为"三眼沟",后以谐音"山阳沟"为地名,进而称"山阳"。淮安府山阳县历史悠久,明清时为运河上重要码头,现属江苏宝应。经历:文官名。是明代衙署中广泛设置、职能宽泛的文职机构。

[7]祝世禄(1539—1610):字延之,号无功,江西德兴人(一作鄱阳人)。明万历十七年(1589)进士,授休宁知县,任南科给事、尚宝司卿。工诗,善草书。著有《祝子小言》《环碧斋》等。

[8]旗甲:漕船兵丁之长。

# 漕 仓[1]

京仓为天子之内仓,通仓为天子之外仓。徐、淮、临、德仓置外,所以备凶旱,以防不虞也。徐州之仓曰永福、广运,淮安之仓曰常盈,临清之仓曰广积、常盈,德州之仓曰常盈。临清仓自洪武间建,谓夫南北间一都会也。永乐初,节级寄仓为转搬[2],后因直达京师,徐、淮、临、德分贮之。

其初则建仓廒黄、卫之湄[3],受淮仓米转之直沽。直沽又海舟所停泊处也。其年,即直沽设天津卫,置仓。三年,增置露囤千四百所。于是淮仓自卫河,太仓自海,咸输天津卫,而山东输德州仓。天津、德州二仓所受又总输之通州,由通州输之京。此转搬法也。五年,增设通州左卫,置左卫仓。八年,修北京骁骑等卫仓。十三年,漕河成,益置仓水次,受民纳,令官军节级支运。仍移德之广积仓于临清,移原坐太仓海运粮于淮安府。淮以北曰徐州仓,徐以北曰济宁仓,络绎临、德,以抵通、京。十六年,复益通州卫通济仓。岁凡三运,其达京仓者二,储通仓者一。宣德四年[4],益增修京、通、淮、徐等仓,益拓临清仓,度可容三百万石。

正统元年[5],定所增通州大运曰中仓,曰东仓,曰南仓,曰西仓。时岁运米五百万,京十之四,通十之六。其年复增造三百万石仓于大运西仓之侧。是时国家承仁、宣之积,重以兑运方盛,岁额日益广,仓在在赢溢。四年,增设府库左右金吾前三卫仓。天顺四年[6],即通州西仓之南草场置大运南仓。五年,复增通州大运仓百间,而南仓设北东二门,余仓皆三门。设守卫军一人,办事官一人,军一人,然由是设总督太监监督,内官渐多事矣。

弘治中[7],言者极言内官剥削之害,请量裁罢之,不听。至正德中[8],冗食冒支益甚,监督内官贿赂公行,世宗始尽罢革[9]。隆庆初[10],巡仓御史蒋机言:漕储通仓者三百三十余万,而京仓仅二百余万石。根本之地,出多入少,非所以备缓急。请无拘三七、四六之例,凡兑运者悉入京仓,改兑者入通仓。诏可之。久之,御史杨家相复言:通仓诚多放一月,则京仓省一月之给,京仓多折银一月,则京粮余一月之储,非必减通仓而后可实京仓也。户部请除改兑,尽入通仓,以省脚价。其兑运入京仓者,仍于中拨六十万石足通仓原额。诏如议。

**【注释】**

[1]漕仓:存放漕米的仓库。明代漕运最初实行分段转运,后逐渐改为直达运输(亦称长运)。分段转运有支运和兑运两种方式。明前期始行支运,支运法"支者不必出当年之民纳,纳者不必供当年之军支,通数年以为盈益,期不失常额而止"(《明史·食货志》)。在运河沿岸设置转运枢纽站以存储、转运漕粮,称"水次仓",即漕仓。水次仓分设淮安、徐州、临清、德州等地。江西、湖广、浙江漕粮,民运至淮安入仓;苏州、松江、宁国、池州、庐州、安庆府、广德州等地漕粮,民运至徐州入仓;应天、常州、镇江、淮安、扬州、太仓、滁州、和州漕粮,民运至临清入仓。然后由军运分段至京。支运法通过沿途仓廒分段运输,可以适应不同河段水情变化,一年一般可往返多次。

宣德七年(1432),根据漕运右参将吴亮的建议开始实行兑运法。江南各府漕粮,民运至瓜洲、淮安两地水次(码头),兑给江北凤阳、扬州等卫所的官军,后由军至通州或北京。民船不再过淮河、黄河,而根据各地民船减运水路的远近加"耗米"。次年,湖广、江西、浙江、南直隶也实行兑运。成化七年(1471),在兑运的基础上又实行长运法。各地漕粮在规定的水次交接给官军,南粮水次设在长江以南,民船不再过江,各省漕粮再加过江耗,每石多加耗米六升。清因袭明代长运之制,变化甚小。

[2]节级:次第。

[3]黄、卫:即黄河、卫河。

[4]宣德四年:1429年。宣德:明宣宗朱瞻基年号。

[ 5 ]正统元年:1436 年。正统:明英宗朱祁镇年号。

[ 6 ]天顺四年:1460 年。天顺:英宗朱祁镇第二个年号。

[ 7 ]弘治:明孝宗朱祐樘年号,1488—1505 年。孝宗是明中叶一位励精图治的国君,选用贤臣,勤于理政,正直忠诚之臣徐溥、刘建、李东阳、谢迁、王恕、马文升等都受到重用。

[ 8 ]正德:明武宗朱厚照年号,1506—1521 年。

[ 9 ]世宗:明世宗朱厚熜(1507—1566),1522—1566 年在位,年号嘉靖。

[ 10 ]隆庆:明穆宗朱载垕年号,1567—1572 年。

# 海　　运[1]

按:元人海运始于丞相伯颜[2]。初,伯颜平江南,以宋库藏图籍,命张瑄、朱清等自崇明从海道载入燕京,后遂献海运之议。江南之粮分为春夏二运,岁至三百万余石,其运道初自刘家港入海,至海门县界开洋,月余始抵成山[3]。计其水程,自上海至杨村马头凡一万三千三百五十里,最后千户殷明略者,又开新道,从刘家港至崇明州三沙放洋,向东行入黑水大洋,取成山转西至刘家岛,又至登州沙门岛,于莱州大洋入界河。当舟行风信有时[4],自浙西至京师不过旬日而已。

明初亦岁运七十万石,以给辽东。及会通河成,海运遂废。隆庆五年,河道溃决,户科宋良佐请复海运。时山东巡抚梁梦龙极言可行。疏言:自古建都,一切转运莫不因形胜以制便宜。我朝定鼎燕京,转运大计,一由河道,一由海运。至永乐十年以后,平江伯陈瑄开清江浦[5],尚书宋礼开会通河成[6],始尽由河运。然海船多存遮洋,海运未废。

宋礼之议又曰:

虽由会通偿运[7],每三年海运一次。是当时未尝绝意于海运也。乃去岁邳河陡塞一百余里,今岁宿迁漂伤无算,异常河变,屡见迭出。太仓空虚[8],咽喉梗塞,中外危之。先蒙简差科臣胡槚会同臣等计处胶河[9],期通海运,以佐河漕之急。臣等勘得胶河实属难开。因前后亲诣登、莱二府地方,访得沿海官民,俱称二十年前傍海潢道尚未之通[10]。今二十年来,土人淮人以及岛人做贩鱼虾茶豆,往来不绝,其道遂通,未见险阻。臣等犹惧事无的验[11],今两试俱利;兼恐人有遗议,今众见佥同。臣等早夜思议,窃以大海风波,谁则不知? 然海面多潢,犹陆地多歧。海人行海,犹陆人行陆。傍海而行,非横海而渡。海道险利,兹可具推。臣又与三司各官再三面审行海委官指挥王惟精等,俱称今次踏出海道,傍海居多,间由近洋,洋中岛屿联络,遇风可依,岸上人烟,举目可见。若船非干朽,行遵占候,自无他虞。较殷明略踏出之道尤属稳捷。

遂以山东布政使王宗沐为河道都御史,专司海运。至万历元年,以龙斗覆七艘,议罢。梁公、王公俱有刊成海运考,极其详备,有志经国者所宜留心也。

淮抚王宗沐海运之议谓:

京师有海为大利。海运通,能如元之用朱瑄等,则咽喉之梗与河之利害可无患。且以京师据天下之首,俯而瞰乎中原,窥左足而资粮于海,所谓从肘腋间取物者也[12]。

又曰:唐都长安,有险可依,而无水通利,有险则天宝、贞元乘其便[13],无水则会昌、大中受其贬[14];宋都汴梁,有水通利,而无险可据,有水故景德、元祐享其全[15],无险故宣和、靖康当其害[16]。

可谓笃论。

海道各有程途,各有宿泊岛屿。且近海岸俱有浅滩。惟山东莱州一路地方突出海中五百余里,不得不放莱州大洋。自此有白蓬头石礁成山金嘴石等岛险,殆不可言。若得出扬子江沿江岸行,至山东麻湾口别搬入船,运至海仓口,相去仅三百七十里,中间原有胶莱废河一道,可以疏通,到海仓口再入海船行运至直沽[17],仅一二日之程。

涡河在淮之南,商船自淮入涡,至河南祥符铜瓦厢以达阳武[18],阳武去卫河只六七十里,此元人陆运之故道也。倘漕河中梗,河道未能遽复,而又不经黄河之险,此亦备急之一策也。

**【注释】**

[1]海运:海洋在明朝曾扮演重要角色。明朝立国后,延续了元朝由浙江出海快速进入北方的海路,在经营辽东、外交朝鲜和备御倭寇的行动中,颇享其益。洪武二十九年(1396),海运输送粮粟至辽东。次年,太祖诏停海运。永乐初期,明朝又利用海道向北方运送粮饷,但"海陆兼运"。直至永乐十三年,朝廷发现运河的运输优势明显,海运终被放弃。隆庆五年(1571)重开海运,直到万历五年(1577)止,300艘海船全由政府修造。但由于海船新造,油灰未融,启航的时间因故推迟,错过了最佳航期,致使7艘粮船遭冲坏。于是,反对海运之声又起。加之当时漕运已大振,海运失去了必要性。明中期以后,为补充京杭运河的功能,仍不时有人提倡海运或部分实行海运。由于航海技术的限制和安全缺少保证,规模都不大,持续时间也不长。

[2]伯颜(1236—1295):元朝大将。深得忽必烈赏识。先后任中书左丞相、同知枢密院事。至元十年(1273),忽必烈命其为伐宋军最高统帅。至元十三年,攻陷临安。

[3]成山:今属山东荣成。

[4]风信:随着季节变化应时吹来的风。

[5]陈瑄(1365—1433):字彦纯,合肥(今属安徽)人。明代武官、水利家,明清漕运制度的确立者。为人骁勇,熟知兵法,善骑射。明太祖洪武年间屡次从征西南,累功迁四川行都司都指挥同知、右军都督佥事。明成祖时,为平江伯、任总兵官,总督海运,共输粮49万余石,乃建百万仓于直沽(今天津市东塘沽与大沽间),并成天津卫(今天津),后改掌漕运。其间,开清江浦(今江苏淮阴)导湖入淮,并浚徐州至济宁河道,兴筑沛县(今属江苏)至济宁南旺湖长堤;开泰州(今属江苏)白塔河通大江(即长江),筑高邮(今属江苏)湖堤。自淮河至临清(今属山东)按水势设闸47处,漕运因之畅通无阻。他经理河漕30年,多有建树。仁宗(朱高炽)即位(1425),陈瑄上疏七事,除朝政弊端。得帝奖谕,赐券,世袭平江伯。宣宗(朱瞻基)即位(1426),守淮安,督漕运。宣德四年建议疏浚运河。六年,瑄上书,请改漕运为兑运,颇便利军民。八年(1433)十月卒于官,年六十九,追封平江侯,赠太保,谥恭襄。初,瑄以浚河有德于民,民立祠于清河县。

[6]宋礼:洛宁人。详见本书明代卷《宋礼传》。

[7] 僝运:赶运,催运。僝,通"趱"。

[8] 太仓:古代京师储谷的大仓。

[9] 简差:指奉遣前往。计处:安排。胶河:即胶莱运河。起黄海灵山海口,北抵渤海三山岛,流经现胶南、胶州、平度、高密、昌邑和莱州等地,南北贯穿山东半岛,沟通黄渤两海,全长200公里。胶莱运河自平度姚家村东的分水岭南北分流。胶莱运河开创于元世祖至元中期,江南粮米由此运往京师,史称"运粮河"。但自元朝开凿以来,胶莱运河时通时塞,经历曲折。

[10] 潢道:深水航道。潢:水深广貌。

[11] 的验:谓证实。

[12] 肘腋:胳膊肘儿和腋窝。喻非常近的地方。

[13] 天宝:唐玄宗李隆基年号,742—756年。贞元:唐德宗李适年号,785—805年。

[14] 会昌:唐武宗李炎年号,841—846年。大中:唐宣宗李忱年号,847—860年。

[15] 景德:北宋真宗赵恒年号,1004—1007年。元祐:宋哲宗赵煦年号,1086—1094年。

[16] 宣和:宋徽宗赵佶年号,1119—1125年。靖康:宋钦宗赵桓年号,1126—1127年。

[17] 直沽:古地名。金、元时称潞(今北河)、卫(今南运河)会合处为直沽。在今天津市狮子林桥西端旧三汊口一带,为天津聚落最早兴起之地。明永乐二年(1404)筑天津城,为南北漕运和海运的咽喉。

[18] 铜瓦厢:在今河南兰考东坝头乡以西,为明清两代河防险要处所之一。此地南高北低,在此折而向南的黄河常常决破堤坝,冲向张秋运道,夺大清河入海。此段堤坝以黄色琉璃瓦贴护,远望如铜壁,故俗名"铜瓦厢"。阳武:在今河南原阳东南。


# 工  部[1]

工部在皇城之东,户部之后,西向。设尚书、侍郎,掌天下工役、农田、山川、薮泽、河渠之政令。其属初曰营部,曰虞部,曰水部,曰屯部,后易为营缮、虞衡、都水、屯田四司[2],俱称清吏司。

营缮掌经营兴造之事。凡大内宫殿、陵寝、城濠、坛场、祠庙、廨署、仓库、营房之役,鸠力会材而以时督程之,王邸亦如之。凡卤簿仪仗乐器移内府及所司各以其职治之,而以时省其坚洁,董其窳滥[3]。凡置狱具必如律。凡工匠二等,曰轮班,曰住作。凡工囚二等,曰正工,曰杂工。杂工三日当正工一日。凡省工,视役烦简而节其财力,凡会有无,移内府。其分司为三山大石窝[4],为都重城,为湾厂通惠河道,兼管为琉璃黑窑厂,为修理京仓厂,为清匠司,为缮工司,兼管小修为神木厂兼砖厂,为山西厂,为台基厂,为见工灰石作。所属为营缮所,所正一员,所副二员,所丞二员,武功三卫经历等官。

虞衡掌山泽采捕、历禁陶冶,凡采捕禽兽及革骨羽毛,以供祭祀宾客之膳羞。凡军器军装移内府及所司,岁造或三岁二造,必程其坚致以给边[5]。凡畋猎以时,冬春之交,置罟不施川泽[6],春夏之交,毒药不施原野,苗盛禁蹂蹴,谷登禁焚燎,若害苗稼兽,听为陷阱获之,赏有差。凡诸陵山麓不得入斧斤、开窑冶、置墓坟。凡帝王、圣贤、忠义、名山、岳镇、陵墓、祠庙有功德于民者禁樵牧。凡山场园林之利听民取而薄征。凡陶冶瓷甓籍其常造年造之数,计其入慎藏之,无辄毁以费民。

凡铸造审其模范,计铜铁而熔之,金牌信符铸之内府。凡颜料征土产,不强其所无,否则征其直[7]。其分司为宝源局大使[8]、皮作局大使、副使,军器局大使、副使。

都水掌山泽、陂池、泉泺、洪浅、道路、桥梁、舟车、织造、券契、衡量之事。凡水利曰转漕,曰灌溉,岁储其金石木竹卷扫,以时修其闸坝、洪浅、堰圩、堤防,谨蓄泄以备旱潦。舟楫碓碾不得与灌田争利[9],灌田者不得与转漕争利。役以农隙。凡鳞介萑蒲之利[10],听民取而薄征。凡道路塞其坑坎,上巡幸若大丧大礼,治而新之。凡桥梁,曰舟梁,曰石梁,计工力而创修。其大津不能梁,官给舟人,量其小大难易而食之。凡舟车曰大车,曰小车,曰战车,凡三等。曰粮船,曰黄船,曰马快船,曰海运船,曰鲜船,曰备倭船,曰战船,凡七等。皆会其材下诸司的多寡、久近、劳逸而均剂之。凡织造冕服、诰敕、制帛、祭服、净衣诸币布,移内府南京诸省,周知其数而慎节之。凡公侯伯铁券,差其广高[11]。凡祭器、册宝、乘舆、牌符、杂器会则于内府。凡衡量谨校勘而颁之,悬式于市。其奉敕分理于外者为北河差郎中,南河差郎中,中河差郎中,夏镇闸差郎中,南旺泉闸差主事,荆州抽分差主事,杭州抽分差主事,清江厂差主事,通惠河、器皿厂、六科廊皆本司总理者。所属为文思院大使、副使,织染所大使、副使。

屯田掌屯农、坟墓、抽分、薪炭、夫役之事。凡屯田,腹边公田、闲田、没官田[12],给卫所耕,剂其地力人力而征其子粒。凡在边,牛犁铁器官给之。凡坟茔、堂、碑碣、兽,第宗室、勋戚文武官之等而辨叙其差[13]。凡抽分,征诸商,各有差。凡薪炭,南取洲汀,北取山麓,征诸民有本折色,酌其多寡而撙节之[14]。凡夫役,伐柴转柴皆雇役,周知其数而时躏之。

按司曰屯田,重农事也,制诚善矣。及其后也,徒存其名耳,而其司仅掌上供并监局柴炭与山陵之事。分司为台基柴炭厂,为外差易州山厂,有陵工临时委差。所属为柴炭司正使一员,副使二员。

**【注释】**

[1]工部:古代中央官署名。又有冬官、大司空等称谓。工部起源于周代官制中的冬官,汉成帝置尚书五人,其三曰:民曹。东汉以民曹兼主缮修、功作、盐池、园苑之事。西晋以后置田曹掌屯田,又设起部掌工程、水部掌航政及水利。北周依《周官》,置冬官府,长官为大司空。隋开皇二年(582)始设立工部,掌管工程、工匠、屯田、水利、交通等,与吏、民(度支)、礼、兵、刑并称六部。唐袭隋制,但宋代使职盛行,工部职务为诸使所夺。明朝初,工部下设总部、屯部、虞部和水部四属部,洪武二十六年(1393),改尚书二十四部为二十四清吏司,工部各属部分别改称营缮清吏司、虞衡清吏司、都水清吏司和屯田清吏司,职掌、设官沿袭前朝。工部职掌,凡全国土木、水利工程、机器制造工程(包括军器、军火、军用器物等)、矿冶、纺织等无不综理,并主管一部分金融货币和统一度量衡。

[2]虞衡:古代掌山林川泽之官。

[3]坚洁:坚贞纯洁。窳滥:粗劣。窳:音 yǔ。

[4]三山大石窝:在今北京房山区。专产白石(汉白玉),莹彻无瑕。《万历野获编》:顷年三殿灾后,曾见辇石入都,供柱础用者。俱高广数丈,似天生异种。

[5]程:衡量,考核。坚致:(质地)坚实细密。

[6] 罝罛:音 jū gū,捕兽、捕鱼之网。

[7] 直:通"值",指同值钱两。

[8] 宝源局:清代钱币制造局名。清人入关后,首先在工部和户部设立宝源和宝泉两个中央造印厂,铸造了历代钱币。后又在各地设立一些铸造厂,铸造铜钱。

[9] 硙碾:研磨。

[10] 鳞介:泛指有鳞和介甲的水生动物。萑蒲:两种芦类植物。萑:音 huán。

[11] 差:谓计算,确定。广高:长宽尺寸。

[12] 腹边:腹地与边境。

[13] 辨叙:谓辨别而评议等级次第。

[14] 撙节:节制,节省。

## 通惠河

通惠河[1],即玉河也,发源昌平州神山泉,过榆河,会一亩、马眼泉,绕瓮山后汇为七里泺,东入都城西水门,贯积水潭。积水潭者,皇城内西海子也。又稍东,从月桥入内府,环绕宫殿,南出玉河桥,由大通桥至通州,与白河合,袤一百六十里[2]。元郭守敬所凿。十里一闸,蓄水济运,元人名通惠焉。入明废不治。

天顺二年[3],漕运总兵官都督杨茂先请修之,以省从张家湾陆挽者[4]。命户部尚书杨鼎、工部侍郎乔毅往视,还言:

"通州至京城四十余里,古有通惠河古道,石闸尚存,永乐间曾于此河搬运大木,以此度之,船亦可行。先年曾奏欲于此河积水船运,又有议欲于三里河从张家湾烟墩桥以西疏挑二十里,湾泊粮船以避水患者。二事俱未施行。

今此河道通流,其水约深二尺,不劳疏挑,惟用闸蓄水。令运粮卫所每船二十五只造一剥船[5],自备米袋,挨次剥运。如此则运士得省脚费而困惫少苏矣。

今蒙命臣等同参将袁佑等亲诣昌平县元人引水去处,及宛平、大兴、通州地方三里河各河道,将行船故迹逐一踏勘,及据《元史》并各闻见树碑文所载事疏稽考回奏。看得闸河原有旧闸二十四座以通水道,但元时水在宫墙外,船得进入城内海子湾泊。今水从皇城中金水河流出,难循故道,行船须用从宜改图。除元人旧引昌平东南山白浮泉水往西逆流,径过祖宗山陵,恐于地理不宜,及一亩泉水经过白羊口山沟,雨水冲截,俱难导引外,及勘得城南三里河至张家湾运河口,袤延六十余里,旧无河源,正统间因修城壕,作坝蓄水,虑恐雨多水溢,故于正阳桥东南低洼处开通壕口,以泄其水,始有三里河名。

自壕口三里至八里,始接浑河旧渠。两岸多人家庐舍、坟墓。流向十里迤南,全接旧河流入张家湾白水,其水深处止二三尺,浅处一尺余,阔处仅丈余,窄处未及一丈。今若用此河行船,凡河身窄狭淤浅处必须浚深开阔,凡遇人家房垣坟所必须拆毁挪移。且以今阔处一丈计之,水深二尺,若散于五丈之阔,止深四寸。况春夏天旱,泉脉易干,流水更少,粮船剥船俱难行使。兼且沿河堤岸高者必须刬削,低者缺者必须增筑填塞,又有走沙急湍处俱要创闸,派夫修挑,倘水少又须增引别处水来相济。若引西湖之水[6],则自河口迤西直至西河堤岸,未免添置闸座。若引草桥之水,必须于大祀坛边一路创凿沟渠,亦恐有碍。况其源又止出彰仪门外玉匠局等处,马跑等地泉亦不深远。大抵此河天旱则淤壅浅涩,雨潦则漫散冲突,徒劳人力,卒难成功,决不可开。况元人开此河,曾用金口之水,其势汹涌,冲没民舍,船不能行,卒为废河。此乃不可行之明验也。

今会勘得玉泉、龙泉及月儿、柳沙等泉诸水[7],其源皆出于西北一带山麓,堪以导引,汇于西湖,见今大半流出清河。若从西湖源头将分水青龙闸闭住,引至玉泉诸水,从高梁河量其分数,一半仍从皇城金水河流出,其余从都城外壕流转通会,流于正阳门东城壕,再将泄入三里河水闸住,并流入大通桥闸河,随时开闭。天旱水小,则闭闸潴水[8],短运剥船;雨潦水大,则开闸泄水,放行大舟。况河道闸座见成,不用增造,官吏闸夫见有,不须添设。臣等勘时,曾将庆丰、平津、通流等闸下板七叶,剥船已验可行,若板下至官定水则[9],其船亦可通行。止是闸座河渠间有决坏淤浅处,要逐加修浚,较之欲创三里河工程甚省。

况前元开创此河,漕运七八十年,公私便宜[10],后来废弛。今若复兴,则舟楫得以环城湾泊,粮储得以近仓上纳;在内食粮官军得以就近关给,通州该上粮储又得运米都城。与夫天下百官之朝觐,四方外夷之贡献,其行李方物皆得直抵都城下。

若此事举行,实天意畅快,人心欢悦,足以壮观我圣朝京师万万年太平之气象也。伏望圣明早赐裁处,乞敕各该衙门会计物料,量拨官匠,并各营见操官军人等,自西山玉泉一带并都城周围壕堑及大通桥直抵通州张家湾一路河道,分工逐一修浚。如此则不惟省一时粮运之脚价,实足以垂万世无穷之利益矣。

明年,发军九万余往治,寻以灾异罢。

后成化十一年,诏平江伯陈锐等浚之,一年而成[11]。自都城东大通桥抵张家湾浑河口,百六十余里,漕船稍通。然坐独引西湖泉水之半,不逾二岁,浅涩如旧。

嘉靖六年[12],巡仓御史吴仲请复开之,上使户部侍郎王轼、工部侍郎何诏往议。轼等言:漕国计也,必如元人引白河故事,令大船皆可直达京师,则必大兴工役,其费稍巨。惟据见存故闸,稍修治之,听小车剥船并行而载,且以便归运之军。诏可。

**【注释】**

[1]通惠河:位于北京的通惠河是元代挖建的漕运河道,郭守敬主持修建工程。自元至元二十九年(1292)开工,第二年完工,元世祖命其名为"通惠河"。

最早开挖的通惠河自昌平县白浮村神山泉经瓮山泊(今昆明湖)至积水潭、中南海,自文明门(今崇文门)外向东,在今天的朝阳区杨闸村向东南折,至通州高丽庄(今张家湾村)入潞河(今北运河故道),全长82公里。其中从瓮山泊至积水潭段河道,元代称为高梁河。通惠河开挖后,行船漕运可以到达积水潭,因此积水潭,包括今什刹海、后海一带,成为大运河的终点,商船云集,帆樯如林,热闹繁华。元朝中后期,每年最高有二三百万石粮食从南方经通惠河运抵大都。为了节制水流,以便行船,通惠河的主要干线上修建了24座水闸。

明初,战乱加上大将徐达修建北京城时,将南城墙向南移动,从万宁桥到崇文门外的河道已不便漕运。漕运只能到东便门外的大通桥下,因此通惠河当时又叫大通。后通惠河淤塞,虽数次疏通,但见效甚微。嘉靖七年(1528),北京城再次大兴土木,在巡仓御史吴仲的主持下,又一次疏通通惠河,获得成功。《通惠河志》载其"寻元人故迹,以凿以疏,导神仙、马眼二泉,决榆、沙二河之脉,汇一亩众泉而为七里泊(瓮山泊),东贯都城。由大通桥下直至通州高丽庄与白河通。凡一百六十里,为闸二十有四"。

清光绪二十六年(1900),通惠河停止漕运,但这条河为元明清三朝所立下的汗马功劳应永远铭记。

[2]袤:南北长曰袤。

[3]天顺二年:1458年。

[4]陆挽:在岸上用绳子拉船前进。

[5]剥船:即驳船。剥,通"驳"。

[6]西湖:即瓮山泊。今称昆明湖。

[7]会勘:会同查勘。

[8]潴水:蓄水。

[9]水则:立于水中测量水位高低的标尺。

[10]便宜:便当,合宜。

[11]成化十一年:1475年。陈锐(1439—1502),南直隶合肥(今属安徽)人,平江伯陈豫之子。天顺八年(1464)袭伯爵。成化六年(1470)镇守两广,充总兵官。成化八年改镇扬州兼督修漕河。弘治初提督京营操练,兼掌左军都督府事。弘治七年(1494)加太子太保,协同刘大夏治张秋运河,以功进太保兼太子太傅,弘治十一年加太傅。弘治十三年,率部赴大同御鞑靼,无功而返,夺俸闲住。

[12]嘉靖六年:1527年。

# 畹　园

海淀李戚畹园[1],方广十余里,中建把海堂,堂北有亭,亭悬"清雅"二字,明肃太后手书也。亭一望尽牡丹,石间之,芍药间之,濒于水则已。飞桥而汀,桥下金鲫长者五尺,汀而北一望皆荷,望尽而山宛转起伏,殆如真山。山畔有楼,楼上有台,西山秀色,出手可挹。园中水程十数里,屿石百座,灵璧、太湖、锦川百计[2],乔木千计,竹万计,花亿万计。闽中叶公向高曰[3]:"李园不酸,米园不俗"。

都人王嘉谟《丹棱畔记》云[4]:

帝京西十五里为海淀,凡二,南则觭于白龙庙[5],又南凑于湖,北斜邻峋嵝河。又西五里为瓮山,又五里为青龙畔。河东南流入于淀之夕阳,延而南者五里,旁与巴沟邻,曰丹棱畔。

畔之大以百顷,十亩潴为湖,二十亩沉洒种稻,厥田上上。湖圜而驶,于西可以舟。其地虚敞,面阳有贵人别业在焉,土木甚盛。最后为楼一区,畔自垣以西,入于楼之唇,为小湖,桁二舸二,中多菱芰鱼鳖之属,上有竹万个,箧簹垂丝,葸莩杂生,又有石苔、沙棠、甘菊、忍冬、幽兰之类,蘼芜蔓延,以入于畔[6]。竹最美,亦帝京之仅有也。

楼下为城,高可四丈,竹葬蒙之[7],根如苍龙,土石迸出。登楼则畔当其腹以贯于南,荧耀如银。其十亩外有大查,铁锁缆之,以度行者,度而南则为官道,东入海淀。

循畔而西,或南或西,町塍相连,有石梁一,是曰西勾,复潴为小溪。上有大盘石,有小石,瑟翠可爱。溪中倒映见西山诸峰如镜,小鱼淰淰如吹云[8]。

又南为陂者五六,畔水再潴为溪,有村一,是东堆,土人汲焉。始入地中,出于巴沟,自沟达于白石以入于高粱,是为西郊。自高粱合二潞是为东潞云。溯而北,自岣嵝而北入于西湖,土人讹为诸垫。

西向之东有古祠一,断碑乃元上都路制使朵里真撰。文云丹棱畔,尚余数行,余皆磨灭。畔虽小,然忽隐忽潴,连以数里,可舟可钓,足食数口,负山丛丛,盖神皋之佳丽[9],郊居之选胜也。

癸未春三月[10],余读书海淀,与畔为邻。主人仅有阍者[11],暇得以游息其间,如己有之,莫余难也。于是乎记。

**【注释】**

[ 1 ] 李戚:即李伟(1510—1583),祖籍平阳府翼城(今山西翼城县)人。明永乐时迁顺天府通州(北京通县)。其女选入裕王府,生朱翊钧。嘉靖四十五年(1566)穆宗朱载垕即位,授锦衣卫都指挥金事。神宗朱翊钧即位,晋爵武清伯。万历十年(1582)封武清侯。万历初,国家一切大典,皆参与。在京大筑亭园,其海淀清华园,为京师第一名园。畹园:即明神宗朱翊钧(1563—1620)的外祖父李伟修建的"清华园"。位于北京海淀区,圆明园南。园内有前湖、后湖、挹海堂、清雅亭、听水音、花聚亭等。据明史料推测,当时该园占地1 200亩左右,号为"京师第一名园"。

清康熙二十三年(1684),康熙利用清华园残存的水脉山石,在其旧址上仿江南山水营建畅春园,作为在郊外避暑听政的离宫。园林山水总体设计由宫廷画师叶洮负责,江南园匠张然受邀为之叠山理水,同时整修万泉河水系,将河水引入园中。为防止水患,还在园西面修建了西堤(今颐和园东堤)。

据文献图档估算,康熙重修的畅春园南北长约1 000米,东西宽约600米,占地900亩。重修的畅春园以园林景观为主,建筑朴素,多为小式卷棚瓦顶建筑,不施彩绘。园墙为虎皮石砌筑,堆山则为土阜平冈,不用珍贵湖石。园内有大量明代遗留的古树、古藤,又种植了腊梅、丁香、玉兰、牡丹、桃、杏、葡萄等花木,林间散布麋鹿、白鹤、孔雀、竹鸡,景色清幽。这种追求自然朴素的造园风格影响了其后落成的避暑山庄和圆明园(乾隆扩建之前)等皇家宫苑。

畅春园落成后,康熙帝每年约有一半的时间在园内居住,康熙六十一年(1722)在园内的清溪书屋去世。

[ 2 ] 灵璧、太湖、锦川:俱石名。

[ 3 ] 叶向高(1559—1627):字进卿,号台山,晚年自号福庐山人。福清(今属福建福州)人。神宗万历十一年(1583)进士,授庶吉士,进编修。历南京礼部右侍郎。因言得罪沈一贯,

罢职。万历三十五年(1607),晋礼部尚书兼东阁大学士,为宰辅。次年,首辅朱赓病死,升首辅,号为"独相"。主张安辽民,通言路,收人心。一生为官清廉,光明磊落,处事谨慎。东林党案起,叶自觉独木难支,遂请致仕。

[4] 王嘉谟(1559—1606):字伯俞,号弘岳,顺天(今北京市)人。万历十四年(1586)进士。初任行人司行人,迁礼科给事中,累官四川布政使参议、四川参政。有《蓟丘集》。

[5] 觭:音 jī,偏向。

[6] 箈薚:音 hán duò。竹笋。蒠笋:音 sī láo,俱为竹名,毒竹,伤人则死。

[7] 竹箨:笋壳。箨:音 tuó。

[8] 淰淰:音 niǎn,受惊而逃貌。

[9] 神皋:神明所聚之地。《文选·西京赋》:"尔乃广衍沃野,厥田上上,实为地之奥区神皋。"李善注:谓神明之界局也。

[10] 癸未:万历十一年(1583)。

[11] 阍者:守门人。阍,音 hūn。

# 海 户 曲

## 清·吴伟业

【提要】

本诗选自《天府广记》(北京古籍出版社 1984 年版)。

"不知占籍始何年? 家近龙池海眼穿。"吴伟业吟诵的就是"海户"。海户是明代北京皇家苑囿海子内一种特殊户民。明代北京城的海子有多处。皇城内有海子,得名缘于城北积水潭之水经过德胜桥东下,"稍折而南,直环北门宫墙左右,汪洋如海,故名海子"(蒋一葵《长安客话》)。又有南海子,明清两代称为南苑,属皇家苑囿,内亦有海子。明人张爵说:"南海子在京城南二十里,其周一万八千六百六十丈,乃育养禽兽、种植蔬果之处,中有海子三处,因京城中亦有海子,故名南海子"(张爵《京师五城坊巷胡同集》)。

南海子是明朝皇帝与内宫游幸狩猎的场所,于中豢养各类家禽走兽,种植各种果蔬菜肴,设专职人员负责栽种、豢养,以供内廷。"永乐以来,岁时狩猎于此"(《畿辅通志》卷二十一)。南海子是皇帝"讲武"之地,修葺、维护比其他海子更重要。

明代南海子,即是上林苑。《大明会典》载:上林苑监,设于永乐五年。当时共置良牧、蕃育、嘉蔬、林衡、川衡、冰鉴及左右前后十署,对南海子实行分区管理。按东南西北方位分成四围,每面四十里,总共二十四铺……不论是鸡鸭鹅猪牛羊等家禽家畜的养殖,还是蔬菜果树的栽种、屋舍亭阁的修缮,皆有专门的人户。

永乐年间,明朝初置海户时,由京师附近和山西等地的编户齐民充当。随着社会上自宫人数急遽膨胀,明代最高统治者不得不把收录来的净身人发往南海子充当海户,南海子成为消化自宫者的场所,南海子海户成分发生了重大变化。在经济上,海户享有一定的赋役优免权,但待遇和社会地位极低,属于贱民阶层。

海户的生存状况如何?"平畴如掌催东作,水田漠漠江南乐。驾鹅鸂鶒满烟汀,不枉人呼飞放泊。""记得尚方初荐品,东风铃索护雕栏。葡萄满摘倾筠笼,苹果新尝捧玉盘。""升平再睹修茅屋""丹青早起濯龙台"……虽然"诈马筵开㖊酒香,割鲜夜饮仁虞院","葡萄满摘倾筠笼,苹果新尝捧玉盘。赐出宫中公主谢",但"二百年来话大都,平生有眼何曾见"?海户的日子与外界隔绝,一旦入海子,便只能"头白经过是旧朝,春深惯锁黄山苑"。只能告慰自己,"人生陵谷不须哀,芦苇陂塘雁影来"。

大红门前逢海户,衣食年年守环堵[1]。
收藁腰镰拜啬夫,筑场赍酒从樵父[2]。
不知占籍始何年,家近龙池海眼穿。
七十二泉长不竭,御沟春暖自涓涓。
平畴如掌催东作[3],水田漠漠江南乐。
驾鹅鸂鶒满烟汀[4],不枉人呼飞放泊[5]。
后湖相望筑三山,两地神洲咫尺间[6]。
遂使相如夸陆海,肯教王母笑桑田?
蓬莱楼阁云霞变,晾鹰台上何王殿[7]?
传说新罗玉海青,星眸雪爪飞如练[8]。
诈马筵开㖊酒香[9],割鲜夜饮仁虞院。
二百年来话大都,平生有眼何曾见?
头白经过是旧朝,春山惯锁黄山苑。
典守唯闻中使来,樵苏辄假贫民便[10]。
芳林别馆百花残,廿四园中烂熳看[11]。
记得尚方初荐品,东风铃索护雕栏[12]。
葡萄满摘倾筠笼[13],苹果新尝捧玉盘。
赐出宫中公主谢,分遗阙下侍臣餐。
一朝剪伐生荆杞,五柞长杨怅已矣[14]。
野火风吹蚂蚁坟[15],枯杨月落虾蟆水[16]。
尽道千年苑囿非,忽惊万乘车尘起。
雄图开国马蹄劳,将相风云剑槊高。
帐殿行城三十里,旌旗猎猎响鸣鞘。
朝鲜使者奇毛进,白鹰刷羽霜天劲。
旧迹凌歊好放雕[17],荒台百尺登临胜。
俊鹘重经此地飞,黑河讲武当年盛。
吊古难忘百战心,扫空雉尾江山净。
新丰野老惊心目[18],缚落编篱守麋鹿。

兵火摧残泪满衣,升平再睹修茅屋。

衰草今成御宿园,豫游只少千章木[19]。

上林丞尉已连催[20],洒扫离宫补花竹。

人生陵谷不须哀,芦苇陂塘雁影来。

君不见,鄠杜西风萧瑟里[21],丹青早起濯龙台。

**【作者简介】**

吴伟业(1609—1672),字骏公,号梅村,别署鹿樵生、灌隐主人、大云道人,太仓(今属江苏)人。崇祯在其试卷上批"正大博雅,足式诡靡",他终以一甲第二名(榜眼),授翰林院编修。深得崇祯恩遇,升中允谕德(太子官属)。短暂入李自成、清顺治廷为官,后借口病孱,归乡里,并深以为耻。诗与钱谦益、龚鼎孳并称"江左三大家",长于七言歌行,后人称其为"梅村体"。代表作《圆圆曲》以吴三桂、陈圆圆的悲欢离合为线索,笔调极其委婉,讥刺吴为一己之私情叛明降清,打开山海关门,沦为千古罪人。

**【注释】**

[1]环堵:四周环绕着每面一方丈的土墙。形容狭小、简陋的居室。

[2]腰镰:腰带镰刀。亦指腰里所佩的镰刀。贳:音 shì,赊欠。

[3]东作:泛指农事。

[4]驾:音 jiā,野鹅。鹕鹈:音 pì tī,水禽。外形如鸭,嘴直而尖。

[5]按:原文下有"南海子有水泉七十二处,元之飞放泊也。"

[6]按:原文下有"以西苑后湖名海子,故此云'南'。"

[7]晾鹰台:位于南海子南部。元代帝王在南海子中建置鹰坊、仁虞院。明代称晾鹰台。台高 10 米,围长 500 米。清代,晾鹰台除了是皇家行围射猎和游幸的场所,还是阅兵演操的地方。原注:晾鹰台,元之仁虞院也,当使大学士提调之,鹰坠皆用先朝旧玺改作。

[8]原注:玉海青即白鹰也。

[9]挏:音 dòng,摇动。原注:元有诈马宴。按:诈马宴是蒙古族特有的庆典宴飨——整牛席或整羊席。诈马,蒙语指退掉毛、去掉内脏的整畜,烤制或煮制上席。

[10]典守:主管。中使:宫中派出的使者。多指宦官。樵苏:指日常生计。

[11]原注:南海子有二十四园,系明时制。

[12]尚方:泛称为宫廷制办和掌管饮食器物的官署、部门。铃索:系铃的绳索。引申指警报。

[13]筠笼:竹篮之类盛器。

[14]五柞:五柞宫的省称。汉张衡《西京赋》:掩长杨而联五柞,绕黄山而款牛首。

[15]原注:海子东南有蚂蚁坟,每清明日,数万皆聚于此。

[16]原注:玉泉一名蛤蟆,泉流入海子口。虾蟆:即蛤蟆。

[17]凌歊:指凌歊台。在今安徽当涂。南朝宋孝武帝曾建避暑离宫于此。歊:音 xiāo,(气)升腾。

[18]新丰野老:杜甫有《兵车行》,白居易有《新丰折臂翁》,均提到饱受战乱创伤的新丰老翁。

[19]豫游:犹游乐。千章:千株大树。

[20]上林苑:古宫苑名。秦旧苑,汉初荒芜,汉武帝时重加扩建。故址在今西安西及周至、户县界。丞尉:指宫苑管理官员。

[20]鄠杜:即户县与杜陵。杜陵为汉宣帝陵墓。均近长安,为胜地。

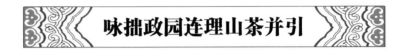

# 咏拙政园连理山茶并引

## 清·吴伟业

【提要】

本诗选自《苏州历代名园记》(中国林业出版社 2004 年版)。

拙政园是苏州名园,名园里的著名之物自然很多,宝珠山茶就是一例。

山茶花,是一种开得热烈奔放的花卉。"雪后园林张秀幄,雨余颜色醉丹砂"(史谨《第竹寺看山茶》)。万历年间的杨慎写道:"绿叶红英斗雪开,黄蜂粉蝶不曾来,海边珠树无颜色,羞把琼枝照玉台。"(《山茶花》)明末清初的诗僧担当,则有"树头万朵齐吞火,残雪烧红半个天"的名句。而拙政园"内有宝珠山茶三四株,交柯连理,得势增高。每花时,巨丽鲜妍,纷披照瞩,为江南所仅见。"在作者笔下,这山茶开得"艳如天孙织云锦,赪如姹女烧丹砂。"

和诸多睹物感怀诗一样,命运多舛的吴伟业感慨更多的是世事如梦,由歌台舞榭而坠荆棘糠秕的俯仰难料,而"一去沈辽归未得",山茶花虽盛开,也只能"深锁月明中"矣。

"花开连理本来少,并蒂同心不相保。"吴伟业意味深长地说。

拙政园,故大弘寺基也[1],其地林木绝胜,有王御史者侵之,以广其宫。后归徐氏最久。兵兴,为镇将所居。已而海昌陈相国得之。内有宝珠山茶三四株[2],交柯连理,得势增高。每花时,巨丽鲜妍,纷披照瞩[3],为江南所仅见。相国买此园,在政地十年不归,再经遣谪辽海,此花从未寓目。余偶过叹息,为作此诗。他日午桥独乐,定有酬唱,以示看花君子也。

> 拙政园内山茶花,一株两株枝交加。
> 艳如天孙织云锦,赪如姹女烧丹砂[4]。
> 吐如珊瑚缀火齐,映如蟑蛛凌朝霞[5]。
> 百年前是空王宅,宝珠色相生光华。
> 长养端资鬼神力,优昙涌现西流沙[6]。

歌台舞榭从何起？当自豪家擅里间。

苦夺精蓝为玩花[7]，旋抛先业随水流。

儿郎纵博赌名园，一掷留传犹在耳。

后人修筑改池台，石梁路转苍苔履。

曲槛奇花拂画楼，楼上朱颜娇莫比。

千条绛蜡照铅华[8]，十丈红墙饰罗绮。

斗尽风流富管弦，更谁瞥眼闲桃李。

齐女门边战鼓声[9]，入门便作将军垒。

荆榛丛填马矢高[10]，斧斤勿剪黄莺喜。

近年此地归相公，相公劳苦承明宫。

真宰阳和暗回斡，长安日日披熏风。

花留金谷迟难落，花到朱门分外红。

独有君恩归未得，百花深锁月明中。

灌花老人向前说，园中昨夜零霜雪。

黄沙淅淅动人愁[11]，碧树垂垂为谁发。

可怜塞上燕支山，染花不就花枝般。

江城作花颜色好，杜鹃啼血何斑斑。

花开连理本来少，并蒂同心不相保。

名花珍异惜如珠，满地飘残胡不扫。

杨柳丝丝二月天，玉门关外无芳草。

纵费东君著意吹，忍经摧折春光老。

看花不语泪沾衣，惆怅花间燕子飞。

折取一枝还供佛，征人消息几时归？

**【注释】**

［１］大弘寺：拙政园初为唐人陆龟蒙住宅，元朝时为大弘寺。明正德间为御史王献臣购得，开始营建园林。

［２］宝珠山茶：山茶的一种。产于全国各地。为山茶中的名贵品种。

［３］照曛：照耀。

［４］天孙：织女星。赪：音 chēng，红色。姹女：少女，美女。姹：音 chà，美丽。

［５］蝃蝀：音 dì dōng，虹的别名。

［６］优昙：指优昙婆罗花。《妙法莲花经文句纂要》卷二：优昙华者，此言灵瑞。三千年一现，现则金轮王出。佛教中指灵瑞之花。

［７］精蓝：佛寺，僧舍。

［８］绛蜡：红色的蜡。此指红花。

［９］齐女门：亦作"齐门"。城门名，古称望齐门，故址在今江苏苏州东北。

［10］马矢：马粪。

［11］淅淅：象声词。形容风声。

# 崇明平洋沙筑海堤记

## 清·吴伟业

**【提要】**

本文选自《梅村家藏稿》(据四部丛刊影印本)。

我国第三大岛——崇明岛形成的历史有1 300多年,现有面积1 041余平方公里。

"崇明岛"的来历,源于东晋末年的孙恩起事失败。其"战船"——几排竹筏飘浮到了东海边的长江口,在泥沙中搁浅。这些竹筏拦住了滚滚长江带来的泥沙,逐渐形成了一个沙嘴。这片沙嘴尚没完全露出江面,随着江水海潮的涨落,时隐时现,既"鬼鬼祟祟",又"明明显显",于是当地人便给它起名叫"崇明"。沙嘴的泥沙越积越多,渐渐完全露出水面,形成一个小岛。年复一年,岛慢慢长大,人们便把"祟明"改称"崇明"。

崇明岛上的沙洲涨塌无常,平洋沙便是其中著者。明嘉靖初至清康熙末年(1522—1722),平洋沙先大涨而后大坍,两百年间,崇明岛在涨中连成东起高头沙、西至平洋沙,长200里、宽40里的一个大岛。

崇明岛的变迁发展,与一个人关系密切,即梁化凤。梁化凤(? —1671),字翀天,又字岐山,陕西长安县人。清顺治三年(1646)武科进士,次年任山西高山卫守备。

顺治五年,大同镇总兵姜瓖叛乱,清英亲王阿济格率军征讨,梁化凤奉命参战。他首战攻克阳和城,俘获守将,以功升大同掌印都司。六年,他攻大同,克浑源,破贾庄,俘获守将五人。在进攻左卫时,他臂中三箭,仍奋勇向前,守将献城投降。论功,超加都督佥事,以副将推用。进攻太原府时,他左臂受伤,仍力战不退,俘获姜瓖委任的巡抚姜建勋,收复太原城。继解平阳围,攻汾州、孝义,逼迫平遥、介休诸城守军投降。这一年中,他连续作战22次,皆获胜。七年,歼灭姜瓖余部,山西全省平定。

山西战争结束后,他被调往江南,补为参将。顺治十一年,再以战功升浙江宁波副将。南明王朝大将张名振率部进攻高桥,梁化凤出兵迎战,打败张名振,收复了崇明平洋沙屿。十三年,擢升苏松镇总兵。因崇明岛平洋沙屿在海中,守卫不便,他督兵沿海筑坝十余里,使与岸相接,并引水灌地,使海岸卤地成为良田。海堤始筑于"十一年甲午之腊月,迄于十四年丁酉之三月"。随后,崇明就成为梁化凤的"福地"。

顺治十六年(1659)七月,南明王朝著名将领郑成功率兵攻崇明,梁化凤挥兵迎战,阵斩、俘获郑成功部将十多人,逼郑成功暂退。随即,郑成功调集大队兵马,进攻上海,攻陷镇江,直奔江宁(今南京)。梁化凤率所部3 000人驰援,乘黑夜出奇兵偷袭,又与提督配合夹击,打败了郑成功。郑成功攻崇明,复为梁化凤所败。

顺治十七年,升任苏松提督,加太子太保、左都督。他上疏朝廷,言苏、松沿海800余里,只有两千多名守军,难以担负防御之责。要求调兵3 800人,分设六营,加强防卫。朝廷同意。十八年(1661),升为江南提督。顺治帝下特诏,称化凤打败郑成功,保全崇明孤城,功亦不小,应叙功,被加授世职。时朝廷议论,拟迁沿海居民于内地。梁化凤认为,沿海设兵,复耕所弃荒地,兵民无废业,不需迁移,则国家安定。皇帝准其奏。卒,赠少保。

自古人臣,勋在专征,以劳定国者,非特战胜攻取已也,无亦审地利、准水形、筑堤防、端径术[1],俾我制其胜,彼失其险,夫然后百世赖焉。如是,即天吴阳侯[2],支祈罔象[3],沉玉刑牲[4],无不允格[5],况于趋功乐事之人乎?虽然,江、淮、河、济,障遏时闻[6];泾、渭、淄、渑,堰埭未改[7];而独于海,难言之也。岂以沃焦穷发[8],浩汗无垠,非人力所得而施者哉?

吾吴郡东南渐海,崇明逾绝津堠而为域[9],诸沙逦迤者七百里,平洋直亘其南。实旧县也,故隶扬州,缘陁崩不常[10],乃迁新邑,属之吴。而分其地以为鄙,烟火聚落千有余家,界以小洪,阔远难理。浙中勾章诸岛,对峙若聚棋置块。海师张帆捩舵[11],踔绝万里[12],亡命出没,升平时且以为忧。自"逆氛"大作,郑成功、张名振鲸奔鳄噬[13],运舻如云,尝一窥金、焦[14],兵至佚去。既归,狡谋再逞,谓平洋沙外接沧溟,内连港泊,有深岸可以下杙[15],有遗秉可以因粮[16],图根株窟穴于其中[17],而亟肆以疲我朝。议移苏州大帅于其邑以御之,固垒严兵,亦未有以靖也。

会关中梁公有克复宣云之功,分阃江左[18],著威名于芜湖采石,换任宛陵[19]。于顺治十一年,再被浙东之命,未及行而大帅罢政镇。督府以公江湖忾代[20],著有成绩,欲倚其才办寇,先用便宜[21],俾之摄理。八月之三日,公渡海入其军中,申号令,固封守。甫十日,而张名振以三千人犯堡镇,又十日,以数万人围高桥洪土城。公皆迎击破之,先后两战凡斩千有八百余级,生得二十余人。公谍知其恇扰将遁[22],决计于十一月二十六日从小洪进兵,身率步骑,以火攻烧屯拔栅,中军李廷栋等蒙冲夹击[23],碎其五舟,贼大溃走,此平洋沙所由复也。

公为人沉勇有智略,在宣、大之日,马上以鞭梢筹算,能识其山川险易,故所向有功。其渡平洋也,召诸将指示之曰:从此去县沙十五里,常以潮之进退为广狭。浅者淤绝淖泥,深者渟泓水潦[24]。马遇泞而骇,人厉涉而艰,我多留兵则不能,少留兵则不足。贼至,发奔命赴之,非长策也。吾视其水势非甚湍悍,若下竹落[25],捷石䇘[26],负薪捧土以填之,即小洪可塞,长堤可成,寇至下得突,而我骑逞于康庄之衢矣。亟条上与行省[27],诸大臣商其事,时督府马公鸣珮、中丞张公中元,谓公所建于地计甚深,出俸金赎锾相佽助[28]。而邑宰陈侯慎克佐其劳,将吏、诸生、啬夫版尹询谋金同[29],揆日戒众[30],蘉鼓方集[31],恍惚若有神教之者,见糠秕扬著[32],水面如切,绳墨辄循其迹,用赋厥功,畚插既下[33],土填而坚,水回而洑,登登冯冯[34]，缩版斯就。公喜曰：天所赞也。躬亲为植，量高卑，揣厚薄，度远迩，计徒庸，属役赋。丈已定，而后授之有司与裨校曰[35]：庀汝而不在者[36]，且致其罚。

先是浙抚累檄趣公[37]，而堡镇、高桥洪二战，督府列上功次，请必留公于江南。有诏报可。明年春，天子命公以都督佥事充江南总兵官，寻设水师一万五千以属之。公仰思委任，图有以遂其前劳也。在堤事不敢怠遑[38]，日营月划，筑城以固屏障，设戍以严徼巡[39]，列树以表道途，置亭以休逆旅，凡可以左右于堤之功者，次第修举。于是大陈兵卒，五骑为伍，方驾齐辔[40]，自郊及牧，以达于新堤。邑之耆耋童孺[41]，来游来观，三里一休，五里一顿，无断溪绝坂之艰，无渐裳濡轨之苦[42]，皆惊顾叹喜，以为此造物者鞭山驱海以为之[43]，非版筑之所可及。公乃思夫龙者，实司滇渤[44]，效神灵，不可莫之报也，命作特庙，以时祀享，而堤之事毕馈于成。是役也，起于十一年甲午之腊月，迄于十四年丁酉之三月。其长也以里而裁，其广也以寻而度，高则视广而加赢焉。薪茭土石[45]，抹筑削屡之工[46]，十而居八；垣墉瓴甓，缮完修除之工，十而居二：皆如公所料之素。今督府郎公廷佐自中事以观厥成，共兹规划，乃分条其经始月日，并诸人之与有劳者，以告竣于朝。玺书下所司褒宠焉。

伟业，史臣也，家近东海，于是堤实有嘉赖，故徇诸护军及邑人之请，为文以记实示远。窃尝闻古之为将者，防山窦泽，堕高埋卑[47]，多有其人矣。或决水以灌城，沦于鱼鳖；或驱人以填堑，视同沙虫。夫五行各有其官，四渎节宣其气[48]，若挈瓶口而壅之，俾坻伏沉滞[49]，郁堙不宣[50]，则溃溢从此而生，灾疹由是而作[51]。惟我梁公，因土之宜，顺水之性，从民之欲，今堤成之后，其堨耕为沃壤[52]，荷锸如云，固不止萑苻屏迹而已[53]。以此视彼，其为利害，相去岂不远哉？自中原罹黄巾之害，汴渠沸腾，生民昏垫[54]。本朝治河之绩比隆宣房[55]。政平人和，能使海若咸率其职[56]，东南黔首，实受其赐。昔人见河洛而念禹功，顾周道而思文德，此孰非国家之福，邀天之灵？而我公大有造于兹土，不可忘也。公讳化凤，字澧源，陕西西安府长安县人，由顺治三年进士历今官[57]。伟业辱公之知，敢备著其事，而系之颂曰：

> 厥初吾人，龙蛇为伍。既定震泽[58]，至于淮浦。楚师夹汉，越再五湖。
> 李斯刻石，扬仆虎符。山越未宾，江湘或扰。滇渤无波，楼船莫讨。
> 在晋之季，孙、卢乃猘[59]。沪渎严烽[60]，蔡洲舍戍。渺矣一粟，为姚刘沙。
> 蒲嬴之国[61]，鼋鼍之家。呀然深渊，锯牙奋鬣[62]。我张其罝[63]，彼入其穴。
> 桓桓将军，鹳鹅置阵[64]。陷井奚逃？蔓草务尽。秦鞭叱石，钱弩争潮。
> 蛟龙畏铁，蝥蛛成桥[65]。精卫空衔，爰居大骇。水由地中，剑倚天外。
> 囊沙非智，蹈冰亦危。宁烦息壤，岂假芦灰？涡口堤高，淮津流浅[66]。
> 白马波平，黄牛道远。士女婆娑，是用作歌。黍禾谷口，杨柳江沱。
> 台骀障泽，召伯树埭[67]。如坻如矢，亿载勿坏。

**【注释】**

　[1] 径术：道路。

［2］天吴:水伯。阳侯:古代传说中的波涛之神。借指波涛。

［3］支祈:即巫支祈(祁)。淮水神名。《骈雅·释天》:"淮神巫支祁。"罔象:亦作"罔像"。古代传说中的水怪。

［4］刑牲:谓古时为了祭祀或盟约而杀牲畜。

［5］允格:指按规矩祭祀。

［6］障遏:阻挡,阻止。

［7］堰埭:壅水的土坝。用于提高上游水位,以便水运或灌溉。埭:音 dài,土坝。

［8］沃焦:亦作"沃燋"。古代传说中东海南部的大石山。《文选·江赋》:"出信阳而长迈,淙大壑与沃焦。"李善注引《玄中记》:"天下之大者,东海之沃焦焉,水灌之而不已。沃焦,山名也,在东海南方三万里。"穷发:指不毛之地。

［9］津堠:渡口上供瞭望用的土堡。

［10］陁崩:指(沙洲)消长。陁:音 tuó,不平貌。

［11］捩舵:拨转船舵。指行船。捩:音 liè。

［12］踔绝:卓绝。

［13］郑成功(1624—1662):本名森,又名福松,字明俨,号大木,福建南安人。明清之际收复台湾的名将。有《延平王集》。张名振(?—1654):字候服,明南直隶南京人(今南京)。南明福王政权毁灭后,与张煌言等拥护鲁王,封为富平将军,联合郑成功抗击清军。鲸奔:鲸鱼奔跑。

［14］金、焦:山名。俱在镇江城边的长江中。

［15］杙:音 yì,小木桩。

［16］遗秉:指成把的遗穗。《诗·小雅·大田》:"彼有遗秉,此有滞穗。"

［17］根株:喻事物的根基、基础。此指以此为抗清大本营。

［18］分阃:指出任将帅或封疆大吏。阃:音 kǔn,门槛,门限。

［19］宛陵:今安徽宣城。

［20］忻代:犹期待。

［21］便宜:犹权宜,暂且。

［22］谍知:探知,暗中查明。怔扰:恐惧慌乱。

［23］蒙冲:古代战船名。以生牛皮蒙船覆背,两厢开掣棹孔,左右有弩窗、矛穴。

［24］淳泓:积水深貌。

［25］竹落:亦称"竹络"。竹笼。《汉书·沟洫志》:"河果决于馆陶及东郡金堤……河堤使者王延世使塞。以竹落长四丈,大九围,盛以小石,两船夹载而下之。"《元史·河渠志》:"两埽间置竹络,高二丈或三丈,围四丈五尺,实以小石、土牛。"

［26］石䃺:堵塞决口立楗时所用的垒石。

［27］条上:谓备文向上陈述。行省:古代中央政府派出省一级机构。元代在河南等处创设十一行中书省,简称行省。

［28］赎锾:赎罪的银钱。佽助:帮助。佽:音 cì。

［29］啬夫:古代官吏名。乡官。秦制,乡置啬夫,职掌听讼、收取赋税。后代因之。版尹:掌管地方户籍的小吏。

［30］揆日:选择时日。戒众:犹动员众人。

［31］鼛:音 gāo,古代有事时用来召集人的一种大鼓。

［32］糠秕:在打谷或加工过程中从种子上分离出来的皮或壳。此指吹沙扬泥。

［33］畚挶:盛土器。

[34] 登登:象声词。指敲击声。冯冯:象声词。《诗·大雅·緜》:"捄之陾陾,度之薨薨,筑之登登,削屡冯冯。"毛传:"削墙锻屡之声冯冯然。"

[35] 裨校:指低级将官。

[36] 庀:音 pǐ,具备。此谓安排值岗。

[37] 趣:向,趋向。

[38] 怠遑:亦作"怠皇"。懈怠而闲暇。

[39] 徼巡:巡察。

[40] 方驾齐辔:犹并驾齐驱。辔:音 pèi,驾驭牲口的嚼子和缰绳。

[41] 耆耊:指老人。

[42] 渐裳:溅湿衣裳。渐,同"溅"。

[43] 鞭山驱海:《太平寰宇记·三齐略记》载:秦始皇筑石桥,欲渡海观日出处。时有神人,能驱石下海,石去不速,神人辄鞭之。

[44] 溟渤:溟海和渤海。多泛指大海。

[45] 薪菱:柴草。

[46] 捄筑削屡:见注[34]。谓筑修大堤。

[47] 堕高堙卑:谓削平高丘,填塞洼地。

[48] 四渎:长江、黄河、淮河、济水的合称。节宣:节制宣泄。

[49] 坻伏:犹隐伏。

[50] 郁堙:犹郁塞。

[51] 灾疹:亦作"灾轸"。灾厄疾病。

[52] 壖:音 ruán,城下宫庙及水边等处的空地。

[53] 萑苻:指盗贼;草寇。萑:音 huán。

[54] 黄巾:东汉末年张角所领导的农民起义,因起义军头包黄巾而得名。昏垫:陷溺。指困于水灾。

[55] 宣房:亦作"宣防"。宫名。西汉元光中,黄河决于瓠子,二十余年不能堵塞。汉武帝亲临决口处,发卒数万,并命群臣负薪以填。功成之后,筑宫其上,名为:宣房。

[56] 海若:传说中的海神。

[57] 顺治三年:1646 年。

[58] 震泽:湖名。即今江苏太湖。

[59] 孙、卢:指东晋末孙恩、卢循领导的起义。隆安三年(399),孙恩起事,下会稽、吴郡、永嘉,一时从者数十万。后浮海进至丹徒,威胁京师。元兴元年(402),败,投海而死。义军推其妹夫卢循为首。义熙七年(411),兵败自杀。狷:音 zhì,狂犬,疯狗;疯狂的。

[60] 沪渎:古水名。指吴淞江下游近海处一段(今黄浦江下游)。隆安五年(401)五月,孙恩自浃口登陆,攻克沪渎垒。

[61] 蒲羸:指菖蒲芦苇丛生之地。

[62] 呀然:深广貌。锯牙:谓咬牙声。格格有声。锯牙奋鬣:谓气焰方炽,情绪方振。鬣:音 liè,马、狮子等颈上的长毛。

[63] 罝:音 jū,网。常用于捕鸟兽。

[64] 桓桓:威武貌。鹳鹅:军阵名。《左传·昭公二十一年》:"丙戌,与华氏战于赭丘。郑翩愿为鹳,其御愿为鹅。"

[65] 蝃蝀:虹的别名。借指桥。

[66]湰津:水津,水口。

[67]台骀:上古时水官之长。疏通汾、洮二水,后世奉为汾水之神。骀:音tái。召伯:周初政治家。文王庶子。辅政治国,营建洛邑,与周公一起镇守东都。

# 闲情偶寄(节选)

## 清·李 渔

【提要】

本文选自《闲情偶寄》(岳麓书社2000年版)。

"人之不能无屋,犹体之不能无衣。"李渔在《房舍》开篇中说。就像人穿衣粗布绸缎各各不同一样,住什么样的屋也大有不同。

李渔和明中叶后的许多知识分子一样,渴望摆脱功名利禄的束缚与限制,极力追求心灵自由和个性解放,游山玩水,置造园林,蓄妓纳妾,嗜音赏舞,品茗食甘,悠闲风雅。他所造的园子就有北京的半亩园、老家兰溪的伊园、金陵的芥子园、杭州的层园:

位于北京弓弦胡同的"半亩园"房舍庭树、山石水池,安排得紧凑而不觉局促,虽占地不多,却丰满舒畅,清秀恬静,令人顿起可居、可游之想;家乡兰溪伊山之麓的"伊园"(即"伊山别业")则成了他"杜门扫轨,弃世若遗"的世外桃源,在这里他"受山水自然之利,享花鸟殷勤之奉,其便实多,未能悉数"(《〈伊园十便〉小序》);还有就是他中年定居金陵(南京)时所造的"芥子园",不满三亩,屋居其一,石居其一,然而却能以小胜大,含蓄有余;晚年迁居杭州时经营的"层园"在西湖之畔的云居山。"开窗时与古人逢,岂止阴晴别淡浓。堤上东坡才锦绣,湖中西子面芙蓉。""似客两峰当面坐,照人一水隔帘清。""目游果不异身游,顷刻千峰任去留。云里霹开三净土,镜中照破二沧州。爱亲歌舞花难谢,喜载楼船水不流。"李渔命名为"层园",一个"层"字,深得造园三昧,"因地制宜,适其自然",依山势高低而设计营造,园子便错落有致,参差变幻,层层入胜。

长期的造园实践,既对他的人生态度和追求产生了深远而细密的影响,也让他的人生理想和情趣有了挂寄的家园。应该说,建屋造园,寄托的都是李渔的理想和情趣。《闲情偶寄》中,李渔率性而谈,自己的生活情趣、审美趣味、艺术个性悉数自然流露出来:"予性最癖,不喜盆内之花,笼中之鸟,缸内之鱼,及案上有座之石,以其局促不舒,令人作囚鸾絷凤之想。"以此性造园,李渔推崇"随举一石,颠倒置之,无不苍古成文,纡回入画"的叠山能手,提倡"宜自然,不宜雕斫","顺其性"而不"戕其体"。李渔所造的几个园子首先看重的都是自然环境,所筑园林与自然浑然一体。伊园建在"近水邻山处","两扉无意对山开","步出柴扉便是山","山窗四面总玲珑,绿野青畴一望中",屋前有方塘,"方塘未敢拟西湖,桃李曾栽百十株",屋后有瀑布,"飞瀑山厨止隔墙,竹梢一片引流长"。整座园居虽因陋就简而成,但完全融入自然山水之中,得自然之精华。明末清初,像李渔这样"为结山林伴,因疏城市交",营园追求与大自然相融,恐怕与当时"绝意浮名,不干寸禄,山居避乱,反以无事为荣"的士人心态有关,反映了当时士人们追求闲情逸致、风流优雅的风尚。

李渔认为造园之事在施以人工的同时,也要师法自然,妙肖自然。他指出:"幽斋磊石,原非得已。不能致身岩下,与木石居,故以一卷代山,一勺代水,所谓无聊之极思也。然变城市为山林,招飞来峰使居平地,自是神仙妙术,假手于人以示奇者也,不得以小技目之。"认为垒石叠山,营造园居,本来就是借人工而造第二自然,"宜自然不宜雕斫",遵从自然之性,崇尚自然之美。若能"事事以雕镂为戒,则人工渐去,而天巧自呈矣"。园中叠山,同样提倡天然,提倡土石山而反对石山,"用以土代石之法,既减人工,又省物力,且有天然委曲之妙,混假山于真山之中,使人不能辨者。"他还说"土石二物,原不相离,石山离土则草木不生,是童山矣"。

当代园林学家童寯《江南园林志》:"造园要素:一为花木池鱼;二为屋宇;三为叠石。"李渔在这三个方面都有较系统的论述,且见解独到。

《闲情偶寄•居室部》共五个部分,"房舍第一"谈房舍及园林地址的选择、方位的确定,屋檐的实用和审美效果,天花板的艺术设计,园林的空间处理,庭院的地面铺设等等。"窗栏第二"谈窗栏设计的美学原则及方法,窗户对园林的美学意义,其中还附有李渔设计的各种窗栏图样。"墙壁第三"专谈墙壁在园林中的审美作用,以及不同的墙壁(界墙、女墙、厅壁、书房壁)的艺术处理方法。"联匾第四"谈中国房舍和园林中特有的一种艺术因素"联匾"的美学特征,以及它对于创造园林艺术意境和房舍的诗情画意所起的重要作用;李渔还独出心裁地创造了许多联匾式样,并绘图示范。这些要求与修建园林建筑的要求是一致的。比如他认为建房要有高下之势,"不独园圃为然,居宅亦应如是"。房前屋后最好能有小山石壁,"斋头但有隙地,皆可为之";第五部分谈山石:"凡累石之家,正面为山,背面皆可作壁……但壁后忌作平原,令人一览而尽。须有一物焉蔽之,使坐客仰观不能穷其颠末,斯有万丈悬岩之势,而绝壁之名为不虚矣。"包含动静相宜、真幻相辅、虚实相生三昧的"开窗莫妙于借景"等等。

李渔谈叠山,称"不得以小技目之","尽有丘壑填胸、烟云绕笔之韵士,命之画水题山,顷刻千岩万壑;及倩磊斋头片石,其技立穷,似向盲人问道者。故从来叠山名手,俱非能诗善绘之人,见其随举一石,颠倒置之,无不苍古成文,纡回入画"。无论造"大山"、叠"小山"、立"石壁"、作"石洞",甚至处理"零星小石",都需遵循其道。

《种植部》谈到木本、藤本、草本、众卉、竹木,分别论述了各种花木的栽培,特别是它们的审美品格和观赏价值。我国古代有关园林艺术的理论著作中,像李渔这样详细、具体论述花木的美学品格和观赏价值的并不多见。

# 房 舍 第 一

人之不能无屋,犹体之不能无衣。衣贵夏凉冬燠[1],房舍亦然。堂高数仞,榱题数尺[2],壮则壮矣,然宜于夏而不宜于冬。登贵人之堂,令人不寒而栗,虽势使之然,亦寥廓有以致之[3]。我有重裘,而彼难挟纩故也[4]。及肩之墙,容膝之屋,俭则俭矣,然适于主而不适于宾。造寒士之庐,使人无忧而叹,虽气感之耳,亦境地有以迫之;此耐萧疏,而彼憎岑寂故也[5]。

吾愿显者之居,勿太高广。夫房舍与人,欲其相称。画山水者有诀云:"丈山尺树,寸马豆人。"使一丈之山,缀以二尺三尺之树;一寸之马,跨以似米似粟之人,称乎? 不称乎? 使显者之躯,能如汤文之九尺十尺,则高数仞为宜,不则堂愈高而人愈觉其矮,地愈宽而体愈形其瘠,何如略小其堂,而宽大其身之为得乎? 处士之庐,难免卑隘,然卑者不能耸之使高,隘者不能扩之使广,而污秽者、充塞者则能去之使净,净则卑者高而隘者广矣。

吾贫贱一生,播迁流离,不一其处,虽债而食,赁而居,总未尝稍污其座。性嗜花竹,而购之无资,则必令妻孥忍饥数日[6],或耐寒一冬,省口体之奉,以娱耳目。人则笑之,而我怡然自得也。性又不喜雷同,好为矫异,常谓人之茸居治宅,与读书作文同一致也。譬如治举业者,高则自出手眼,创为新异之篇;其极卑者,亦将读熟之文移头换尾,损益字句而后出之,从未有抄写全篇,而自名善用者也。乃至兴造一事,则必肖人之堂以为堂,窥人之户以立户,稍有不合,不以为得,而反以为耻。常见通侯贵戚,掷盈千累万之资,以治园圃,必先谕大匠曰:亭则法某人之制,榭则遵谁氏之规,勿使稍异。而操运斤之权者,至大厦告成,必骄语居功,谓其立户开窗,安廊置阁,事事皆仿名园,纤毫不谬。噫,陋矣! 以构造园亭之胜事,上之不能自出手眼,如标新创异之文人;下之至不能换尾移头,学套腐为新之庸笔,尚嚣嚣以鸣得意,何其自处之卑哉!

予尝谓人曰:生平有两绝技,自不能用,而人亦不能用之,殊可惜也。人问:绝技维何? 予曰:一则辨审音乐,一则置造园亭。性嗜填词,每多撰著,海内共见之矣。设处得为之地,自选优伶,使歌自撰之词曲,口授而躬试之,无论新裁之曲,可使迥异时腔,即旧日传奇,一概删其腐习而益以新格,为往时作者别开生面,此一技也。一则创造园亭,因地制宜,不拘成见,一榱一桷,必令出自己裁,使经其地、入其室者,如读湖上笠翁之书[7],虽乏高才,颇饶别致,岂非圣明之世,文物之邦,一点缀太平之具哉? 噫,吾老矣,不足用也。请以崖略付之简篇,供嗜痂者采择。取其一得,如对笠翁,则斯编实为神交之助尔。

土木之事,最忌奢靡。匪特庶民之家当崇俭朴,即王公大人亦当以此为尚。盖居室之制,贵精不贵丽,贵新奇大雅,不贵纤巧烂漫。凡人止好富丽者,非好富丽,因其不能创异标新,舍富丽无所见长,只得以此塞责。譬如人有新衣二件,试令两人服之,一则雅素而新奇,一则辉煌而平易,观者之目,注在平易乎? 在新奇乎? 锦绣绮罗,谁不知贵,亦谁不见之? 缟衣素裳,其制略新,则为众目所射,以其未尝睹也。凡予所言,皆属价廉工省之事,即有所费,亦不及雕镂粉藻之百一。且古语云:"耕当问奴,织当访婢。"予贫士也,仅识寒酸之事。欲示富贵,而以绮丽胜人,则有从前之旧制在。

新制人所未见,即缕缕言之[8],亦难尽晓,势必绘图作样。然有图所能绘,有不能绘者。不能绘者十之九,能绘者不过十之一。因其有而会其无,是在解人善悟耳。

## 【作者简介】

李渔(1611—1680),初名仙侣,后改名渔,字谪凡,号笠翁,浙江兰溪人,明末清初文学家、戏曲家、戏剧理论家、园林建筑设计师。入清后无意仕进,从事著述和指导戏剧演出。居于江宁(今南京)时在芥子园开设书铺,编刻图籍,广交达官贵人、文坛名流。著有《凰求凤》《玉搔头》等戏剧,《肉蒲团》《觉世名言十二楼》《无声戏》《连城璧》等小说,《闲情偶寄》等书。

**【注释】**

[1]燠:音 yù,暖。

[2]榱题:亦作"榱提"。屋椽的端头。通常伸出屋檐,因通称出檐。

[3]廖廓:空旷深远。

[4]挟纩:披着绵衣。

[5]岑寂:高而静,清冷。

[6]妻孥:妻儿。孥,音 nú。

[7]笠翁:作者自称。

[8]缕缕:一条一条连续不断地。

## 置 顶 格

精室不见椽瓦,或以板覆,或用纸糊,以掩屋上之丑态,名为"顶格",天下皆然。予独怪其法制未善?何也?常因屋高檐矮,意欲取平,遂抑高者就下,顶格一概齐檐,使高敞有用之区,委之不见不闻,以为鼠窟,良可慨也。亦有不忍弃此,竟以顶板贴椽,仍作屋形,高其中而卑其前后者,又不美观,而病其呆笨。

予为新制,以顶格为斗笠之形,可方可圆,四面皆下,而独高其中。且无多费,仍是平格之板料,但令工匠画定尺寸,旋而去之。如作圆形,则中间旋下一段是弃物矣,即用弃物作顶,升之于上,止增周围一段竖板,长仅尺许,少者一层,多则二层,随人所好,方者亦然。造成之后,若糊以纸,又可于竖板之上,裱贴字画,圆者类手卷[1],方者类册叶[2],简而文,新而妥,以质高明,必当取其有裨。方者可用竖板作门,时开时闭,则当壁橱四张,纳无限器物于中,而不之觉也。

**【注释】**

[1]手卷:只能卷舒而不能悬挂的横幅书画长卷。

[2]册叶:分页装潢成册的字画。

## 取 景 在 借

开窗莫妙于借景,而借景之法,予能得其三昧[1]。向犹私之,乃今嗜痂者众[2],将来必多依样葫芦,不若公之海内,使物物尽效其灵,人人均有其乐。但期于得意酣歌之顷,高叫笠翁数声,使梦魂得以相傍,是人乐而我亦与焉,为愿足矣。

向居西子湖滨,欲购湖舫一只,事事犹人,不求稍异,止以窗格异之。人询其法,予曰:四面皆实,独虚其中,而为"便面"之形。实者用板,蒙以灰布,勿露一隙之光;虚者用木作框,上下皆曲而直其两旁,所谓"便面"是也。纯露空明,勿使有纤毫障翳[3]。是船之左右,止有二便面,便面之外,无他物矣。坐于其中,则两岸之湖光山色、寺观浮屠、云烟竹树,以及往来之樵人牧竖、醉翁游女,连人带马尽入便面之中,作我天然图画。且又时时变幻,不为一定之形。非特舟行之际,摇一橹,变一象;撑一篙,换一景,即系缆时,风摇水动,亦刻刻异形。是一日之内,现出百千万幅佳山佳水,总以便面收之。而便面之制,又绝无多费,不过曲木两条、直木两条而已。世有掷尽金钱,求为新异者,其能新异若此乎?

此窗不但娱己,兼可娱人。不特以舟外无穷之景色摄入舟中,兼可以舟中所有之人物,并一切几席杯盘射出窗外,以备来往游人之玩赏。何也?以内视外,固是一幅便面山水;而以外视内,亦是一幅扇头人物。譬如拉妓邀僧,呼朋聚友,与之弹琴观画,分韵拈毫,或饮或歌,任眠任起,自外观之,无一不同绘事。同一物也,同一事也,此窗未设以前,仅作事物观;一有此窗,则不烦指点,人人俱作画图观矣。夫扇面非异物也,肖扇面为窗,又非难事也。世人取象乎物,而为门为窗者,不知凡几,独留此眼前共见之物,弃而弗取,以待笠翁,讵非咄咄怪事乎?所恨有心无力,不能办此一舟,竟成欠事。

兹且移居白门,为西子湖之薄幸人矣。此愿茫茫,其何能遂?不得已而小用其机,置此窗于楼头,以窥钟山气色,然非创始之心,仅存其制而已。

予又尝作观山虚牖,名"尺幅窗",又名"无心画",姑妄言之。浮白轩中,后有小山一座,高不逾丈,宽止及寻,而其中则有丹崖碧水,茂林修竹,鸣禽响瀑,茅屋板桥,凡山居所有之物,无一不备。盖因善塑者肖予一像,神气宛然,又因予号笠翁,顾名思义,而为把钓之形。予思既执纶竿[4],必当坐之矶上,有石不可无水,有水不可无山,有山有水,不可无笠翁息钓归休之地,遂营此窟以居之。是此山原为像设,初无意于为窗也。后见其物小而蕴大,有"须弥芥子"之义[5],尽日坐观,不忍阖牖,乃瞿然曰[6]:"是山也,而可以作画;是画也,而可以为窗;不过损予一日杖头钱,为装潢之具耳。"遂命童子裁纸数幅,以为画之头尾,及左右镶边。头尾贴于窗之上下,镶边贴于两旁,俨然堂画一幅,而但虚其中。非虚其中,欲以屋后之山代之也。坐而观之,则窗非窗也,画也;山非屋后之山,即画上之山也。不觉狂笑失声,妻孥群至,又复笑予所笑,而"无心画""尺幅窗"之制,从此始矣。

予又尝取枯木数茎,置作天然之牖,名曰"梅窗"。生平制作之佳,当以此为第一。己酉之夏,骤然滔天,久而不涸,斋头淹死榴、橙各一株,伐而为薪,因其坚也,刀斧难入,卧于阶除者累日。予见其枝柯盘曲,有似古梅,而老干又具盘错之势,似可取而为器者,因筹所以用之。是时栖云谷中,幽而不明,正思辟牖,乃幡然曰:"道在是矣!"遂语工师,取老干之近直者,顺其本来,不加斧凿,为窗之上下两旁,是窗之外廓具矣。再取枝柯之一面盘曲、一面稍平者,分作梅树两株,一从上生而倒垂,一从下生而仰接。其稍平之一面则略施斧斤,去其皮节而向外,以便糊纸;其盘曲之一面,则匪特尽全其天,不稍戕斫,并疏枝细梗而留之。既成之后,剪彩作花,分红梅、绿萼二种,缀于疏枝细梗之上,俨然活梅之初着花者。同人见之,无不叫绝。予之心思，讫于此矣。后有所作，当亦不过是矣。

便面不得于舟，而用于房舍，是屈事矣。然有移天换日之法在，亦可变昨为今，化板成活，俾耳目之前，刻刻似有生机飞舞，是亦未尝不妙，止费我一番筹度耳。予性最癖，不喜盆内之花，笼中之鸟，缸内之鱼，及案上有座之石，以其局促不舒，令人作囚鸾絷凤之想。故盆花自幽兰、水仙而外，未尝寓目。鸟中之画眉，性酷嗜之，然必另出己意而为笼，不同旧制，务使不见拘囚之迹而后已。自设便面以后，则生平所弃之物，尽在所取。从来作便面者，凡山水人物、竹石花鸟以及昆虫，无一不在所绘之内，故设此窗于屋内，必先于墙外置板，以备承物之用。一切盆花笼鸟、蟠松怪石，皆可更换置之。如盆兰吐花，移之窗外，即是一幅便面幽兰；盎菊舒英，纳之牖中，即是一幅扇头佳菊。或数日一更，或一日一更，即一日数更，亦未尝不可。但须遮蔽下段，勿露盆盎之形。而遮蔽之物，则莫妙于零星碎石。是此窗家家可用，人人可办，讵非耳目之前第一乐事？得意酣歌之顷，可忘作始之李笠翁乎？

**【注释】**

[1] 三昧：佛教语。意为止息杂念，使心神平静，是佛教的重要修行方法。借指事物的要领、真谛。

[2] 嗜痂：《宋书·刘邕传》：邕所至嗜食疮痂，以为味似鳆鱼。尝诣孟灵休，灵休先患灸疮，疮痂落床上，因取食之。灵休大惊。答曰："性之所嗜。"后因以称嗜好怪癖为"嗜痂"。

[3] 障翳：遮蔽。

[4] 纶竿：钓竿。

[5] 须弥芥子：言诺大的须弥山纳于极小的芥菜种子之中。喻佛法之精妙，无处不在。

[6] 瞿然：惊喜貌。瞿：音 qú。

# 大　山

山之小者易工，大者难好。予遨游一生，遍览名园，从未见有盈亩累丈之山，能无补缀穿凿之痕，遥望与真山无异者。犹之文章一道，结构全体难，敷陈零段易。唐宋八大家之文，全以气魄胜人，不必句栉字篦[1]，一望而知为名作。以其先有成局，而后修饰词华，故粗览细观同一致也。若夫间架未立，才自笔生，由前幅而生中幅，由中幅而生后幅，是谓以文作文，亦是水到渠成之妙境；然但可近视，不耐远观，远观则襞积缝纫之痕出矣[2]。书画之理亦然。名流墨迹，悬在中堂，隔寻丈而观之，不知何者为山，何者为水，何处是亭台树木，即字之笔画杳不能辨，而只览全幅规模，便足令人称许。何也？气魄胜人，而全体章法之不谬也。至于累石成山之法，大半皆无成局，犹之以文作文，逐段滋生者耳。名手亦然，矧庸匠乎？然则欲累巨石者，将如何而可？必俟唐宋诸大家复出，以八斗才人，变为五丁力士，而后可使运斤乎？抑分一座大山为数十座小山，穷年俯视，以藏其拙乎？曰：不难。用以土代石之法，既减人工，又省物力，且有天然委曲之妙。混假山于真山之中,使人不能辨者,其法莫妙于此。累高广之山,全用碎石,则如百衲僧衣,求一无疑处而不得,此其所以不耐观也。以土间之,则可泯然无迹,且便于种树。树根盘固,与石比坚,且树大叶繁,混然一色,不辨其为谁石谁土。立于真山左右,有能辨为积累而成者乎? 此法不论石多石少,亦不必定求土石相半,土多则是土山带石,石多则是石山带土。土石二物原不相离,石山离土,则草木不生,是童山矣。

**【注释】**

[1] 句栉字篦:亦作"句栉字比"。犹言逐字逐句仔细推敲。

[2] 襞积:亦作"襞绩"。衣服上的褶子。

## 附:种植部(节选)

### 木 本 第 一

草木之种类极杂,而别其大较有三,木本、藤本、草本是也。木本坚而难瘁,其岁较长者,根深故也。藤本之为根略浅,故弱而待扶,其岁犹以年纪。草本之根愈浅,故经霜辄坏,为寿止能及岁。是根也者,万物短长之数也。欲丰其得,先固其根。吾于老农老圃之事,而得养生处世之方焉。人能虑后计长,事事求为木本,则见雨露不喜,而睹霜雪不惊。其为身也,挺然独立,至于斧斤之来,则天数也,岂灵椿古柏之所能避哉? 如其植德不力,而务为苟且,则是藤本其身,止可因人成事,人立而我立,人仆而我亦仆矣。至于木槿其生,不为明日计者,彼且不知根为何物,遑计入土之浅深,藏荄之厚薄哉? 是即草木之流亚也。噫,世岂乏草木之行,而反木其天年,藤其后裔者哉? 此造物偶然之失,非天地处人待物之常也。

### 牡 丹

牡丹得王于群花,予初不服是论,谓其色其香,去芍药有几? 择其绝胜者与角雌雄,正未知鹿死谁手。及睹《事物纪原》,谓武后冬月游后苑,花俱开而牡丹独迟,遂贬洛阳。因大悟曰:"强项若此,得贬固宜。然不加九五之尊,奚洗八千之辱乎?"(韩诗:夕贬潮阳路八千)物生有候,葭动以时,苟非其时,虽十尧不能冬生一穗。后系人主,可强鸡人使昼鸣乎? 如其有识,当尽贬诸卉而独崇牡丹。花王之封,允宜肇于此日。惜其所见不逮,而且倒行逆施。诚哉! 其为武后也。

予自秦之巩昌,载牡丹十数本而归,同人嘲予以诗,有"群芳应怪人情热,千里趋迎富贵花"之句。予曰:"彼以守拙得贬,予载之归,是趋冷非趋热也。"兹得此论,更发明矣。艺植之法,载于名人谱帙者,纤发无遗。予倘及之,又是拾人牙后矣。但有吃紧一着,花谱偶载而未之悉者,请畅言之。是花皆有正面,有反面,有侧面。正面宜向阳,此种花通义也。然他种犹能委曲,独牡丹不肯通融,处以南面即生,俾之他向则死,此其肮脏不回之本性,人主不能屈之,谁能屈之? 予尝执此语同人,有迂其说者。予曰:"匪特士民之家,即以帝王之尊,欲植此花,亦不能不循此例。"同人诘予曰:"有所本乎?"予曰:"有本。吾家太白诗云:'名花倾国两相欢,常得君王带笑看。解释春风无限恨,沉香亭北倚栏杆。'倚栏杆者向北,则花非南面而何?"同人笑而是之。斯言得无定论?

# 梅

花之最先者梅,果之最先者樱桃。若以次序定尊卑,则梅当王于花,樱桃王于果,犹瓜之最先者曰王瓜,于义理未尝不合,奈何别置品题,使后来居上。首出者不得为圣人,则辟草昧致文明者,谁之力欤?虽然以梅冠群芳,料舆情必协,但以樱桃冠群果,吾恐主持公道者,又不免为荔枝号屈矣。姑仍旧贯,以免抵牾。种梅之法,亦备群书,无庸置吻,但言领略之法而已。

花时苦寒,既有妻梅之心,当筹寝处之法。否则衾枕不备,露宿为难,乘兴而来者,无不败兴而返,即求为驴背浩然,不数得也。观梅之具有二:山游者必带帐房,实三面而虚其前,制同汤网。其中多设炉炭,既可致温,复备暖酒之用。此一法也。园居者设纸屏数扇,覆以平顶,四面设窗,尽可开闭,随花所在,撑而就之。此屏不止观梅,是花皆然,可备终岁之用。立一小匾,名曰"就花居"。花间竖一旗帜,不论何花,概以总名曰"缩地花"。此一法也。若家居所植者,近在身畔,远亦不出眼前,是花能就人,无俟人为蜂蝶矣。

然而爱梅之人,缺陷有二:凡到梅开之时,人之好恶不齐,天之功过亦不等。风送香来,香来而寒亦至,令人开户不得,闭户不得,是可爱者风,而可憎者亦风也;雪助花妍,雪冻而花亦冻,令人去之不可,留之不可,是有功者雪,有过者亦雪也。其有功无过,可爱而不可憎者惟日,既可养花,又堪曝背,是诚天之循吏也。使止有日而无风雪,则无时无日不在花间,布帐纸屏皆可不设,岂非梅花之至幸,而生人之极乐也哉!然而为之天者,则甚难矣。

蜡梅者,梅之别种,殆亦共姓而通谱者欤?然而有此令德,亦乐与联宗。吾又谓别有一花,当为蜡梅之异姓兄弟,玫瑰是也。气味相孚,皆造浓艳之极致,殆不留余地待人者矣。人谓过犹不及,当务适中。然资性所在,一往而深,求为适中,不可得也。

# 藤 本 第 二

藤本之花,必须扶植。扶植之具,其妙于从前成法之用竹屏。或方其眼,或斜其楄,因作葳蕤柱石,遂成锦绣墙垣,使内外之人,隔花阻叶,碍紫间红,可望而不可亲。此善制也。无奈近日茶坊酒肆,无一不然,有花即以植花,无花则以代壁。此习始于维扬,今日渐及他处矣。市井若此,高人韵士之居,断断不应若此。避市井者,非避市井,避其劳劳攘攘之情,锱铢必较之陋习也。见市井所有之物,如在市井之中,居处习见,能移性情,此其所以当避也。即如前人之取别号,每用川、泉、湖、宇等字,其初未尝不新,未尝不雅,迨后商贾者流,家效而户则之,以致市肆标榜之上,所书姓名非川即泉,非湖即宇,是以避俗之人,不得不去之若浼。迩来缙绅先生悉用斋、庵二字,极宜,但恐用者过多,则而效之者,又入从前标榜,是今日之斋、庵,未必不是前日之川、泉、湖、宇。虽曰名以人重,人不以名重,然亦实之宾也。已噪寰中者仍之继起,诸公似应稍变。

人问植花既不用屏,岂遂听其滋蔓于地乎?曰:不然。屏仍其故,制略新之。虽不能保后日之市廛,不又变为今日之园圃,然新得一日是一日,异得一时是一时。但愿贸易之人,并性情风俗而变之。变亦不求尽变,市井之念不可无,垄断之心不可有。觅应得之利,谋有道之生,即是人间大隐。若是,则高人韵士,皆乐得与之游矣,复何劳扰锱铢之足避哉? 花屏之制有三,列于《藤本》之末。

## 蔷 薇

结屏之花,蔷薇居首。其可爱者,则在富于种而不一其色。大约屏间之花,贵在五彩缤纷,若上下四旁皆一其色,则是佳人忌作之绣,庸工不绘之图,列于亭斋,有何意致? 他种屏花,若木香、酴醾、月月红诸本,族类有限,为色不多,欲其相间,势必旁求他种。蔷薇之苗裔极繁,其色有赤,有红,有黄,有紫,甚至有黑。即红之一色,又判数等,有大红、深红、浅红、肉红、粉红之异。屏之宽者,尽其种类所有而植之,使条梗蔓延相错,花时斗丽,可傲步障于石崇。然征名考实,则皆蔷薇也。是屏花之富者,莫过于蔷薇。他种衣色虽妍,终不免于捉襟露肘。

## 清·李 渔 王 概 等

【提要】

本文选自《芥子园画传·竹谱》(浙江古籍出版社 2008 年版)。

在中国的画坛上,流传广泛,影响深远,孕育名家,施惠无涯者,《芥子园画传》当之无愧(习称《芥子园画谱》),它是中国传统绘画的一部经典课本。

《芥子园画谱》的成书,与著名的戏剧家、理论家李渔有直接的关系。李渔在明末由杭州迁居江宁(今南京),建起了一座号为"芥子园"的园林式宅院。燕居"芥子园"中,他收集了大量文学、戏剧、书法、绘画方面的书籍,并开始尝试自己刻书。在清康熙初,李渔与女婿沈心友讨论画理时,偶然想到了要编刻一部可供自学的绘画技法教材。其婿家中,藏有明代山水画家李流芳的课徒稿 43 幅,遂请嘉兴籍画家王概整理增编 90 幅,增至 133 幅,并附临摹古人各式山水画 40 幅,为初学者作楷范。篇首并编"青在堂画学浅说"。因得李渔的资助,于康熙十八年(1680)套版精刻成书,即以"芥子园"名义出版。这是《芥子园画谱》第一集。接着王概又受沈心友之托,与他的胞兄王蓍、胞弟王臬,共同编绘了"兰竹梅菊"与"花卉翎毛"谱,就有了第二、三集。康熙四十年(1701),用开化纸木刻四色套版印成,世称"王概本",印刷相当精致,但印数很少,只有几百部。

光绪以后,《芥子园画谱》已流传 200 多年,为进一步扩大传播与迎合社会需求,加上其与上海"海派"绘画的渊源,同时西洋印刷术在上海应用逐渐广泛,数种因缘促使"海派"创始人之一张子祥的学生巢勋重新勾摹修整《芥子园画谱》,石印出版,成为流传影响最大的一种。但也正因这一版的流传,该书本名《芥子园画传》反而无人知晓。

《画传》出世,备受时人赞赏。光绪十三年,何镛写道:"一病经年,面对此谱,颇得卧游之乐。"并题联云:"尽收城郭归檐下,全贮湖山在目中。"

画谱系统地介绍了中国画的基本技法,浅显明了,宜于初学者习用,故问世300余年来,风行于画坛,至今不衰。许多成名的艺术家如齐白石、潘天寿、陆俨少、郭沫若等,当初入门,皆得其惠。

《画传》与海派形成关系密切。画家陈振濂说:"本来,它们都是作为'谱'而存在的,但在清季重新刻印这部画谱时,却在三集中都增加了当时时贤名家的《增广名家画谱》。第一集山水谱中,广收了杨伯润、任伯年、胡铁梅、吴石仙、吴谷祥、朱印然、王冶梅、巢勋等'海上画派'的第一代名家。第二、三集中则有《摹仿诸家花卉翎毛谱》,广收任伯年、朱偁、虚谷、钱慧安、胡铁梅、吴昌硕、王冶梅、舒浩、巢勋等海上名家。这份名单,基本上就是今天我们所认识的'海派'的第一代宗师——换言之,正是由于《芥子园画谱》光绪后期的翻刻传播与'名家画谱'的增入,才塑造出我们今天作为热门话题的'海派'的第一批名家的概念,从而也形成了流派的概念。"

遗憾的是,《芥子园画传》第一集已经失传,二、三集两集海内所存亦十分稀见。如第三集,国家图书馆也仅藏一册。此本用的是开化纸,纸质细腻,颜色鲜艳,清朝彩印套刻水平可见一斑。

# 画 竹 源 流

李息斋竹谱[1],自谓写墨竹,初学王澹游[2],得黄华老人法。黄华乃私淑文湖州[3],因觅湖州真迹,窥其奥妙,更欲追求古人勾勒着色法,上自王右丞、萧协律、李颇、黄荃、崔白、吴元瑜诸人[4]。以为与可以前,惟习尚勾勒著色也。有云五代李氏描窗上月影,创写墨竹[5]。考孙位、张立墨竹已擅名于唐[6],自不始于五代。山谷云[7]:吴道子画竹[8],不加丹青,已极形似意,墨竹即始于道子。二者则唐人兼善之。至文湖州出,始专写墨,真不异杲日当空[9],爝火俱息[10],师承其法,历代有人。即东坡同时犹北面事之。其时师湖州者,并师东坡,一灯分焰,照耀古今。金之完颜樗轩[11],元之息斋父子、自然老人、乐善老人[12],明之王孟端与夏仲昭[13],真一花五叶,灯灯相续。故文湖州、李息斋、丁子卿各立谱以传厥派,可谓盛矣。至若宋仲温画砂竹[14],程堂画紫竹[15],解处中画雪竹[16],完颜亮画方竹[17],又出乎诸谱之别派,若神宗之有散圣焉。

## 【作者简介】

王概,又作王槩。初名丐,一作改,亦名丐,字东郭,又字安节,后改今名,秀水(今浙江嘉兴)人。久居金陵(今南京)。兄王蓍,字宓草。以花鸟擅名,兼善诗文、治印。弟王臬,字司直。擅诗画。兄弟皆笃行嗜古,旁及诗、画,擅名于时。一生专心艺事,不入仕途,以卖画为生。三十五岁时,应李渔女婿沈心友之请,以明李流芳课徒画稿为基础,为《芥子园画传》编绘山水集,率先编绘中国画技法图谱——《芥子园画谱》。

**【注释】**

[1] 李息斋:即李衍(1245—1320),字仲宾,号息斋道人,蓟丘(今北京市)人。皇庆元年为吏部尚书,拜集贤殿大学士。追封蓟国公,谥文简。尤擅画枯木竹石,双钩竹尤佳。墨竹初师金代王曼庆,后学北宋文同;双钩设色竹师法五代南唐李颇。曾遍游东南山川林薮,还出使交趾(今越南),深入竹乡观察各种竹子的生长状况,是一位既具有深厚传统功力,又注意师法自然的画家。有《竹谱》总结生平画竹经验,对不同地区各类竹子的形色情状记述详细,对各类竹子的画法论述详尽,是学竹之津梁。

[2] 王澹游:即王曼庆。又作万庆,字禧伯,自号淡游,一作澹游,庭筠子,金人,生卒年月不详。仕至行省右司郎中。诗笔、字画俱有父风。善墨竹树石。

[3] 文湖州:即文同(1018—1079),字与可,号笑笑居士、笑笑先生,人称石室先生等。北宋永泰县(今属四川绵阳盐亭县)人。著名画家、诗人。中进士后,迁太常博士、集贤校理,历官邛州、大邑、陵州、洋州(今陕西洋县)等地。元丰初年,文同赴湖州(今浙江吴兴)就任,世人称文湖州,未到任而卒。文同善画竹。他注重体验,主张胸有成竹而后动笔。他画竹叶,创浓墨为面、淡墨为背之法,学者多效之,形成墨竹一派,有"墨竹大师"之称,又称之为"文湖州竹派"。

[4] 王右丞:即王维。官至尚书右丞。萧协律:即萧悦。兰陵(今属山东苍山县)人。唐代中期著名画家。萧悦尤擅画竹。曾为白居易写竹 15 竿,白为他赋诗 3 首,对其墨竹推崇备至。李颇:五代南唐时南昌人。颇,《图画见闻志》《宣和画谱》作"波"或"坡"。颇擅画竹,气韵飘举,落笔生辉,不求小巧,而多放情任率。落笔便有生意。有《折竹》《凤竹》《冒雪疏篁》等。黄筌(约 903—965):字要叔,成都人。历仕前蜀、后蜀。入宋,任太子左赞善大夫。擅花鸟,兼工人物、山水、墨竹。崔白:字子西。濠梁(今安徽凤阳)人。活跃于北宋神宗前后。擅花竹、翎毛,亦长于佛道壁画。吴元瑜:字公器,北宋画家,京师(今河南开封)人,擅画,师从崔白,能变世俗之气,有《写生牡丹图》传世。《宣和画谱》记载,宋徽宗的绘画老师是吴元瑜。

[5] 李氏:五代蜀才女李夫人。善描竹影。后唐大将军郭崇韬伐蜀掠为己有。夫人郁郁寡欢,描月夜窗上竹影,创写墨竹。

[6] 孙位:唐末画家。擅画人物、鬼神、松石、墨竹,尤以画水著名。所作皆笔精墨妙,情格高逸。张立:晚唐画家。能墨竹,蜀中画迹甚多。

[7] 山谷:黄庭坚(1045—1105),字鲁直,自号山谷道人。

[8] 吴道子(约 680—759):唐阳翟(今河南禹州)人。开元间以善画召入宫廷。擅佛道、神鬼、人物、山水、鸟兽、草木、楼阁等。被后世尊为"画圣"。

[9] 杲日:明亮的太阳。

[10] 爝火:炬火,小火。爝,音 jué。

[11] 完颜樗轩:名璹(1172—1232)。本名寿孙,字仲实,一字子瑜,号樗轩老人。金世宗孙,越王完颜永功长子。璹博学有俊才,喜为诗。诗存 300 首,乐府 100 首,号《如庵小稿》。

[12] 自然老人、乐善老人:未明。或曰乐善老人为元人,善画墨竹。

[13] 王孟端:即王绂(1362—1416)。一作芾,又作黻。字孟端,后以字行。号友石,别号鳌里,又号九龙山人、青城山人。无锡(今江苏无锡)人。永乐初,以善画供事文渊阁,拜中书舍人。以墨竹名天下,为明朝第一。夏仲昭(1388—1470):师法王绂。擅墨竹,尤擅长卷。

[14] 宋仲温:即宋克(1327—1387)。字仲温,一字克温,号南宫生,吴郡长洲(今江苏苏州)人。聪慧过人,博涉经史,长于丹青,尤擅画竹,有《万竹图》传世。

[15] 程堂:字公明,宋眉山(今四川眉山)人,举进士,为驾部郎中。善画墨竹,宗派湖州。好画凤尾竹,其梢极重,作回旋之势,而枝叶不失向背。

[16] 解处中:五代时南唐画家,江南人。擅画竹,尤喜画雪中竹,常冒风雪野外写生。

[17] 完颜亮(1122—1161):即金废帝,史称海陵王。在位时颇有作为,死于对南宋瓜州渡江作战时的内乱。

# 画 墨 竹 法

画竹必先立竿。立竿留节,梢头须短,至中渐长,至根又渐短,忌臃肿近枯近浓、均长均短。竿要两边如界,节要上下相承,势如半环,又如"心"字无点。去地五节,则生枝叶,画叶须墨饱,一笔便过,不宜凝滞,其叶自然尖利,不桃不柳[1],轻重手相应。"个"字必破,"人"字必分。结顶叶要枝攒凤尾,左右顾盼,齐对均平。枝枝着节,叶叶着枝。风晴雨露,各有态度;翻正掩仰,各有形势;转侧低昂,各有意理。当尽心求之,自得其法。若一枝不妥,一叶不合,则为全璧之玷矣[2]。

【注释】

[1] 不桃不柳:谓(竹叶)不似桃柳叶。

[2] 玷:白玉上的斑点。

# 位 置 法

墨竹位置,干、节、枝、叶四者。若不由规矩,徒费工夫,终不能成画。凡濡墨有深浅[1],下笔有轻重,逆顺往来,须知去就。浓淡粗细,便见荣枯,生枝布叶,须相照应。山谷云:"生枝不应节,乱叶无所归。须笔笔有生意[2],面面得自然,四面团栾[3],枝叶活动,方为成竹。"然古今作者虽多,得其门者或寡。不失之于简略,则失之于繁杂。或根干颇佳,而枝叶谬误;或位置稍当,而向背乖方;或叶似刀截,或身如板束[4]。粗俗狼籍,不可胜言。其间纵有稍异常流,仅能尽美,至于尽善,良恐未暇。独文湖州挺天纵之才[5],比生知之圣,笔如神助,妙合天成,驰骋于法度之中,逍遥于尘垢之外,从心所欲,不逾准绳。后之学者,勿陷于俗恶,知所当务焉。

【注释】

[1] 濡墨:蘸润墨汁。

[2] 生意:生机之意。

[3] 团栾:圆貌,环绕貌。

[4] 板束:犹捆束。

[5] 天纵:指上天赋予,才智超群。

# 画 竿 法

画竿若只画一二竿,则墨色且得从便;若三竿之上,前者色浓,后者渐淡,若一色则不能分别前后矣。后梢至根,虽一节节画下,要笔意贯穿,全竿留节。根梢宜短,中渐放长,每竿须要墨色匀停[1],行笔平直,两边圆正。若臃肿偏邪,墨色不匀,间有粗细枯浓,及节空匀长匀短,皆竹法所忌,断不可犯。颇见世俗用蒲、绘、槐皮或叠纸濡墨画竿[2],无问根梢,一样粗细。又且板平,全无圆意,但堪发笑,不宜仿效。

**【注释】**

[1]匀停:均匀,适中。

[2]蒲:蒲草。绘:音 quán,细布,细麻。

# 画 节 法

立竿既定,画节为最难。上一节要覆盖下一节,下一节要承接上一节,中虽断,意要连属。上一笔两头放起,中间落下,如月少弯,则便见一竿圆浑;下一笔看上笔意趣,承接不差,自然有连属意。不可齐大,不可齐小,齐大则如旋环,齐小则如墨板。不可太弯,不可太远,太弯则如骨节,太远则不相连属,无复生意矣。

# 画 枝 法

画枝各有名目。生叶处谓之丁香头,相合处谓之雀爪,直枝谓之钗股。从外画入,谓之垛叠;从里画出,谓之迸跳。下笔须要遒健圆劲,生意连绵;行笔疾速,不可迟缓。老枝则挺然而起,节大而枯瘦;嫩枝则和柔而婉顺,节小而肥滑。叶多则枝覆,叶少则枝昂。风枝雨枝,触类而长,亦在临时转变,不可拘于一律也。尹白、郓王[1],随枝画节,既非常法,今不敢取。

**【注释】**

[1]尹白:宋汴(今河南开封)人。专工墨花。郓王:即赵楷(1101—?)。徽宗第三子。初名焕。始封魏国公,因母宠,拜太傅,改封郓王。他是历史上身份最高的状元。性极嗜画,善画花鸟,又善墨花。

# 画 叶 法

下笔要劲利,实按而虚起,一抹便过,少迟留,留则钝厚不铦利矣[1]。然写竹者此为最难,亏此一功则不复为墨竹矣。法有所忌,学者当知。粗忌似桃,细忌似柳。一忌孤生,二忌并立,三忌如乂,四忌如井,五忌如手指。及似蜻蜓,露润雨垂,风翻雪压,其反正低昂[2],各有态度,不可一例抹去,如染皂绢无异也[3]。

**【注释】**

[1]铦利:锋利,锐利。

[2]低昂:起伏。

[3]皂绢:黑绢。

## 画墨竹总歌诀

**黄**老初传用钩勒,东坡、与可始用墨。李氏竹影见横窗,息斋夏吕皆体一。

干篆文,节邈隶,枝草书,叶楷锐,传来笔法何用多。

四体须当要熟备[1],绢纸佳,墨休稠,笔毫纯,勿开头。

未下笔时意在先,叶叶枝枝一幅周。

分字起,个字破,疏处疏,堕处堕,堕中切记莫糊涂。

疏处须当枝补过,风竹势,干挺然,堕处逆,干须偏。

乌鸦惊飞出林去,雨竹横眠岂两般?

晴竹体,人字排,嫩一叠,老两钗,先将小叶枝头起,结顶还须大叶来。

写露竹,雨仿佛,晴不倾,雨不足,结尾露出一梢长,穿破"个"字枝头曲。

写雪竹,贴油袱[2],久雨枝,下垂伏,染成巨齿一般形,揭去油袱见冰玉。

一写法,识竹病,笔高悬,势要俊,心意疏懒切莫为,精神魂魄俱安静。

忌杖鼓,忌对节,忌挟篱,忌边压,井字蜻蜓人手指,普眼桃叶并柳叶[3]。

下笔时,莫要怯,须迟疾,心暗诀,写来败笔积成堆,何怕人间不道绝。

老干参,长梢拂,历冰雪,操金玉,风晴雨雪月烟云,岁寒高节藏胸腹。

湘江景,淇园趣[4],娥皇词[5],七贤句,万竿千亩总相宜,墨客骚人遭际遇。

**【注释】**

[1]四体:书法中指真、草、隶、篆四种字体。

[2]油袱:谓油浸之布单。

[3]普眼:犹满眼。

[4]淇园:古代卫国园林名,产竹。在今河南淇县西北。

[5]娥皇:周娥皇,五代南唐后主李煜的皇后。才貌俱绝,精谙音律。有"风轻云薄,水映月圆,正中秋,草冷菊闲。小醉徐行,竹珊影阑"(《行香子·中秋》)。

## 画 叶 诀

**画**竹之诀,惟叶最难。出于笔底,发之指端。老嫩须别,阴阳宜参。枝先承叶,叶必掩竿。叶叶相加,势须飞舞。孤一迸二,攒三聚五。春则嫩篁而上承,夏则浓阴以下俯。秋冬须具霜雪之姿,始堪与松梅而为伍。天带晴兮偃叶而偃枝,云带雨兮坠枝而坠叶。顺风不"一"字之排,带雨无"人"字之列。所宜掩映以交加,最忌比联而重叠。欲分前后之枝,宜施浓淡其墨。

叶有四忌,兼忌排偶。尖不似芦,细不似柳。三不似川,五不似手。叶由一笔,以至二三。重分叠个,还须细安。间以侧叶,细笔相攒。使比者破,而断者连。竹先立竿,生枝点节。考之前人,俱传口诀。竹之法度,全在乎叶。因增旧诀为长歌,用广前人之法则。

## 太仓顾氏宅记

清·归 庄

【提要】

本文选自《归庄集》(上海古籍出版社 1984 年版)。

归庄在寓居的顾氏宅中,房子"屋宇纵横,多不整饰,无楼阁亭榭美丽之观"。但让归庄写这篇记的是,宅子"有地十余亩,不植花木",而是让家丁种蔬菜,"毋失时"。

常见城中宅院,只要有隙地,"多为园林,树以名花,累以奇石,风台月榭",以娱耳目,以资诗赋。这种情形在吴中地区"汰侈已甚,数里之城,园圃相望,膏腴之壤,变为丘壑,绣户雕甍,丛花茂树,恣一时游观之乐,不恤其他"。

正因为顾氏炎武的宅第不失时节地种植菜蔬,因此"矫弊而励俗","与吾意适符也"。

"膏腴之地,变为丘壑",对照归庄所说,再看今日情形,他是在针砭时弊?

余在太仓,寓居顾氏宅。屋宇纵横,多不整饰,无楼阁亭榭美丽之观,有地十余亩,不植花木,止勤课隶人种菜菽[1],毋失时,方池环之,恐妨水畜,菡萏芙蕖[2],不列其中。

余始见而笑之。凡地贵乡遂[3],贱都鄙[4],故城中有隙地,多为园林,树以名花,累以奇石,风台月榭,左右映带,以为快意娱目之所;惟郊外旷远之乡,乃种蔬、畜鱼,取水陆之所入以供赋。今城居有十余亩之地,而主人不知为此,乃仅为老圃、渔人计耶!

既而思之:古者五谷桑麻菜蔬之外,无他种植;庐舍裁令蔽风雨,不崇侈,以故民富而俗朴。后益淫靡,豪家大族,日事于园亭花石之娱,而竭资力为之不少恤。

夫虒祁、章华、阿房、乾阳[5],彼以天子、诸侯之富,及财殚民罢,祸乱随之,况于士庶人之家乎?故豪荡相高[6],不至尽耗散不止。今日吴风汰侈已甚,数里之城,园圃相望,膏腴之壤,变为丘壑,绣户雕甍,丛花茂树,恣一时游观之乐,不恤其他。呜呼!废有用为无用,作无益害有益,何其不思之甚也!

今四方方荐饥[7],吴中往岁稔[8],民犹不给。使以筑作之力用之南亩,尽花石园亭之地易之以五谷菜蔬,出主者营缮之费以赈贫民,于荒政不为无助。顾氏之宅,不以彼易此,其将以矫弊而励俗乎?抑主人之见未及此,而与吾意适符也?书以问之。

辛巳三月晦日,昆山归庄记。

**【作者简介】**

归庄(1613—1673),一名祚明,字尔礼,又字玄恭,号恒轩,又自号归藏、归来乎、悬弓、园公、鏖鏊巨山人、逸群公子等,昆山(今属江苏)人。明代散文家归有光曾孙。明末诸生,与顾炎武相友善,有"归奇顾怪"之称,顺治二年在昆山起兵抗清,事败亡命,一度为僧,称"普明头陀"。善草书、画竹,诗多奇气。有《归玄恭文钞》《归玄恭遗著》。

**【注释】**

[1]隶人:仆人。菜菽:指菜蔬豆瓜。

[2]菡萏:荷花其花未发为菡萏,已发为芙蓉。芙蕖:亦作"芙渠"。荷花的别名。

[3]乡遂:周制,王畿郊内置六乡,郊外置六遂。诸侯各国亦有乡、遂。后亦指都城以外的地区。

[4]都鄙:周公卿、大夫的采邑、封地。后指京城和边邑。此谓都市。

[5]虒祁:春秋时晋之虒祁宫。虒:音 sī。章华:即章华台。《汉纪》:楚灵王赵章华之台而楚人散。阿房:指秦朝的阿房宫。乾阳:隋洛阳宫殿名。

[6]豪荡:豪华阔绰。

[7]荐饥:连年灾荒,连续灾荒。

[8]稔:音 rěn,庄稼成熟。

# 看桂花记

## 清·归 庄

**【提要】**

本文选自《归庄集》(上海古籍出版社 1984 年版)。

文中,作者历数苏浙一带桂花隆盛处,"在嘉兴,桂花盛开,游赏无虚日";"吴之诸山,桂为最盛",灵岩、四宜堂、翁园、席园,更加上昆山的马氏郊园、徐氏山园,茧园的桂花"两行十余株,高干森挺,飞香满路"……嘉定的真如,甚至有宋朝的古桂,"一株特立,大数围,干如石,而花不甚繁",大概是因为桂花树年岁太大的缘故。

浙江的桂"则四明陆氏之桂井为最神奇"。为何称为"桂井"?"山之麓,陆氏园平原数十株,芬芳袭人;一株独耸,枝条回环密布,直上二丈余,如井干然。"独株而回环维护如井上篮圈,当然神奇。

归庄遍游苏浙一带神奇桂树,"未至一里,飞香相迎","入门则四株森列,二株皆大二十围,铁杆霜皮,东西对峙……浓花满林,天香横飞",以致作者有"如坐广寒宫"的感觉。正因为如此,所到之处,常"为桂浇留连醉二日"。

归庄入世适逢天下大变,野服终身,往来湖山,遍观桂花、梅树,常常"出于望外,不胜快幸",桂花的醇香、梅花的淡雅,正是归庄、顾炎武们风骨、境界的绝好写照,明清时期的文人园中常植桂、梅,人、物心气相通使然。

庚戌八月[1],在嘉兴,桂花盛开,游赏无虚日。因追忆数年中所见之桂,历历记之。

吾郡则吴之诸山,桂为最盛。灵岩二株[2],以大得名;玄墓则四宜堂前[3],丛生森列,金粟满庭;旁近诸山桂千株,顾山家以鬻花为业,花始放即落之,游人往往不及赏;洞庭山则翁园、席园,而席园为王文恪公手植[4],二百余年物也。

昆山则马氏郊园,徐氏山园,而叶比部之茧园为盛,两行十余株,高干森挺,飞香满路。太仓则王奉常、吴司成之园花皆好;而去城四十里,地名岳王市,古桂为尤绝。一本双干,垂枝下覆,四望团团,曾无隙罅,去其一枝,若小门然,客始可偻而入[5],下可布数席。余尝醉卧其下,微风过之,流香入怀,落花成茵;已而环行其外,得六十四步。平生所见桂干之大、枝条之妍、花之繁密,无过于此。

又闻嘉定之乡名真如,有古桂,为宋朝遗物,扁舟百四十里,特访之。一株特立,大数围,干如石,而花不甚繁;又其下荒秽,无驻足处。无锡有某园之桂,丰干成林,丁未中秋[6],顾景行、蒋路然诸君携酒同游,而园主人则忘之矣。松江则横云山之小园,以丘壑映带取胜。

在浙中,则四明陆氏之桂井,为最奇神。山之麓,陆氏园平原数十株,芬芳袭人;一株独耸,枝条回环密布,直上二丈余,如井干然[7]。余以隆冬过之,但见其荣茂,度花时必可观也!今年秋,以观荷至西湖,留滞久之,并得观早桂。石屋岭之下,地名满家徛者,家家栽桂,树不大而花甚盛,山游过之,香数里不绝。临湖山庄,亦多桂树,而小辋川数株尤佳。余仅见蓓蕾,不能待其花也。还至嘉兴,桂始放。其地多名园,如朱贵阳之鹤洲,曹司农之倦圃,中庭皆老桂扶疏[8],又杂植于水石之间,高下参错以取胜;次之则朱任子之山楼,徐正言真侯之郊园;徐园丹桂一株尤可爱!

余闻城下有双桂最古,将以俞处士为乡导,处士以为道远,姑先观四桂。四桂主人,朱文恪公之孙也。未至一里,飞香相迎;入门则四株森列,二株皆大二十围,铁干霜皮,东西对峙;西一株尤夭矫[9],有蛟龙蜿蜒之象。浓花满林,天香横飞,如坐广寒宫也。主人云:"顷为大风摧折数枝。"飞廉之威[10],乃烈于吴刚之斧耶!要之古干奇枝,连蜷假寨,是为数百年物无疑,有观止之叹矣!还至鹤洲,花尚未残,主人好客,复为桂浇留连醉二日[11]。明日,倦圃主人复置酒饯别,则花将残矣。

吾郡之桂,有早黄一种,先放,中绝者半月余,花乃尽放,不久即残。余自七月下旬石湖上见桂,八月初旬至嘉禾,越今又二旬,无日不醉花前。盖名园既多,种复不一,相续发花,故竟一月得坐卧香国也。

余之出门也,本以观西湖之莲,不意又得尽观嘉禾之桂,出于望外,不胜快幸!于是作《看桂花记》。时八月二十四日。

**【注释】**

[1]庚戌:康熙九年(1670)。

[2]灵岩:山名。在今苏州木渎镇。

[3]玄墓:玄墓山。在今苏州西南光福镇。

[4]王文恪:即王鏊(1450—1524)。明代名臣、文学家。字济之,号守溪,晚号拙叟,学者称震泽先生。

[5]偻:弯曲,弯腰。

[6]丁未:康熙六年(1667)。

[7]井干:井上栏杆。

[8]扶疏:枝叶繁茂纷披貌。

[9]夭矫:形容姿态屈曲伸展而有气势。

[10]飞廉:风神。一说能致风的神禽名。

[11]浇留:指留宿饮酒。浇:饮酒。

## 附:观梅日记(节选)

### 清·归  庄

邓尉山梅花,吴中之盛观也。崇祯间,尝来游。乱后二十年中,凡三至,甲午非梅花时,辛丑遇霖雨,甲辰以同游者遽归,皆未尽致。今年发兴重游,与友人约皆不果,乃典衣为赀,作独游计。

以二月十二日,自昆山发舟,晡时至虎丘,遍观花市。舟小,寓梅花楼,盖旧观也。夜独酌,薄醉,步虎丘石台,时月方中,有微云翳之,欲待夜深云净,遣童子取氍毹,寓僧以早闭门请,遂不能久留,吟二绝句而入卧。诗曰:"邓尉山梅是胜游,东风百里送扁舟。更爱虎丘花市好,月明先醉梅花楼。""月午清华落剑池,谁家乐部恣群嬉?名山不用喧箫鼓,独上高崖自咏诗。"余近来七言绝多口占,无意求工,殆康节先生所谓自在吟也。

十三日早起,题夜来一诗于壁,余去年中秋所题在焉,遂继其后。小饮而入舟,于花市买水仙、兰花一盆置船头。独游无伴,一樽对之,殊不寂寞。口占二绝云:"山塘挂席指胥门,风利轻舟似马奔,西去烟岚迷远浦,疏梅新柳度千村。""梅花犹待入山看,先赏春兰与水仙,风至清芬争袭袂,洒尘霡霖湿船舷。"途遇舟自山中来者,多载花,颇疑入山之晚……访介白,袖诗与之,随同至昭法家夜饮。文中初欲入城,以余至复留,更于舟中搜括酒肴共饮,遂大醉。醉后步月园中,取梅花嚼之,芬芳满口,寝时已三更矣。

十五日……同二僧公采出步,寻花至朝玄阁、董墓,皆胜地也。以体倦先归卧。夜瑞五归相邀,同节在过之。其居面骑龙山,四望皆梅花,在香雪丛中。余辛丑年看梅花,有"门前白到青峰麓"之句,即其地也。庭中垒石为丘,前临小池,梅三五株,红白绿萼相间。酌罢坐月下,芳气袭人不止,花影零乱,如水中藻荇交横也。后庭有白梅一株,花甚繁,云其实至十月始熟,盖是异种。同节在宿李氏,自是大抵食于葛、宿于李云。

十六日早饭,瑞五为导,余与节在及茶山僧以灵随之。登马驾山,山有平石,踞坐眺瞩,梅花万树,环绕山麓。左望下崦,波涛浩渺,虎山桥横亘浦口,光福塔远矗云际,青芝、邓尉、铜井诸山环列如障,其东南最高峰,则玄墓也。览胜久之而下。过王金宪丙舍及别峰禅院小憩,还再登朝元阁,过董墓……

十七日晨起,烟雾蔽空,殆有雨色。午前不敢辄出,为无殊起文作草书及匾额。公宗来报已有酒,随遣人先取一瓮,虽不甚美,亦未是平原督邮也。饭后同诸君出步,瑞五导之游石楼,弹山之西小山也,俗名石㟝。余谓山不当以㟝名,又平石拔起山半,有似乎楼,遂改之石楼。前临潭山,潭山之东西村坞皆梅花,千层万叠,如霰雪纷集,白云不飞……

十八日五更即起……策杖登山纵眺。昨晚烟岚四塞,止见梅花,湖山之色,犹在仿佛间。兹晓气颇清,极目百里,虽东旭之光为潭山所障,而四山雾气已豁。左望太湖,波涛万顷,渔舟数点,如在空际;前则潭山,迤西为蟠螭,而西碛在右,皆玄墓之支也;而诸山之南为东洞庭山,又西为包山,皆浸湖中。余旧游之地,能指其处,计其里;其余若螺、若黛、若髻、若笠者,不可胜数,不知其名,但知其在七十二峰之中耳。因思潭山之麓有七十二峰阁,下瞰震泽,遥指群峰;阁上有李文正公篆额。余二十年前来游,爆竹一声,万山皆响,及辛丑、甲辰两度至,则阁已坏,几不可登,匾额亦已失之,今更不知若何矣?览眺良久,还至石楼早饭,遂同无声游茶山。茶山之景,梅花则胜马驾山;远望湖山,则亚于石楼。盖马驾梅花,惟左右前三面,茶山则花四面环匝;太湖及群峰虽在望,而山稍低,不能如石楼尤爽豁耳……

十九日,同诸君早饭出游,以无殊山中路熟,邀之为导。上朱华岭,回望山麓梅花,其胜不减马驾山。过岭,至惊鱼涧,涧水潺潺有声,入山来初见也。道旁一古梅,苔藓斑驳,殆百余年物,而花甚繁,婆娑其下者久之。路出花林中,早梅之将残者,以杖微叩之,落英缤纷,惹人襟袖。复前,则梅杏相半,杏素后于梅,春寒积雨,梅信迟,遂同时发花,红白间杂如绣。遂至熨斗柄。熨斗柄者,巨石临太湖,以其形似而名。欹坐石上,波涛冲激,欲溅衣裾,西望湖水,浩无津涯,与天为一。又前为夹石泉,亦临湖,路甚险,同游者掬泉饮之,云甚甘,余则扶杖遥观,垂涎而已……

二十日,与笱在、起文同游玄墓山,途中所见,无非梅花林也。山有圣恩寺,国初万峰禅师居此,故人名万峰山。先太仆公尝读书于此,见文集中。余崇祯间来游,尝题诗于壁。时梵宇犹寥落,二十年来,创新改旧,规模宏敞,金碧烂然,欲寻余旧题,已不可复得,况太仆遗迹在百年前者乎。住山寺者,为割石壁禅师,时适在城,啜茶于四宜堂而出。笱在别去,起文同步至柴庄岭,亦别去,余遂独行。遥望五云洞一带,梅花亦可观。从梓里至光福,赴黄人安之招,尚早,同其弟有三观光福寺玉兰,盖初放也。

廿一日,同有三至士墟,拉无殊、瑞五、笱在同游,复登茶山,遂上蟠螭,至石壁,经七十二峰阁,至潭东。蟠螭者,在诸山之极西,梅杏千株,白云紫霞,一时蒸蔚。石壁数仞,巉岏碑矹,前俯太湖,长松万株,风至涛作,声与水波相乱。倚绝壁,坐长林,瞰大泽,亦山游之快致也!忆辛丑来游,含光法师为沽酒,饮于佛院之外,余是以有"松下壶觞避法筵"之句,惜今无是也。古香上人求余书,余即录此句,然石壁时方迎新塑佛像至,道场未散,亦不望其破例也。茶而出,过七十二峰阁,见木工方支倾补败,庶几他日犹可复登。潭东梅杏杂糅,山头遥望,则如云霞;至近观之,玉骨冰肌,固是仙姝神女,灼灼红妆,亦一时之国色也。潭东有顾氏园,故封君筠洲先生之别业,其孙至今居之,林花甚繁密,遥望庭中,山茶、玉兰尤佳。主人他出,令其阍人启门入观,久之而出。还至和丰庵,瑞五已先命人具酒相待。是日步行且二十里,既饥且倦,得之如甘露醴泉也……

廿四日,别昭法而入舟,至木渎,将易湖船,以稍迟,船不可得,又风雨作,舟小不能渡湖,以行李寄灵岩下院,而登灵岩山。主灵岩者,继起储禅师,余方外友也。时入楚,诸上人争留余,因登佛阁,观古井琴台,遥望采香径,欲寻响屟廊遗迹,无殊指西南松林曰:"此古址也。"入至方丈,庭梅二三十株,虽枝干未老,而花特繁,玉牒、绿萼,红白相错如锦,山头惟有青松白石,所见花独此耳。因思罗昭谏《梅花诗》有云:"吴王醉处十余里,照野拂衣今正繁。"夫西子遗迹,多在灵岩,吴王醉处,当指此地也,岂唐时梅花独灵岩为盛耶?抑概指吴中诸山耶?夜宿禅院,枕上作诗一首:"骤雨狂风阻我行,灵岩云木半途迎。泛湖船换登山屐,西子缘多范蠡情。香径界开浓雾色,琴台收得片霞明。远公飞锡湘潭去,几树梅花伴磬声。"洞庭之行,既阻风雨,遂无复游兴,拟以明日游天平、华山而归矣……

廿八日,遣人于灵岩下院取行李,雇船将至虎丘,与无殊、有三别,有三欲余复入光福山观桃李,余谓虎丘大玉兰不可不观,君乃当同我往耳。有三视无殊为前却,以无殊兴尽思返,遂止。有三韵士,同游数日,临歧执手,殊为黯然!出所书《登楼赋》,极得意笔,赠之而别。临入舟时,访包朗威,朗威送至舟次。午间至虎丘,复寓梅花楼,独酌微酣,亟叩三官殿观玉兰。僧初闭门,强之始得入,真奇观也。取蒲团卧于树下,吟成一律:"名花托古树,百载荫禅房。天半摇仙珮,空中倚晓妆。润难濡坠露,光且趁斜阳。最惜将残瓣,随风落下方!"取秃管败楮,书以示僧而出。至寓复得一绝："春山旬日恣遨游,梅杏残来更放舟。虎阜玉兰如乱雪,醉眠古树醒登楼。"并前诗皆题于壁下。出观花市,向之水仙兰梅累累数十百盆者,今皆易为海棠、人面桃及蕙,物候之变如此。时虽未即归,然游事止此矣。是游也,花则因梅而及杏、樱桃、山茶、玉兰、桃、李;山则自虎丘、邓尉、玄墓以及天平、华山,其余小山,不可胜记;所主同游,往往皆骚客酒人,道流名僧,无一俗士,亦穷愁中一快事也。所微不足者,酒有限,又不甚佳,诗有唱而无和,为未尽游观之兴,然亦可谓不负湖山花木矣!

## 重修光孝寺大殿碑记

### 清·今　释

**【提要】**

本文选自《光孝寺志》(广东编印局 1935 年刊)。

"未有羊城,先有光孝。"这是广州民谚。所指光孝就是光孝寺。它是羊城年代最古、规模最大的佛教名刹。

《光孝寺志》载,光孝寺初为南越王赵建德之故宅。三国时代,吴国虞翻谪居于此,世称虞苑。虞翻在园里讲学并种了许多苹婆树和苛子树,亦叫"苛林"。虞翻死后,施宅为寺,名曰:制止寺。东晋隆安五年(401)称五园寺,唐代称乾明法性寺,五代南汉时称乾亨寺,北宋时称万寿禅寺,南宋时称报恩广孝寺,明宪宗成化十八年(1482)赐"光孝寺",此名沿用至今。附近的路也因寺为名。

光孝寺是岭南年代最古、规模最大的古刹,是中印佛教文化交流的策源地之一,历代都有中外高僧到寺中驻锡弘法。《光孝寺志》载:东晋时期罽宾国三藏法师昙摩耶舍来寺扩建大殿并翻译佛经,刘宋文帝元嘉年间,印度高僧求罗跋陀那在寺中创建戒坛传授戒法。梁天监元年(502),智药三藏自西印度携来菩提树,植于戒坛前。梁普通八年(527),达摩祖师驻锡于此。陈武帝永定元年(557),印度高僧波罗末陀(即真谛三藏法师)在寺内翻译《大乘唯识论》《摄大乘论》等。

著名的"风动幡动"之论也发生在这里。高宗仪凤元年(676),六祖慧能至本寺,正遇印宗法师讲涅槃经,时有二僧正论风动或幡动,慧能谓不是风动,不是幡动,乃仁者心动,后依印宗法师剃发,而于菩提树下开东山法门。唐天宝八年(749),鉴真和尚往日本传法,遇海风漂至南方,遂在粤地弘法,也到寺中传授戒法,受四时供养。明万历二十六年(1598),憨山大师在光孝寺讲《四十二章经》,提倡禅净双修,重修殿宇,并撰仪门联:"禅教遍寰中兹为最初福地,祇园开岭表此是第一名山。"明崇祯十五年(1642),天然和尚住持光孝寺发起重修殿宇,修兴古迹。

得益于历代高僧信众的襄助,光孝寺规模越来越大。寺院占地 3 万余平方米,其建筑规模为岭南丛林之冠,开创了华南建筑史上独有的风格和流派。寺内建筑原有十一殿:大殿、毗卢殿、西方三圣殿、观音殿、罗汉殿、六祖殿、伽蓝殿、韦陀殿、天王殿、悉达太子殿、轮藏殿；六堂：戒堂、风幡堂、客堂、禅堂、檀越堂、十贤堂；三楼：睡佛楼、钟楼、鼓楼。现存有山门、天王殿、大雄宝殿、钟鼓楼、伽蓝殿、六祖殿、睡佛楼、洗钵泉、东西铁塔、大悲幢、瘗发塔等。

大雄宝殿最为雄伟，东晋时代创建，唐代重修，保持了唐宋的建筑艺术，殿内采用中间粗、上下略细的梭形柱，大殿下檐斗拱是一跳两昂的重拱六铺作，为中国著名古建筑中所仅见。本文所记便是顺治时期宝安长者蔡玄真缮修大殿之事，"独立肩之，庀材鸠工，夜思早作，不资旁智，巨细并营，费逾万金"，此次大修费时6年，扫尾工程由玄真子"克继先志，述而终之"。

六祖殿创建于北宋祥符元年（1008），内供六相慧能大师坐像。六相殿前有古菩提树，为印度高僧智药三藏种植。瘗发塔是唐住持僧法才为纪念慧能大师在光孝寺出家剃度因缘而募款兴建，塔内瘗藏六祖头发，以石为基础，砖灰砂结构，八角形，九层，高7.8米。每层有佛龛，嵌有泥塑佛像。寺内有南汉时期铁塔两座，其中：东铁塔以南汉主刘铢的名义铸造，共7层，高7.5米，座宽2.28米，用盘龙和宝莲花装饰，每层四周遍铸佛像，共铸有900余个佛龛，每龛都有小佛像，又名千佛塔，保存完好；西铁塔现仅存底座以上三层。西铁塔建于五代南汉大宝六年（963），比东铁塔早建4年。西铁塔为刘铢太监、内太师龚澄枢与邓氏三十三娘联名铸造。抗日战争中被毁了四层，现仅存下面的三层塔身、一层塔座和塔的石质基座。

仙城地势[1]，南尽大海。帆樯之力，直抵印度。菩提达磨望震旦大乘之风[2]，十周寒暑，泛重溟而至[3]，首践此邦。别子为祖，继别为宗。一华五叶[4]，枝条编寓内[5]，大鉴开东山法门于菩提树下[6]，虽广化曹溪而发祥光孝。楞严了义，五天秘重，般刺密谛，创译寺中。房融笔授[7]，冠绝今古。盖王园遗构，自晋及今，垂二千年，道有污隆[8]，时举时废。近代以来，憨山清之[9]，唱教天然；罡之谈宗，仅能兴复。诃林未及崇严[10]，宝殿岂非弘护乘权[11]，故有待于现身大士耶[12]？

平靖二王应新运而蔚为名世[13]，底定岭表，百废俱兴。以为福国庇民，阴翊王化，无有过于大雄氏者[14]。顾兹刹宗风领袖天下，不有作新，何慰物望。

于是首发府金为众善倡，而宝安有长者蔡玄真民毅然请以独力肩之。庀材鸠工，夜思早作，不资旁智，巨细并营，费逾万金，时越六载，殿成而化。余绪未竟，象贤子京克继先志[15]，述而终之。盖皈命三尊，耄期弥笃[16]。揆之世典[17]，即以劳定国，以死勤事之流也。

子京请树丰碑传之世，世非敢伐先人之微善，其忍泯两贤王之大德？

予惟如来示现正法[18]，运穷则象教[19]，是赖舍卫精蓝之初辟地也。祇陀太子施林给孤[20]，长者报地，互相僇力，万代准绳将之[21]。人王虽贵，亦善于素封[22]；庶土行檀[23]，必承流于高位。允若光孝，义叶其桓平藩、靖藩之正[24]。其始蔡文，蔡子之慎其终，不特外护之芳标，抑亦邦家之赤帜矣。

《真谛传》云："过去拘留孙佛、拘那含牟尼佛、伽叶波佛，乃至释迦牟尼佛，皆有此长者，皆用此园，造此寺奉之为佛住处。自释尊寂后，起其废而新之，则旃育迦王、六师迦王、忉利天王之子下为国王，皆复此寺，护此法，习此僧，流通此佛像教。"由此观之,地无华梵,人无先后,金刚净刹亦无大小,其现身大士、庄严福德、智慧之海,常令佛种相续不断,其愿力则一也[25]。予故随喜赞叹而为之记,勒诸檀越爵里、姓字[26],将使三灾不得除灭,与布发、舍身、龙书、宝印之迹并传焉[27]。

## 【作者简介】

今释(1614—1680),字澹归,号舵石翁,又称冰还道人、借山野衲、茅坪野僧、跛阿师等。俗姓金,名堡,字道隐,一字蔗余,号卫公。浙江仁和(今杭州)人。崇祯十三年(1640)年考取进士,授临清知县。历仕崇祯、隆武、永历三朝。桂林为清兵所破,金堡削发为僧。顺治九年(1652),下广州参拜雷峰海云寺,受具足戒。创建丹霞山别传寺,任住持,又名今释,号舵石翁。因其分文不私,深受四方僧众敬重。有《遍行堂集》《遍行堂续集》《丹霞初集、二集》《岭海焚余》等,是明末清初广东佛教曹洞宗海云系以及文学、书法的代表人物之一。

## 【注释】

[1]仙城:指广州。

[2]菩提达摩:通称达摩。中国禅宗的始祖。生于南天竺(印度),婆罗门族,出家后倾心大乘佛法。南朝梁普通年中(520—526,一说南朝宋末),他自印度航海来到广州,从这里北行至北魏,所到之处以禅法教人。达摩在中国始传禅宗,"直指人心,见性成佛,不立文字,教外别传"。其不立文字,明心见性,即可成佛的禅法,经二祖慧可、三祖僧璨、四祖道信、五祖弘忍、六祖慧能等大力弘扬,终于一花五叶,成为中国佛教最大宗门,后人便尊达摩为中国禅宗初祖,尊少林寺为中国禅宗祖庭。震旦:古代印度称中国为震旦。

[3]重溟:指海。

[4]一华五叶:佛教传入我国后,禅宗以达摩为祖,称"一华";佛教发展中演变出的沩仰、临济、法眼、曹洞、云门五个流派,称"五叶"。华:同"花"。

[5]编:通"遍"。

[6]大鉴:指六祖惠能。寺《志》载:"昔曹溪六祖得心要于黄梅(今属湖北黄冈),于此(大鉴寺)讲顿教。"大鉴禅寺位于今广东韶关市区,原名大梵寺,始建于唐显庆末年(660)之前。六祖慧能得法后,回到曹溪宝林寺(今广东韶关曲江县南华禅寺),多次应邀到大梵寺讲经说法。唐万岁通天元年(696),武则天特赐其水晶钵盂、摩纳袈裟等。圆寂后,唐中宗谥曰"大鉴禅师",着大梵寺改名为"大鉴寺"以志纪念。宋朝,又先后改名为崇宁寺、天宁寺。绍兴三年(1133),专奉徽宗香火,名"报恩光孝寺"。

[7]房融:唐河南洛阳人。博闻多识。武后时累官县令、刺史、宰相。他还是翻译家。

[8]污隆:升隆。常指世道的盛衰或政治的兴替。

[9]憨山(1546—1623):明代四大高僧之一。俗姓蔡,名德清,字澄印,号憨山,又称憨山大师。全椒(今安徽和县)人。少时宿慧,聪颖过人,经书子史,入目能通,尤喜诗词,虽苦读寒窗,但无意仕途。12岁削发入佛门,19岁受禅法,曾在南京报恩寺为僧,后云游各地。在五台时,爱憨山之秀峰,遂取此为号。在崂山,万历十三年(1585)始建海印寺,十六年建成。该寺气势恢宏,佛宇僧寮之盛,可与五台、普陀之名刹媲美。万历二十三年(1595),憨山以私建寺庙罪,被充军至广东雷州。获释后,结庵庐山五乳峰下,居四年,又到广东曲江曹溪宝林寺,潜心著述。有《法华经通义》《圆觉经直解》《大乘起信论直解》《观楞伽经记》《金刚决疑》《肇论略注》及《庄子内篇注》《老子道德经注》《中庸直指》等。门徒还汇编《憨山梦游集》和《憨山语录》。

[10] 诃林:地名。即光孝寺。《广州游览小志》:光孝寺,又名法性寺,在粤城西北。越王建德故宅也。孙吴虞翻居此,手植诃子,因名虞苑,又名诃林。

[11] 乘权:利用权势。"弘护乘权",意为有心护法的地方大员,利用掌握的权力(修庙)。

[12] 大士:指德行高尚的人。

[13] 平、靖二王:即平南王尚可喜、靖南王耿精忠。

[14] 大雄氏:指释迦牟尼。

[15] 象贤:谓能效法先人的贤德。

[16] 三尊:三种最受尊敬的人。佛家语。指佛、法、僧。耄期:高年。

[17] 揆:度(duó)。世典:佛家称佛教经典以外的书籍。

[18] 正法:佛教语。谓释迦牟尼所说的教法。

[19] 象教:释迦牟尼离世,诸大弟子想慕不已,刻木为像,以形象教人,故称佛为象教。

[20] 给孤:"给孤独园"的省称。给孤独园,佛教圣地名。给孤独长者在王舍城听释迦佛说法,遂归依之,因请佛至舍卫城,出巨金购祇陀太子之园林,为佛说法地。后亦用作佛寺的代称。

[21] 准绳:谓效法(给孤独长者)。将:保养,保育。

[22] 素封:谓无官爵封邑而富比封君的人。

[23] 行檀:布施。

[24] 桓:大。

[25] 愿力:佛教语。誓愿的力量。多指善愿功德之力。

[26] 檀越:梵语音译。指施主。爵里:官爵和乡里。

[27] 龙书:古时西域书体之一。

# 水 绘 园 记

## 清·陈维崧

**【提要】**

本文选自《园综》(同济大学出版社 2004 年版),参《古今图书集成·职方典》卷七六五(中华书局 巴蜀书社影印本)。

"如皋水绘园,天下名园也",园林名家陈从周赞扬水绘园说。何谓? 一因形胜,二因情蕴。

水绘园始建于明朝万历年间,原是邑人冒一贯的家产。明末,其后人冒辟疆偕金陵名姬董小宛栖隐于此。

冒辟疆名襄(1611—1693),号巢民,一号朴庵,又号朴巢,私谥潜孝先生。冒姓起源于元末明初,泰州蒙古贵族德新,避兵乱,其子改姓"冒",长子冒致中,家如皋。襄少年负盛气,才特高,屡应试不中,遂绝仕途,由明入清,隐居不出,携董小宛起居水绘园。

水绘园不设墙垣,环以碧水,园中循因水流之势,布置亭台楼阁。园以洗钵池为中心,沿流淌的渠道,疏疏落落地安排一堂、一房、一斋、一庐、二阁、三亭等,即寒碧堂、壹默斋、因树楼、湘中阁、波烟玉亭,枕烟亭、镜阁、碧落庐、小三吾亭、悬霤山房、涩浪坡等,自自然然就成了一幅幽静清美的画图。

陈维崧写道:"绘者,会也。为其亘涂水脉,唯余一面,竹杠可通往来。南北东西,皆水绘。其中林峦葩卉,块圠掩映,若绘画然。"水绘园里,画堤两岸夹镜,涪溪流水窈窕,香林妙隐,似镜浮的茅亭,洗钵池的空明和屿地的不羁,水中倒映着冬季的"碧落",早春的"寒碧",夏日的"悬霤",爽秋的"波烟玉",更有那迟疑的涩浪坡和怡淡的枕烟亭⋯⋯水绘园成为当时海内名园。

明朝灭亡后,冒辟疆心灰意冷,把水绘园改名为水绘庵,决心隐居不仕。当时名士钱谦益、吴伟业、王士禛(祯)、孔尚任、陈维崧等纷纷前来,在园中诗文唱和。时人有言:"士之渡江而北,渡河而南者,无不以如皋为归。"水绘园盛极一时。

在园中,小宛与辟疆赏花品茗,评山论水,鉴别金石,享受美食⋯⋯冒辟疆在《影梅庵忆语》中用饱含深情的笔触回忆着与董小宛"蒙难遘疾,莫不履险如夷,茹苦若饴,合为一人"的患难与共、相濡以沫的日子,于是水绘园以园言志、以园为忆,融诗、文、琴、棋、书、画、博古、曲艺于一园:一座书卷气极浓、鸳鸯情极浓的"文人园"。

1989年,同济大学古园林专家陈从周应当地政府之邀,主持规划设计,重修水绘园,再现了壹默斋、因树楼、寒碧堂、湘中阁、波烟玉亭、枕烟亭、镜阁、碧落庐、小三吾亭、悬霤山房、涩浪坡等十多处佳景。2001年6月,水绘园与当地水明楼古建筑群一起被列为全国重点文物保护单位。

水绘园,即向之所谓镇野带堳、竹树玲珑[1],亭台棋置者,水绘庵是也。其主人辟疆氏既以遭值不偶[2],乃解脱圭组[3],将与黄冠、缁侣游[4],约言曰:"我来是客,僧为主",更"园"为"庵",名自此始。水绘之义:绘者,会也。为其亘涂水脉[5],唯余一面,竹杠可通往来,南北东西,皆水绘,其中林峦葩卉,块圠掩映[6],若绘画然。

古"水绘"在治城北,今稍拓而南,延袤几十亩[7]。西望峥嵘而兀立者,曰:碧霞山。由碧霞山东行七十步,得小桥,桥址有亭,以茅为之,逾亭而往,芙蕖夹岸[8]、桃柳交荫而蜿蜒者,曰:画堤。堤广五尺、长三十余丈。堤行已[9],得水绘园门,门夹黄石山,如荆浩、关仝画[10],上安小楼阁,墙如埤堄[11],列雉六七。门额"水绘庵"三字,即主人自书也。

门以内石衢修然[12],沿流背阁,径折百余步,曰:妙隐香林。由是以往,有二道:其一左转,由壹默斋以至枕烟亭;其一径达寒碧堂。堂之前,白波浩渺,曰:洗钵池,盖自宋尊宿洗钵于此[13],因以名焉。洗钵池前控逸园,右亘中禅寺,寺有曾文昭隐玉遗迹,绿树如环。其东向临流而阁者,曰:佘氏壶岭园。由壶岭水行左转,更折而北,曰:小语溪。溪出入葭苇,若楚语溪然。由语溪再折而西,曰:鹤屿,旧时常有鹤巢于此,今构亭曰:小三吾,义详别记中。又有阁曰:月鱼基,皆孤峙中流,北城倚焉。南临悬霤峰下,稍折而东,亭曰:波烟玉,盖取长吉诗义[14]。由亭而上,曰湘中阁,曰悬霤山房,参差上下,若凹若凸,凌虚历空,沈寥莫测[15]。西入石洞,甚廓,常有小穴,俯瞰涩浪坡,苔藓石纹如织,前临因树楼,则蟠伏宛在地中。由石洞右折而上,为悬霤峰,峰顶平若几案,可置酒,可弹棋;四顾烟云翕习[16],若碧霞,若中禅,若逸园、壶岭,璇题缤纷[17],朱甍焜赫[18],盘亘语溪如线,惟洗钵池则白浪驾空,有长天一色之观。

峰之由南麓而来者,自妙隐香林以至涩浪坡,其间名亭台而胜者以十数,涩浪坡为最。坡广十丈,皆小石离列[19],可坐,当雨晴日出,则飞泉喷沫如珠;下有石渠,可作流觞之戏,有声淙淙然。其树多松,多桧、桂,多玉兰、山茶;鸟则白鹤、黄雀、翡翠、鹭鸶、鹨鶒[20],时或至焉。

悬霤之西,有镜阁,兀立如浮屠,下列小屋,间侧不可名状。其北望隆然而高者,有土山,山之后有庐,曰:碧落庐。碧落庐者,主人所知戴无忝客居也。其先戴敬夫与主人善[21],拟构是庐不果,主人因为成之,而馆其子无忝于其中。今游黄山不归,更置一僧,昕夕悠然有钟磬声[22]。

由庐而西,竹梁可通鹤屿。屿前数武,孤石亭立水中,状若湉湉,时跃白鱼,淙然闻水声[23]。自兹以往,旋经小桥,陆行二百步,左转而东,得逸园。逸园其先祖大夫玄同先生栖隐处,有古树高楼,直通玉带桥下。

**【作者简介】**

陈维崧(1625—1682),字其年,号迦陵,江苏宜兴人。清初诸生,康熙十八年(1679)举博学鸿词,授翰林院检讨,54岁时参与修纂《明史》,4年后卒于任所。维崧早有文名,一时名流吴伟业、冒襄、王士祯(禛)、朱彝尊、彭孙遹等纷纷与其交往。其中与朱彝尊尤其接近,两人合刊《朱陈村词》。清初词坛,陈、朱并列,陈为"阳羡派"词领袖。

**【注释】**

[ 1 ] 埛:音 jiōng,遥远的郊野。

[ 2 ] 遭值:遭遇,际遭。不偶:不遇,引申为命运不好。

[ 3 ] 圭组:印绶,借指官爵。

[ 4 ] 黄冠:黄色冠帽,多为道士戴用。缁侣:僧侣。

[ 5 ] "为其"句:意为作为障隔的唯有水流。水脉:水流。因形如人体脉络,故名。

[ 6 ] 块圠:音 yǎng yà,浩渺无涯貌。

[ 7 ] 延袤:谓面积。

[ 8 ] 芙蕖:荷花。

[ 9 ] 已:完毕。

[10] 荆浩(889—923),字浩然,五代后梁山水画家。隐于太行山的洪谷,因此自号洪谷子。因隐于太行山,朝夕观察山水树石的变化,分析总结了唐人山水画的经验,创立了北方水墨山水画派,著有山水画论《笔法记》。关全(约890—960后);荆浩弟子,长安人。其山水多画黄河中游地区的巍峰林峦,时而也描绘村居野渡、渔市山驿等生活场景,别具情趣。皴法严实而劲健,力现山崖与林木的坚实形质;画树则有枝无干,观后如临绝壁荒林。画史上,荆关被并称为北派山水画者宿。

[11] 堞堄:城上凹凸形有射孔的矮墙。

[12] 石衢:石头铺城的小路。

[13] 尊宿:指年老而有名望的高僧。

[14] 长吉:唐代李贺(790—816)字。其词《月漉漉》:月漉漉,波烟玉,莎青桂花繁。芙蓉别江木,粉态夹罗寒。雁羽铺烟湿,谁能看石帆。乘船镜中入,秋白鲜红死,水香莲子齐。挽菱隔歌袖,绿刺罥银泥。

[15] 泬寥:音 xuè liǎo,清朗空旷貌。

[16] 翕习:飘荡貌。

[17] 璇题:玉饰的椽头。

[18] 烜赫:光明昭著,显赫。烜,音 xuǎn。

[19] 离列:罗列。

[20] 鸂鶒:音 xī chì,水鸟名。形大于鸳鸯,多紫色,好并游,俗称紫鸳鸯。

[21] 戴敬夫:戴重(1601—1646),字敬夫,和州(今安徽和县)人。性至孝。明崇祯十七年(1644)授湖州推官。后因清军入关,戴重与王元震结太湖义族为一军,三失三复湖州,转战数月后潜居马鞍寺庙内,作绝命词 15 首,绝食而死。其子戴无忝,文章清丽。

[22] 昕夕:谓终日。

[23] 淙:音 cōng,水声。

## 鼎湖山庆云寺记

### 清·李彦瑁

**【提要】**

本文选自《岭南名刹庆云寺》(广东旅游出版社 1998 年版)。

庆云寺位于广东省肇庆市东北 18 公里处的鼎湖山天溪山谷。“开是山者,始于唐智常禅师”,作者写道,那时“招提三十有六”,可见香火之盛。

僧人在惨(sān)崇祯九年(1636,丙子年),腊月初八“开坛受具”,先前当地居士梁少川所建的“一栋三楹”堂宇便改名为“庆云寺”。

因为“缁徒云集”,庆云寺的营建活动也火热起来,但从时间上看,营造持续到顺治戊戌(1658),达 22 年,不可谓不长。22 年时间内,栖壑、在惨等和尚首建山门,次建宗堂,然后上下左右、次第其所,且根据实际需求扩建法堂、普供堂。根据作者的描述,庆云寺从规划到建设,可谓是胸有成竹、有条不紊、按部就班、次第分明,“自浮图香刹,下至山门,地分七级,受列五层”,观赏效果极佳。中国寺院建设到明清,规划、设计、建造已经非常成熟,由此文可见一斑。

光绪十九年(1893),慈禧太后 60 寿辰时敕赐“万寿庆云寺”匾和“龙藏经”,并对寺院进行修葺。我们今天看到的庆云寺,依然当年景象:地分七级,一至二级为花园,寺院建筑群分布于三至七级。倚山势构筑五层殿宇,计有大小殿堂 100 多间。寺中主要建筑有韦陀殿(内设知客堂、云房)、大雄宝殿(内设东土祖师殿、伽蓝殿,三殿合一)、中正堂、毗卢殿、塔殿,以及客堂、鼓楼、斋堂、钟楼、藏经楼、七佛楼、睡佛楼、佛母楼等。寺内文物现存舍利子、千人镬、《碛砂藏经》、慈禧太后题匾、平南王大法座、大铜钟等文物,加上寺内的菩提、木樨、古梅、红棉等古树,名刹韵味十足。

庆云寺是全国佛教重点寺院。

**鼎**湖山庆云寺者,岭南名刹也。地在端州下游羚羊峡之阴,去府治三十余里。层峦叠嶂,万山环峙。中有龙潭,其水深碧。世传黄帝铸鼎乘龙于此,因之为名。伪耶?真耶?姑存而勿论。

或曰:是山也,绝顶有湖,故《通志》载为顶湖。天将雨,湖先出云,故云。云顶寺曰庆云,盖取诸此。

开是山者,始于唐智常禅师。师得法于曹溪[1],归隐白云。从之游者,人各一丘,招提凡三十有六。至今三昧潭、罗汉桥、涅槃台,遗迹尚存。

遵白云而来,数里许为庆云旧址。岩壑盘纡[2],林薮蓊蔚[3],常有狞虎守之,俗名虎窝。明万历间有憨山大师者应化岭南[4],弟子金山迎住白云过此,见诸峰罗刹,状若莲花,遂更名为莲花峰。曰:后当有大福慧人阐化于此。纪之以诗,有"莲花瓣瓣涌苍溟"及"夜深说法有龙听"之句。其他则上迪村居士梁少川故业[5]。少川崇信佛法颇笃,于崇祯癸酉结茅山中,号莲花庵。与友人陈清波诸子,为莲社之游。未几,朱子仁来客广利,久有出家之志,少川拉与共住。后闻栖壑和尚得法于博山,归住蒲涧。子仁往谒得度[6],更名宏赞,字在犙。是岁甲戌,在犙留蒲涧。过夏,少川募资,除土叠石,改建堂宇。一栋三楹,傍作茅厨,悉从草创。至冬,在犙还山。明年乙亥秋,栖壑赴新州,道经广利。在犙偕少川诸人迎入,共庆名山有主,欲留久住。栖壑辞以蒲涧缘未了,仍返广州。临行,出钱数十缗嘱陈清波,令先备埏埴,以待将来。

丙子夏,在犙诸人再造蒲涧恳请。栖壑于五月到山,是岁腊八,开坛授具,宏阐毗尼[7],缁徒始集[8],更庵为庆云寺。乃分执事,立规条,兼行云栖博山之道[9]。凡诸创建,皆随愿顺缘,行所无事。首建佛殿山门,次建宗堂。其上建毗卢华藏阁,左翼以准提阁。阁下为禅堂,悬钟板[10]。右翼以七佛楼,楼下设库司以蓄十方信施[11]。库右为禅喜堂,堂之上为大悲阁。时闻道日众,乃建法堂于大雄殿之左,其前为普供堂。建客堂于护法堂之右,其后为洪誓殿。殿右为印经寮,为养老堂,为庆喜堂。次于山门左右,建钟鼓二楼。其最上一层铸铁浮屠,建殿以覆其上,供奉如来舍利。右为方丈影堂[12],左为净业堂。影堂右为双树堂,堂后有金刚坛。坛右为旃檀林[13],为日见轩。自浮图香刹,下至山门,地分七级,受列五层。左右辅以夹道。夹道外左为香积[14],为茶寮,为碓厂[15],为行寮。其右为檀越堂,为息心堂,为云来堂,为浴室,为东司[16]。

至顺治戊戌,殿堂制度,次第落成。主持者栖壑,赞襄者则在犙也。是岁之夏,栖壑示寂,计住山二十有三载,前后皈依受戒弟子数千人。大众共推在犙继主法席。犙乃构木入居于净业堂之右,秉教奉行一轨于师法宗风,由是益昌。

在惨殁,序及法属湛慈,即今住持也。其奉法复兴,在惨无异。凡二师未毕之原,未竣之工,莫不历历修举,胥底于完美焉[17]。

故鼎湖虽幽奇特出,甲于岭南,若不有庆云寺之庄严壮丽,掩映焜耀于其间,必且终为樵人牧竖之场矣[18],亦孰从而见其为名胜哉!然使顶湖庆云得并成其为名胜者,讵非栖壑师弟三人创承济美之力也与?

余自佐郡以迄为守凡八年于兹,数游胜地。每至,皆流连徘徊不忍去。兴念三人共心结构,既有功于佛法,更有功于此山也。因拾旧闻,为之疏其颠末[19]。勒贞珉[20],庶俾三人与命鼎湖庆云并垂不朽云[21]。

## 【作者简介】

李彦琚,生卒年月不详,陕西人,进士,康熙二十六年(1687)肇庆知府。

## 【注释】

[1]曹溪:禅宗五祖之后,六祖惠能倡"顿悟",居于曹溪,因以为名。后又分流为曹溪北宗、曹溪南宗等。

[2]盘纡:盘旋蜿蜒。

[3]蓊蔚:草木茂盛貌。

[4]憨山大师:参见《重修光孝寺大殿碑记》注释[9]。应化:佛教语。谓佛、菩萨随宜化身,教化众生。

[5]故业:谓原有房屋。

[6]度:剃度。

[7]毗尼:佛教语。意为律。

[8]缁徒:僧人。

[9]云栖:谓云栖寺,位于杭州五云山之西。以明代莲池大师袾宏居此而闻名。宋乾德五年(967),有僧结庵以居。明代隆庆五年(1571),袾宏爱其幽邃,于此设禅室,为丛林奠立禅净归一之教义。其后,云栖山成为云栖念佛派之根本道场。博山:在山东。丛林众多。

[10]钟板:钟和云板。旧时权贵之家或寺庙敲击以报时或集众。

[11]信施:谓信众的布施。

[12]影堂:旧时供奉神佛或陈设祖先图像的厅堂。

[13]旃檀:檀香。

[14]香积:香积厨的省称。厨房。

[15]碓敧:舂米谷的碓台。

[16]东司:指厕所。

[17]胥:全,都。底:古同"抵",达到。

[18]牧竖:牧童。

[19]颠末:本末,事情经过。

[20]贞珉:石刻碑铭的美称。

[21]庶:希望,但愿。俾:使。

## 清·屈大均

**【提要】**

本文选自《广东新语》(中华书局 1985 年版)。

屈大均在本书的自序说:"吾于《广东通志》,略其旧而新是详,旧十三而新十七,故曰《新语》。《国语》为《春秋》外传,《世说》为《晋书》外史,是书则广东之外志也。"所以名为"广东新语"。全书共分 28 卷,分别记载天、地、山、水、石、气候、地形山貌、湖泊泉池、名胜古迹、诸山石质优劣、民间传说和神话、历代名人、孝女烈妇、民间风俗等,其中第十七卷为宫、舟、坟三语,记广东台馆祠庙园林、船舶战舰、陵墓冢塔等。

"越宫室始于楚庭",随后屈大均对楚庭的演变条分缕析进行了一番考证;合道山房何以谓? 因山形覆船、烟管,"形家者谓烟管上应太阳,覆船上应太阴","予草堂在二山间,背覆船而右烟管",故名;越华楼、越望楼、玉山楼,称为"三楼";镇海楼、观海楼、镇南第一楼,不一而足,称为"六楼";"广州诸大县,其村落多筑高楼以居。凡富者必作高楼,或于水中央为之。楼多则为名乡。遥望木棉榕树之间,矗立烟波,方正大小,一一相似,势如山岳之峙,皆高楼也"。这些"楼基以坚石,其崇一丈七八尺。墙以砖或牡蛎壳,其崇五六丈,楼或单或复,复者前后两楼,盘回相接,雨水从露井四注,名:'回'字楼。罩以铁网铜罳,隐隐通天。楼内分为三重,每重开三四小牖以瞭望"。这都是当年南海、新会和顺德这些大县,石湾、九江、陈村、龙山、大良、石岐、小榄、沙湾这些名乡广泛存在的"高楼"。如今,其代表——开平碉楼成为世界文化遗产。

不仅如此,广东园林众多,濠江边的彩楼画舫也是"风吹一任翠裙开"。

## 楚 庭

越宫室始于楚庭。初,周惠王赐楚子熊恽胙[1],命之曰:"镇尔南方夷越之乱。"于是,南海臣服于楚,作楚庭焉。越本扬越[2],至是又为荆越。本蛮扬,至是又为蛮荆矣。地为楚有,故筑庭以朝楚。尉佗仿之[3],亦为台以朝汉,而城则以南武为始云。

初,赧王时[4],越人公师隅为越相,度南海。时越王无疆为楚所败。其子孙遁处江南海上,相争为王。隅以无疆初避楚居东武[5],有怪石浮来镇压其地,名东武山。因于南海依山筑南武城以拟之,而越王不果迁。其时三晋魏最强,越王与魏通好,使隅复往南海,求犀象珠玑以修献[6]。隅久在峤外,得诸琛异。并吴江楼船、会稽竹箭献之。魏乃起师送越王至荆,栖之沅湘。于是南武疆上为越贡奉邑。

或曰:"《吴地志》称:'吴中有南武城在海渚,阖闾所筑[7],以御见伐之师。'"或曰:"初吴王子孙,避越岭外,亦筑南武城。及越灭吴,遂有南海。其后为楚所灭,越王子孙自皋乡入始兴。有皋天子城,令公师隅修吴故南武城。既不果往,而赵佗遂都之。故佗自称南武王,而宫亦号南武宫。"或曰:"阖闾所筑南武城,在丹阳皋乡。吴既灭,其子孙南徙。遂移南武之名于岭外。亦犹越徙琅玡。初筑东武,既归会稽,亦名其地曰东武也。吴王子孙不能有其南武,而越王子孙有之。越王子孙复不能有之,而佗实有之。遂以南武名其国,与汉争大。此劲越之所由称也。"

嗟乎!佗本邯郸胄族[8],以自王之故,裂冠毁冕,甘自委于诸蛮,与西瓯半嬴之王为伍[9],其心岂诚欲自绝于中国耶!诚自知非汉之敌,故诡示鄙陋以相绐[10],而息高帝兼并之心耳。其后自言老臣妄窃帝号,聊以自娱,岂敢以闻于天王?其词逊而屈,可谓滑稽之雄。盖犹是伪为魋结之意也[11]。

考楚之先熊渠曰:"我蛮夷也,不与中国之号谥。"乃立其三子皆为王。论者谓其王三子也,姑顺蛮夷之俗。不自为王,犹存寅畏之心[12]。其后十世熊通,求周室加位,不得。始自尊为武王。武者,生谥也。佗都南武,亦自称之曰"武",盖师此意。佗宫故在粤秀山下,即楚庭旧址。粤秀一名王山,以佗也。其曰"玉山"者,误也。宫之东,为伪汉刘龑南宫[13]。

## 【作者简介】

屈大均(1630—1696),字翁山、介子,号莱圃,广东番禺人,明末清初著名学者、诗人。诗有李白、屈原遗风,著作多毁于雍正、乾隆两朝。后人辑有《翁山诗外》《翁山文外》《翁山易外》《广东新语》及《四朝成仁录》,合称"屈沱五书"。

## 【注释】

[1]周惠王:即姬阆。在位时间为公元前676—公元前652年。刚即位时,便遭遇兄弟残杀,是郑厉公和虢公平定了乱局,迎他回到都城,重新登上天子宝座。这场内乱史称"子颓之乱"。为了感激郑、虢两国的援助,姬阆将酒泉(今陕西省东部一带)赐给虢,将虎牢(今河南省荥阳市西北)以东之地赐给郑。姬阆晚年宠爱陈国的女子惠后,准备废去太子郑,改立惠后生的庶子子带,齐桓公联合众诸侯,宣布支持太子郑为嗣君,姬阆的计划最终破产。前652年冬,姬阆病死。庙号惠王。熊恽:楚成王(约前682—前626)熊氏,名恽,又名頵。楚文王次子。郢(今属湖北)人。春秋时楚国君,前671—前626年在位。即位后尽力结好中原诸侯,同时借周惠王之命,镇压夷越,大力开拓江南。晚年欲废太子商臣以另立太子,被商臣派兵包围于王宫,被迫上吊而死。胙:古代祭祀时供的肉。

[2]扬越:亦称"扬粤"。我国古族名。百越的一支。战国至魏晋时为对越人的泛称。其居地说法不一:一说因曾广泛散布于古扬州而得名,故亦以称其居地;一说居岭南;一说居江汉一带。西周末周夷王时,楚君熊渠曾兴兵伐庸(古国名,位于今湖北竹山一带)、扬越(散布在古扬州的越族),至于鄂,扬越之北疆汉水地区被兼并,后为楚所并,楚王熊渠封其子为越章王,其封国当为扬越之故地。

[3]尉佗(?—前137),真定(今属河北)人。前218年,奉秦始皇命令征岭南,略定南越

后,任为南海郡(治所在今广州)龙川令。秦二世时,行南海尉事。秦亡后,出兵并桂林郡(治所今广西桂平)、象郡(治所今广西崇左县),自立为南越王,实行"和揖百越"的民族平等政策,采取一系列措施发展当地经济文化。汉高祖十一年(前196),刘邦下诏赞誉尉佗政绩,封其为南越王,并派大夫陆贾出使招抚。尉佗接受诏封,奉汉称臣。吕后当朝,对南越实行货物禁运,尉佗三次上书,无效,遂于高后五年(前183)愤然独立,自号"南越武帝"。汉文帝即位,元年(前179),下诏修葺尉佗先人墓(在今石家庄市郊),置守邑,岁时奉祀,封官厚赐,还亲书《赐尉佗书》,派陆贾持书赴南越。尉佗遂取消帝号,臣服汉室。

[4]赧王(? —前256):即周赧王。东周的第25位国王,也是最后一位国王,在位59年。他在位时期,东周王室的影响力仅限于洛邑(今洛阳)附近。其时,秦昭襄王基本上取代了周天子的地位。周赧王五十九年(前256),秦灭周。他逊位后,被迫去了梁城,一个月后驾崩。

[5]无疆:战国时越国国王,勾践六世孙。无疆时,越国日渐衰弱。前333年,无疆两面发兵向北攻打齐国,向西攻打楚国,想以此与中原各国争胜。楚威王集中兵力大败越军,杀了无疆。把原来吴国一直到浙江的土地全部攻下,然后在长江边的石头山(今南京清凉山)上建立金陵邑(今江苏南京)。越国经楚国这次打击,分崩离析,各王族子弟们相争权位,终为楚国所灭。

[6]修献:谓献珍宝以修好。

[7]阖闾(? —前496):又作阖庐。姬姓,吴氏,名光,故又称"公子光"。在位期间,任用楚国亡臣伍子胥等,共谋国事。经伍推荐,阖闾召见军事家孙武,孙武献出了自己的军事著作兵法13篇,阖闾拜其为将军。同时,他修建城郭,设置守备,积聚粮食,充实兵库,击楚伐越。部分史书认为其为"春秋五霸"之一。

[8]胄族:著名的世族。

[9]半赢:半裸。赢,音luǒ。

[10]绐:音dài,疑惑。

[11]魋结:亦作"魋髻"。结成椎形的髻。《史记·西南夷列传》:西南夷"此皆魋结,耕田,有邑聚"。尉佗曾以该发型接待汉使陆贾。

[12]寅畏:敬畏,恭敬戒惧。

[13]刘䶮(889—942):即刘岩,原籍上蔡(今属河南),一云彭城(今江苏徐州),五代南汉的建立者。其祖因经商南海,迁居泉州(今属福建)。后梁南海王刘隐之弟。唐末,岭南士人云集,有的为避战乱,有的是被流放岭南的名臣后裔,也有任期届满但因战乱无法北返的地方官。刘隐以这部分人为辅佐。刘䶮初掌军事,平定了岭南东西两道诸割据势力,控制了岭南。乾化元年(911),刘隐卒。刘䶮于后梁贞明三年(917)称帝,都番禺,国号大越,次年改国号为汉,史称南汉。刘䶮为荒淫残暴之君,广聚珠宝珍玩,大兴土木。造昭阳殿时,以金为顶,以银铺地,大量使用珍珠、水晶、琥珀装饰宫殿。

# 合 道 山 房

**吾**乡有烟管山,宠炊特出[1]。其脉逶迤而下,为丘陵者三四。复崛起为一大山,其冢高而长,形如船覆,因名之曰"覆船"。其大与烟管相若,而势稍平,四围冈阜宫之。崔者、宊者、峭者远近连属[2],凡数十百计,皆以二山为宗。形家者谓烟管上应太阳,覆船上应太阴[3]。从太阳而落为太阴,一南一北,如日月相配,有妙道之象焉。

予草堂在二山间,背覆船而右烟管,将以阴为体而阳为用,以师夫二山。于是题其堂曰:"合道"。而为铭曰:

> 烟管在北,覆船在南。吾居其中,与之相参。覆船在南,烟管在北。吾居其中,与之相翼。以身为宫,广如虚空。能与地塞,能与天通。以心为佩,光无外内。能与日明,能与月晦。

【注释】

[1]尨岘:亦作"峣屼"。山势高峻貌。

[2]扈:从,跟随。岕:音 yūn,孤高之山。岿:指小山丛列。

[3]太阴:月亮。

# 三　楼

三楼:一曰越华楼。故在广州城西戙船澳[1]。南越王佗以陆大夫有威仪文采[2],为越之华。故作斯楼以居之。或曰"越华楼一名越华馆,佗作此以送陆贾。"因迩朝台,称朝亭。唐改曰"津亭"云。自古文人至越者,始陆贾,继终军[3],皆有光于越,而军与韩千秋节烈尤伟。予尝欲重建此楼以祀之。

一曰越望楼。在藩司堂后[4],枕玉山而面珠海,山川千里,极目无际。亦南天杰构。今不存。

一曰玉山楼。在粤秀山上。洪武初,都指挥花英所建[5]。以祀越先贤高固、杨孚、董正、罗威、唐颂、疏源、陈临、王范、黄恭九人。玉山为五岭山川之望,九贤为十郡人文之望。玉山有此楼,楼有此九贤,可以不朽。

【注释】

[1]戙:音 dòng,船板木。

[2]陆大夫:即陆贾(约前240—前170)。其先为楚人。刘邦起事时,以其有口才,善辩论,常派他出使诸侯各国。高祖十一年(前196),奉命出使南越,说服尉佗臣属汉廷,立为南越王。归来,擢为太中大夫。高祖死后,吕后擅权。参与诛灭诸吕,迎立文帝刘恒。文帝即位后,陆贾再次出使南越,劝说自称南越武帝佗废帝号。恢复与中央政权的臣属关系。

[3]终军(约前133—前112):字子云。西汉济南人。18岁被举荐为博士弟子,赴京师。以上书称旨,官拜谒者给事中,奉命巡视东方郡国。后又上书自荐出使匈奴。武帝时,他又自请出使南越,说服南越王臣服汉朝,但南越丞相吕嘉极力反对,发兵攻杀南越王及汉使者,终军亦被杀。死时年仅20余岁,时人称之为"终童"。

[4]藩司:官名。明清时布政使司的别称。

[5]花英:庐江(今属安徽)人。明代将领,果敢勇毅。以军功为广东都指挥使。

# 六　楼

广州有崇楼四。在南者曰"拱北",故唐之清海楼也。其地本番、禺二山之交,刘龚凿平之,叠石建双阙其上。宋经略某改双阙为双门[1],民居其下。今号曰"双门底"云。

北曰"镇海",在粤秀山之左。洪武初,永嘉侯朱亮祖所建[2],以压紫云、黄气之异者也[3]。广州背山面海,形势雄大。有偏霸之象。是楼巍然五重,下视朝台,高临雁翅,实可以壮三城之观瞻,而奠五岭之堂奥者也[4]。

西曰"观海",在大观桥上。今废。

中曰"岭南第一楼",在坡山五仙观中。洪武初,行省参知政事汪广洋所建。四穿无壁,栋柱皆出石墙上,以悬禁钟而已。

四楼惟镇海最高。自海上望之,恍如蛟蜃之气[5],白云含吐,若有若无。晴则为玉山[6]之冠,雨则为昆仑[7]之舵。横波涛而不流,出青冥以独立[8]。其玮丽雄特,虽黄鹤、岳阳莫能过之。

外则有端州阅江楼。江,西江也。其水自梁、益二州[9],经流数千里,会五十余州之水而下。其大者为郁、黔、桂、绣、临、贺之水。分为二江,复合而为一。洪波瀁瀁[10],无支流以疏播之。至端州,而羚羊之峡缩毂其口[11],不能遽泄。每当夏月,崩腾怒涌,载于高地,为暴涨以鱼鳖吾民。楼之建,所以砥狂澜而锁钥西疆者也。其基在石头冈之上,冈临江崛起,巨石厜㕒[12],府治第一重捍门也。楼势峥嵘,望如山岳。前后楼二,各三重;左右楼二,各二重;左右耳楼四,各二重。凡大小八楼,合而为一。

外此则惠州有合江楼。东、西二江汇其东,丰、鳄二湖潴其西,而象岭、罗浮前后屏拥。其水大而山雄,境清而气秀,又为岭以东之最胜。是为东粤六楼也。

**【注释】**

[ 1 ]经略:即经略使。

[ 2 ]朱亮祖(?—1380):六安(今属安徽)人。元末为"义兵"(地主武装)元帅,后为朱元璋所俘,遂投降。参与攻灭陈友谅、张士诚等役。洪武元年(1368),随廖永忠取两广。封永嘉侯。后出镇北平(今北京)、广东,以"所为多不法",与其长子朱暹一同被鞭死。

[ 3 ]紫云:紫色云。古以为祥瑞之兆。黄气:黄色云气。古代迷信以为天子之气。

[ 4 ]堂奥:腹地。

[ 5 ]蛟蜃:蛟与蜃。亦泛指水族。

[ 6 ]原注:即粤秀。

[ 7 ]原注:番大船也。

[ 8 ]青冥:天空。

[ 9 ]梁、益:二州名。魏灭蜀汉,旋分其故地为益、梁二州。其境大致相当于今四川、陕西和甘肃一带。

[10]瀁瀁:广大貌。

[11]缩毂:地处交通要道,可以扼制通行。

[12]厜㕒:音 zī wei。《说文》:山巅也。

# 高　楼

广州诸大县，其村落多筑高楼以居。凡富者必作高楼，或于水中央为之，楼多则为名乡。遥望木棉榕树之间，矗立烟波，方正大小，一一相似，势如山岳之峙，皆高楼也。

楼基以坚石，其崇一丈七八尺。墙以砖或牡蛎壳，其崇五六丈。楼或单或复，复者前后两楼，盘回相接，雨水从露井四注，名："回"字楼。罩以铁网铜罛[1]，隐隐通天。楼内分为三重，每重开三四小牖以瞭望。顶为战棚，积兵器炮石其上，以为御敌之具。寇至则一乡妇女，相率登楼。男子从楼下力斗，斗或不胜，则寇以秋千架巨木撞楼，或声大铳击之，或以烟火焚熏。楼中人不能自固，争从楼窗自堕，以求缓须臾之死，惨不可言。

是楼虽壮观瞻，亦寇盗之招。此乡落之莫可如何者也。

**【注释】**

[1] 罛：音 gū，捕鱼的大网。

# 名　园

广州旧多名园。其在城东者，曰"东皋别业"，陈大令之所营也[1]。初从山口关之东而入，有一湖曰"蔬叶"，尝有蔬叶自罗浮流至[2]。湖中有楼，环以芙蓉、杨柳。三白石峰矗其前，高可数丈。湖上榕堤竹坞，步步萦回。小汊穿桥，若连若断。自抱清堂以往，一路皆奇石起伏，羊眠、陂陀、岩洞之类，与花林相错。其花不杂植，各为曹族[3]，以五色区分。林中亭榭则以其花为名。器皿、几案、窗棂，各肖其花形象为之。花有专司，灌溉不撮。司梅者则处梅中，客至梅中，司梅者供其茗果，而以梅之利输主人。他所有花木皆然。登其台，珠海前环，白云后抱。蒲涧文溪诸水，曲曲交流，悉贯玉带桥而出。有彩舟四：曰只在，曰弄碧，曰渔长，曰浮家。客至随所欲乘，主人弗问。夹岸桃树有一坊，书曰：桃花源里人家。越一曲为锦袍湾，二曲为九龙井，委折而西，与凫鸥相逐[4]，日不知其几十里也。湖尽，万松谡谡[5]，直接赤冈山径而止。桂丛藤蔓，缭绕不穷，行者辄回环迷路。文忠公与大令，兄弟也。有诗云："山水经营始宁墅，画图二十孟城坳。"此城东名园之故事也。

其在城西者，曰"西畴"，为吴光禄所筑。梅花最盛。又五里有荔枝湾，伪南汉昌华故苑，显德园在焉。又五里三角市中为花田，南汉内人斜也。刘铑美人字素馨者葬其中[6]，铑多植素馨以媚之，名"素馨斜"。有咏者云："花田近在城西社，素馨花气熏游冶。美人墓上多牛羊，当日人前面空赧。"其在半塘者，有花坞，有华林园，皆伪南汉故迹。逾龙津桥而西，烟水二十余里，人家多种菱、荷、茨菰[7]、蕹芹之属[8]，其地总名"西园"矣。

城南有望春园，有芳华苑，亦伪南汉故迹。其南园，则国初五先生倡和之地[9]。里许为斐园,文忠公所营。有阁曰"桐君"。公尝自称桐君,故以名。

北则有芳春园,桃花夹水二三里,东接澎澎之水[10],可以通舟。一名"甘泉苑"。其桥曰"流花",铱与女侍中卢琼仙、黄琼芝、蟾姬、李妃、女巫樊胡子及波斯女,为红云宴于此。雨后往往拾得遗钗珠贝,知为亡国之遗物也。大抵铱时,三城之地,半为离宫苑囿。又南北东西环城有二十八寺,以象二十八宿。民之得以为栖止者无多地也[11]。其为无道若此。

## 【注释】

[1]陈大令:即陈子履。明末,陈子壮、陈子履兄弟在广州东(今东皋大道)筑园以居。

[2]罗浮:山名。在今惠州。

[3]曹族:谓分门别类。

[4]凫鸥:水鸟。凫:音 fú,野鸭。

[5]谡谡:音 sù。形容挺劲有力,挺拔。

[6]刘铱(942—980):原名刘继兴,五代时期南汉最后一位君主。南汉乾和十六年(958)刘晟去世,刘继兴继位,改名刘铱,改元大宝。刘铱不会治国,政事皆委与宦官龚澄枢及女侍中卢琼仙等人,宫女亦任命为参政官员,其余官员只是聊备一格而已。因为刘铱认为群臣都有家室,会为了顾及子孙不肯尽忠,因此只信任宦官。臣属只有自宫才会获进用,以致一度宦官高达 2 万人。在位期间,宠爱的素馨十分喜爱佩戴耶悉茗花。素馨被选入宫,刘铱对她百依百顺,下令宫中遍种耶悉茗花,并改称为素馨花,所有宫女都要戴此花。屈大均有诗吟道:"花田旧是内人斜,南汉风流此一家。千载香销珠海上,春魂犹作素馨花。"亡国后,刘铱因只知享乐而以卫国公终其一生。

[7]茨菰:植物名。常作"慈姑"。其块茎可食用和药用。

[8]蕹芹:翠芹。蕹,音 yōng。

[9]五先生:即南园五先生。元末明初,以孙蒉、王佐、黄哲、李德冠、赵介等为代表的岭南文人。其中大多数结成诗社,常在南园唱和。

[10]澎澎:音 péng,鼓声和谐。此指水声。

[11]栖止:停留,居住。

# 濠 畔 朱 楼[1]

广州濠水,自东西水关而入,逶迤城南,径归德门外。背城旧有平康十里,南临濠水,朱楼画榭,连属不断,皆优伶小唱所居。女旦美者,鳞次而家。其地名西角楼。隔岸有百货之肆,五都之市,天下商贾聚焉。屋后多有飞桥跨水,可达曲中[2]。宴客者皆以此为奢丽地。

有为《濠畔行》者曰:"花舫朝昏争一门,朝争花出暮花入。背城何处不朱楼,渡水几家无画楫[3]。五月水嬉乘早潮,龙舟凤舸飞相及。素馨银串手中灯,孔雀金铺头上笠[4]。风吹一任翠裙开,雨至不愁油壁湿。"是地名濠畔街。

当盛平时,香珠犀象如山,花鸟如海,番夷辐辏,日费数千万金。饮食之盛,歌舞之多,过于秦淮数倍。今皆不可问矣。噫嘻!

**【注释】**

[1] 濠畔:广州向为海外贸易的重镇,于是,宋代以来广州大德路南侧,东接解放南路,西至人民南路,因位于明代广州城南护城濠畔,就形成了一条濠畔街。今大德路与海珠中路交界之处,宋代称为西澳,是颇具规模的外贸码头,中外商船在这里把犀角、象牙、翠羽、玳瑁、龙脑、沉香、丁香、乳香、白豆蔻等卸下船,把各种精美瓷器、丝织品、漆器、糖、酒、茶、米装上船。每天装船、卸货、泊岸、离岸,穿梭往来,忙碌不停。十月,商船即将出海之时,官府都会在海山楼设宴款待中外客商。能够成为海山楼座上客的,上至"蕃汉纲首",下至"作头梢工",不分身份贵贱,不论华夷国籍,一律以美酒佳馔招待。到了明代,虽然珠江岸线南移,但濠畔街繁华依旧,商贾云聚,会馆鳞次,银号栉比。濠畔街箫笙如风、粉汗成雨,纨罗之盛多于濠畔招牌幌子,艳冶至极,是个灯红酒绿、纸醉金迷的靡丽之地。

[2] 曲中:妓坊的通称。

[3] 画楫:指画船。

[4] 素馨:植物名。常绿灌木,初秋开花,花白色,香气清冽,可供观赏。参见本篇《名园》注释[6]。金铺:金饰铺首的(门户)。

## 记核桃念珠

### 清·高士奇

**【提要】**

本文选自《虞初新志》卷一六(上海书店 1986 年版)。

一枚形状如小樱桃般的山核桃,被用来做念珠,其半寸见方的表面能刻什么?"一枚之中,刻罗汉三四尊,或五六尊,立者、坐者、课经者、荷杖者、入定于龛中者、荫树趺坐而说法者、环坐指画论议者、袒跣曲拳和南而前趋、而后侍者,合计之为数五百。"更有奇者,"所刻罗汉,仅如一粟,梵相奇古,或衣文织绮绣,或衣袈裟水田绨褐,而神情风致,各萧散于松柏岩石",难怪高士奇感叹"可谓艺之至矣"!

贡献此巧技之人,"历寒暑岁月,又未免与饥馁"。所以作者说,看来巧物陪的都是笨拙的功夫,"而拙者似反胜于巧也"。于是,张山来评论说:"末端议论,足醒巧人之梦。特恐此论一出,巧物不复可得见矣,奈何!"

得念珠一百八枚,以山桃核为之,圆如小樱桃。一枚之中,刻罗汉三四尊,或五六尊,立者、坐者、课经者[1]、荷杖者、入定于龛中者、荫树趺坐而说法者[2]、环坐指画论议者、袒跣曲拳和南而前趋[3]、而后侍者,合计之为数五百。蒲团[4]、竹笠、茶奁[5]、荷策[6]、瓶钵、经卷毕具。又有云龙风虎,狮象鸟兽,猰貐猿猱错杂期间[7]。初视之,不甚了了。明窗净几,息心谛观[8],所刻罗汉,仅如一粟,梵相奇古,或衣文织绮绣,或衣袈裟水田绨褐[9],而神情风致,各萧散于松柏岩石[10],可谓艺之至矣!

向见崔铣郎中有《王氏笔管记》云[11]:唐德州刺史王倚家,有笔一管,稍粗于常用,中刻《从军行》一铺,人马毛发,亭台远水,无不精绝。每事复刻《从军行》诗二句,如"庭前琪树已堪攀,塞外征人殊未还"之语。又《辍耕录》载:宋高宗朝,巧匠詹成雕刻精妙。所造鸟笼四面花版,皆于竹片上刻成宫室人物、山水花木禽鸟,其细若缕,而且玲珑活动。求之二百余年,无复此一人。今余所见念珠,雕镂之巧,若更胜于二物也。惜其姓名不可得而知。

长洲周汝瑚言:"吴中人业此者,研思殚精,积八九年;及其成,仅能易半岁之粟,八口之家,不可以饱。故习兹艺者亦渐少矣。"噫!世之拙者,如荷担负锄,舆人御夫之流,蠢然无知,唯以其力日役于人。既足养其父母妻子,复有余钱,夜聚徒侣,饮酒呼卢以为笑乐[12]。今子所云巧者,尽其心神目力,历寒暑岁月,犹未免于饥馁,是其巧为甚拙,而拙者似反胜于巧也!因以珊瑚、木难饰而囊诸古锦[13],更书答汝瑚之语,以戒后之恃其巧者[14]。

**【作者简介】**

高士奇(1645—1703),字澹人,号江村,浙江余姚人。康熙十年(1671),御试第一。十五年迁内阁中书。高士奇每日为康熙帝讲书释疑,评析书画,极得信任。官至詹事府少詹事兼翰林院侍读学士。晚年又特授詹事府詹事、礼部侍郎。卒谥文恪。康熙御书悼联:"勉学承先志,存诚报国恩。"士奇学识渊博,能诗文,擅书法,精考证,善鉴赏。有《左传纪事本末》《清吟堂集》等。

**【注释】**

[1]课经:念经。

[2]趺坐:盘腿端坐。

[3]袒跣:袒胸赤足。跣:音 xiǎn,光着脚,不穿鞋袜。

[4]蒲团:一种圆垫子,用蒲草、麦秸等编成。

[5]茶奁:茶壶。奁:音 lián,女子梳妆用的镜匣,泛指精巧的小匣子。

[6]荷策:荷杖。

[7]狻猊:传说中的一种猛兽。形如狮,喜烟好坐,所以形象一般出现在香炉上,随之吞云吐雾。佛教中,它是文殊菩萨的坐骑。

[8]谛观:审视,仔细看。

[9]水田:袈裟的别称。又作水田衣、田相衣。即将布割成块状,后加以缝缀,因形状犹如田畦,故称田衣。绨褐:葛布。

[10]萧散:犹萧洒。形容举止、神情等自然、闲散而舒适。

[11]崔铣(1478—1541):字子钟,后世称后渠先生,安阳(今属河南)人。官至南京礼部右侍郎。有《洹词》和《彰德府志》。

[12]呼卢:谓赌博。李白《少年行》:呼卢百万终不惜,报仇千里如咫尺。

[13]木难:宝珠名。又作"莫难"。《文选·美女篇》:"明珠交玉体,珊瑚间木难。"李善注:"木难、金翅鸟沫所成碧色珠也。"古锦:谓古锦囊。用年代久远的锦缎制成的袋子。

[14]按:文后有张山来评语:末段议论,足醒巧人之梦。特恐此论一出,巧物不复可得见矣,奈何!

# 御制泸定桥碑记

## 清·康　熙

**【提要】**

本文选自《四川历代碑刻》(四川大学出版社 1990 年版)。

泸定桥坐落在四川泸定县城大渡河上,为全国重点文物保护单位。该桥始建于清康熙四十四年,建成于四十五年(1706)。康熙御笔题"泸定桥",并撰桥记立御碑于桥头。

康熙时,藏族和汉族的物质交流到了大渡河全靠渡船或溜索转渡。有时不能及时渡河,大渡河两岸经常货物堆集如山,尤其是鲜活食品因无法过河而腐烂,军队的调动在这里也常遭梗阻。1705 年,康熙下令修建大渡河上的第一座桥梁——泸定桥。从此泸定桥便成为连接藏汉交通的纽带,泸定县也因此而得名。

泸定桥桥长 103 米,宽 3 米,桥面距河面水位 14.5 米,由桥台、桥身、桥亭三部分组成:

桥两端为石砌桥台,东岸石层较低,基础未到岸石;西岸桥台直接做到露头的岩石。

泸定桥身由 13 根碗口粗的铁链组成。9 根做底链,4 根分两侧做扶栏铁链,均锚于两岸桥台落井壁上的铁制卧龙桩与地龙桩上。科学工作者的计算表明,两岸桥台自重约 2 300 吨,铁索传给桥台总拉力 210 吨,抗滑、抗倾与抗拔的安全系数均较大。底链上满铺木板以当桥面,扶手与底链之间用小铁链相连接,这样 13 根链便连为一个整体。

桥亭属清式木结构古建筑。河对面山坡上有观音阁。

铁索桥修好后,康熙随即派遣防守千总一员带兵 100 名镇守此桥。雍正六年(1728)置泸定巡检司,修建巡检署,管理铁索桥和沈村、烹坝驿站。自此以后商贸发达,人口渐增,市场兴起,泸定县逐渐繁荣起来。

清代以来,此桥为四川入藏的重要通道和军事要津。

1935 年 5 月 29 日,中国工农红军长征途经这里飞夺泸定桥,更使该桥闻名中外。

蜀自成都行七百余里,至建昌道属之化林营[1]。化林所隶,曰沈村、曰烹坝、曰子牛,皆泸河旧渡口,而入打箭炉所经之道也[2]。考《水经注》,泸水源出曲罗[3],而未明指何地。按《图志》,大渡河水即泸水也。大渡河源出吐番,汇番境诸水,至鱼通河而合流入内地[4],则泸水所从来远矣。打箭炉未详所始,蜀人传,汉诸葛武乡侯亮铸军器于此,故名。元设长河西宣慰等司,明因之,凡藏番入贡及市茶者皆取道焉。自明末,蜀被寇乱,番人窃踞西炉,迄至本朝,犹阻声教[5]。

顷者,黠番肆虐,戕害我明正土官[6],侵逼河东地,罪不容道[7]。康熙三十九年冬,遣发师旅,三路徂征[8]。四十年春,师入克之,土壤千里,悉隶版图。锅庄木鸦万二千余户[9],接踵归附,而西炉之道遂通。

顾入炉必经泸水,而渡泸向无桥梁。巡抚能泰奏言:"泸河三渡口,高崖夹峙,一水中流,雷奔矢激,不可施舟楫,行人援索悬渡,险莫甚焉。兹偕提臣岳升龙相度形势,距化林营八十余里,山趾坦平,地名安乐,拟即其处仿铁索桥规制建桥,以便行旅。"朕嘉其意,诏从所请,于是鸠工构造。

桥东西长三十一丈一尺,宽九尺,施索九条,索之长视桥身余八丈而赢,覆木板于上,而又翼以扶栏,镇以梁柱,皆容铁以庀事[10]。桥成,凡使命之往来,邮传之络绎,军民贾商之车徒负载,咸得安驱疾驰,而不致病于跋涉。绘图来上,深惬朕怀,爰赐桥名曰泸定。在事著劳诸臣,并优诏奖叙[11],仍申命设兵戍守。

夫事无小大,期于利民;功无难易,贵于经久。然既肇建,兹举俾去危而即安[12]。继自今岁时缮修,协力维护,皆官斯土者责也[13]。尚永保勿坏,以为斯民贻无穷之利。是为记。

康熙四十七年二月初三日

**按**:此碑立于四川泸定县泸定桥头。清康熙四十八年(1709)二月初十日,由四川巡抚能泰、提督岳升龙立。碑面高 4 米,宽 1.65 米,碑文上方及左右两侧镌刻 4 条龙纹及祥云图案,碑正文共 537 字。

## 【作者简介】

康熙(1661—1722),清入关后的第二代皇帝爱新觉罗·玄烨年号,后习以年号称其人。康熙继位时 8 岁,是顺治帝第三子。他在其祖母孝庄皇后的帮助下,康熙八年赢得了对顾命大臣鳌拜斗争的胜果,开始真正亲政的阶段。执政期间,康熙撤除吴三桂等三藩势力(1673),统一台湾(1684),平定准噶尔汗噶尔丹叛乱(1688—1697),签定中俄《尼布楚条约》,维持了东北边境 150 多年的和平局面。康熙帝还组织编纂了《康熙字典》《古今图书集成》《历象考成》《数理精蕴》《康熙永年历法》《康熙皇舆全览图》等图书、历法和地图。康熙还重农治河,兴修水利;移天缩地,兴修园林,修建了包括畅春园、承德避暑山庄、热河木兰围场在内的皇家诸多园林。

## 【注释】

[1]化林营:在泸定桥头附近。清初,泸定架通索桥,化林虽未设互市之所,但茶马市易兴隆。

[2]打箭炉:即今四川甘孜州府康定县。康定,藏语叫"打折渚",汉译雅化为打箭炉。宋代四川"茶马互市"兴起,开通了我国西南通往川西甘孜和西藏的"丝绸之路"。明末清初,打箭炉取代碉门(今四川雅安天全)、岩州(今泸定岚安),成为边茶贸易中心。

[3]泸水:按:康熙误将大渡河当作泸水。泸水位于云南省西偏北。

[4]鱼通河:泸定至丹巴间的大渡河被当地人称作鱼通河。

[5]声教:声威教化。

[6]正土:中土。

[7]逭:音 huàn,逃避。

[8]徂征:前往征讨。徂:音 cú,往。

[9]锅庄、木鸦:均为当地土居藏民。

[10]容:当为"熔"。熔铁以锻铸铁链。庀事:办事。庀,音 pǐ。

[11]奖叙:犹奖励。

[12]俾:使。

[13]赉:给予。

# 附:重修泸定桥碑记

## 刘文辉

泸定桥以绾西康襟喉,为当世谈地理者所重。其水自大小金川汇经丹巴、懋功、康定境以入径是,延而为大渡河。有国者以康东天险攸在,置官司焉,盖前志论之详矣。

民国二十四年五月,共党由江西突围"西窜"(按:引号为编者加),循宁远,走泸定。会官军大集,遂毁桥以拒。无何,围且合,引去。

事定,文辉请中枢发帑藏督饬地方有司鸠工修复之。自是年八月经始,凡费时九阅月,费币三万三千二百余元而竣。审曲面势,草图拣材,经修版固,焕然增新矣。

国家自委辽、吉、黑、热于倭,华北已骎骎弗克自保。泊于今兹,冀、晋、绥、察与鲁、闽、浙、粤、江苏诸海岸,悉为敌所蹂籍侵陵。论者咸盛张,四川为民族复兴根据地之议,其说既跬矣。若西康者,席广土,拥厚藏,聚浑劲之民,凭建瓴之势;又四川命脉所寄,而全国后防之隩区也。知经营四川之为急,而忽乎开发西康之尤宜先焉,讵得谓为达要。达其要而反观泸定,实于是乎扼其吭,通其津,则斯桥之兴废通塞,系于国家者庸有量欤。

文辉受命典边久矣,力不我假,时不我与,畜于怀者曾不得行其百一,而不感不敬俟焉!自今以往,我国家其克张皇旋乾转坤之大计,而措川康与充实光辉之域乎!

斯桥也,平夷坚致,无亏无倾,于以促川康行旅之交往、工商百物之通流,而促成政理民生之繁昌畅遂,庶其足以称全国人士之殷望乎!爰为铭以落之,铭曰:

有流汤汤,古之泸水。有梁言言,今之通轨。大猷是经,百神斯馨。

懿哉闳构,西土于屏。圮而更新,将护勿替。载其清宁,永泽遐裔。

中华民国二十六年十月十日,西康建省委员会委员长刘文辉造。

成都曾默躬察书监刻,灌县向传麟刻。

**【作者简介】**

刘文辉(1894—1976),字自乾,法号玉猷。1920 年,刘文辉以川军独立旅旅长的身份占领四川东部重镇叙府(宜宾),从此开始了他的军阀生涯。1928 年当上了四川省政府主席,1931 年改组后留任。此时,他已拥有 7 个师、20 多个旅,14 万军队,81 个县的地盘。但 1932 年与四川另一军阀刘湘内战后元气大伤,次年 9 月刘文辉带着仅存的 12 个团从成都退到雅安。1935 年,国民党计划在西康建省,任命刘文辉为"西康建省委员会委员长"。1939 年,西康省建立,他就任第一任西康省政府主席。从此主政西康省(今四川省西部和西藏自治区东部)十年之久,人称"西南王"。1949 年 12 月 9 日率部起义,1955 年被授予一级解放勋章。历任西南军政委员会副主席,四川省政协副主席,林业部部长。

烟 波 致 爽

清 · 康 熙

**【提要】**

本诗选自《康熙诗选》(春风文艺出版社 1984 年版)。

烟波致爽殿是清朝皇帝在热河(今河北承德)避暑山庄里的寝宫,建于康熙四十九年(1710),康熙说:"四围秀岭,十里澄湖,致有爽气"。因此,题名"烟波致爽"。烟波致爽殿被列为康熙三十六景的第一景。

烟波致爽殿面阔七间。正中设有宝座,是皇帝接受贵妃朝拜之地。西次间是佛堂,东两间是皇帝和御前大臣们议事的场所。西暖阁是清帝的寝宫。床后的墙壁为双层,外层是砖墙,内层为木板墙,中有夹道,连通跨院。烟波致爽殿东西各有一个小跨院有侧门与烟波致爽殿相通。入夏,这里日无酷暑之感,夜无风寒之忧,故康熙、乾隆、嘉庆每至山庄必居于此。

咸丰十年(1860),英法联军入侵北京,咸丰以木兰秋狝为名,带皇后、懿贵妃及 5 岁的载淳仓皇逃至热河。咸丰帝就在烟波致爽殿西暖阁的炕几上批准了丧权辱国的中英、中法、中俄《北京条约》,香港、九龙就是这次割给了英国。1997 年 7 月 1 日,河北承德市在此处挂上"勿忘国耻"铜匾,以警后人。

热河避暑山庄始建于康熙四十二年(1703),历经康熙、雍正、乾隆三代皇帝,耗时 89 年建成,曾是清朝皇帝的夏宫。山庄位于承德市中心区以北,武烈河西岸一带狭长的谷地上,由皇帝宫室、皇家园林和宏伟壮观的寺庙群组成,山庄内有康熙乾隆钦定的 72 景,殿、堂、楼、馆、亭、榭、阁、轩、斋、寺等建筑一百余处。

避暑山庄分宫殿区、湖泊区、平原区、山峦区四大部分。宫殿区位于湖泊南岸,地形平坦,是皇帝处理朝政、举行庆典、生活起居的地方,占地 10 万平方米,由正宫、松鹤斋、万壑松风和东宫四组建筑组成;湖泊区在宫殿区北面,湖泊约占43公顷,湖里有8个小岛屿,将湖面分割成大小不同的区域,层次分明,洲岛错落,碧波荡漾,极富江南韵致,湖的东北角有著名的热河泉;平原区在湖北山脚下,地势开阔,有万树园和试马埭,碧草茵茵,林木茂盛;山峦区在山庄西北部,面积约占全园的五分之四,这里山峦起伏,沟壑纵横,楼堂殿阁、寺庙点缀其间。整个山庄东南多水,西北多山,是中国自然地貌的缩影。

山庄整体布局巧用地形,因山就势,分区明确,景色丰富。山庄宫殿区布局严谨,建筑朴素;苑景区自然野趣,宫殿与天然景观和谐地融为一体。山庄内建筑规模不大,殿宇、围墙多采用青砖灰瓦、原木本色,淡雅庄重,简朴适度,与皇城宫殿的黄瓦红墙、描金绘彩反差巨大。

半环于避暑山庄外的是风格各异的寺庙群,众星捧月,环绕山庄,是民族团结和中央集权的象征。原有寺庙十一座,现存的有普陀宗乘之庙、须弥福寿之庙、普乐寺、普宁寺、安远庙、溥仁寺、殊像寺。

避暑山庄继承和发展了中国古典园林以人为之美入自然、源于自然而又超越自然的传统造园思想,按照地形地貌特征进行选址和总体设计,完全借助于自然地势,因山就水,顺势而为,并融南北造园艺术精髓于一身。避暑山庄是中国园林史上一座辉煌的里程碑,享有"中国地理形貌之缩影"和"中国古典园林之最高范例"的称誉。

热河地既高敞,气亦清朗,无蒙雾霾氛,柳宗元记所谓旷如也[1]。四围秀岭,十里澄湖,致有爽气。云山胜地之南,有屋七楹,遂以"烟波致爽"颜其额焉[2]。

> 山庄频避暑,静默少喧哗。
> 北控远烟息,南临近壑嘉[3]。
> 春归鱼出浪,秋敛雁横沙。
> 触目皆仙草,迎窗遍药花。
> 炎风昼致爽,绵雨夜方赊[4]。
> 土厚登双谷,泉甘剖翠瓜。
> 古人戍武备,今卒断鸣笳[5]。
> 生理农商事,聚民至万家。

**【注释】**

[1] 旷如:开阔貌。
[2] 颜额:题额。
[3] 烟息:谓烽烟。此句谓北边可以控制稳定遥远的边疆。壑嘉:谓青丘嘉壑。
[4] 夜方赊:夜正长。
[5] 鸣笳:古乐器名。汉时流行于西域一带,初卷芦叶为之,后改用竹。《六韬·军略》:击雷鼓,振鼙,铎,吹鸣笳。

# 阅河长歌

## 清·康 熙

**【提要】**

本诗选自《康熙诗选》(春风文艺出版社1984年版)。

"曾记当时泊舟处,今成沃土及膏田。"为何?因为永定河经常泛滥,浑流伤民,康熙"数巡高下南北岸",决心不惜帑金,要把百姓从每年忍饥受溺的境地中拯救出来,"开河端在辨高低,堤岸远近有准则"。掌握了开河及修堤岸的高低准则后,永定河不到两年就修好了。

修好了的永定河水患没了,百姓舒心了,乡村太平了,所以看到"水淀改成沃野,溜沙变为美田"的康熙深有感触地说:"若治之不早,民至于今未知何似也",故作长歌。

康熙在位期间,对治理河患极为重视,比较系统、有效地治理了黄河、淮河水系和永定河,在我国古代治水史上留下了浓墨重彩的一笔。

朕阅河出郊,自南苑过卢沟,顺永定河之南岸,见十五年前泥村水乡捕鱼虾而度生者,今起为高屋新宇,种谷黍而有食矣。水淀改成沃野,溜沙变为美田,因思古人云,有治人无治法[1],斯言信哉。若治之不早,民至于今未知何似也。故有感而作长歌一篇,以示善后之计云尔。

春风春社艳阳天[2],雪尽尘消遍路阡[3]。

曾记当时泊舟处,今成沃土及膏田。

十年之前泛黄水,民生困苦少人烟。

历历实情亲目睹,老转少徙益难抚。

挟男抱女至马前,皆云此河不可堵。

桑干马邑虽发源[4],山中诸流数难数。

吾想畿内不能防,何况远虑治淮黄。

数巡高下南北岸,方知浑流为民伤。

春来无水沙自涨,雨多散漫遍汪洋。

若非动众劳人力,黎庶无田渐乏食。

庙谟不惜费帑金,救民每岁受饥溺。

开河端在辨高低,堤岸远近有准则。

未终二年永定成,泥沙黄溜直南倾。

万姓方苏愁心解,从此乡村祝太平。

昔日宵旰尝萦虑[5],将来善后勿纷更。

**【注释】**

［1］有治人无治法:意为只有治世的能人,没有治世的成法。

［2］春社:古代在立春后的第五个戊日祭祀土神的活动。

［3］路阡:大路与田间小路。

［4］桑干:桑干河发源于山西马邑,流向永定河途中,汇流者无数。

［5］宵旰:即宵衣旰食。天不亮就起床,天色已晚才吃饭。多指帝王勤于政事。

# 甓 园 记

## 清·丁 炜

**【提要】**

本文选自《赣县志》卷四十九之四(清同治十一年刻本)。

衙署型花园在宋元以来,尤其是明清两代兴盛方炽,赣州巡道衙门院东"有地方二亩许,外垣半圮"。丁炜一来,"周行闲,草没屐,棘牵袂,雨径泥滑,几不容武",不仅如此,居于其中的房屋"槐桷仅具";院内环境凌乱不堪,"甘蕉十数本,副坼阶阤;屋后老柚二株,交柯轮囷"。更加上"饥鼯阴蝠"出没,让作者发出"是非前人燕息地乎"的感叹。

甓园从"葺其垣之圮者,拓其地之狭者,正其势之偏者,碱其径之洼者、淖者"。一番修整之后,开始按照住宅型园林的思路,屋旁为轩,轩前为庭,庭内架上"葡萄蔓之";庭的左右隙地,遍植花卉……一番条画构筑,树木、藤蔓、小亭、屋舍,一一安排布置停当。"余公余之暇,以时燕息其中,或资于轩堂,可容吾揖客矣,室可还读吾书矣。"

甓园,所甓为燕息之园。

使院东有地方二亩许,外垣半圮。辛酉秋[1],余始自西署移至,周行闲,草没屐,棘牵袂,雨径泥滑,几不容武[2]。屋踞其中,槐桷仅具[3]。甘蕉十数本,汗漫阑生[4],副坼阶阤[5]。屋后老柚二株,交柯轮囷[6]。时方垂实累累,为饥鼯阴蝠所剥蚀[7],荒翳弥甚[8],余慨然曰:"是非前人燕息地乎?何旷废至此!"

越壬戌,政稍暇,乃庀材鸠工,谋结构焉。先葺其垣之圮者,拓其地之狭者,正其势之偏者,碱其径之洼者、淖者[9]。因屋为轩,轩之雷注缮之,椽败易之,牖与壁黝且渫丹之、垩之而已。

轩前为庭,庭有架,葡萄蔓之。夏期芘阴也[10]。庭左右为口修园,为老壁,移前后乱蕉列之阴,愈茂矣。其左右隙地宜花,植以玉蝶、古梅,集千叶绯桃,状如虬螭对攫[11],而唐棣、山茶、木樨与垂丝海堂、紫薇诸名卉,亦稍分植其旁,增旖旎焉。其左隙地,视右为丰编以疏篱,覆以酴醾、素馨,庭始崭崭然田矣[12]。当中庭负墙而立者,其花为海棠,铁干霜枝,槎枒盘郁[13],森与桃梅鼎峙,不待三春烂熳,而古态可挹。其平分海棠而鹄峙者[14],花则为玉树、为石竹桃、为磬口腊梅,虽开落异候而香色亦各具胜也。墙阴余地植木芙蓉数株,绕诸卉后作屏障,罗列自是。而中庭之花事始备,辟轩北户为后小院,缭以疏垣,玲珑可望后圃,使花气时时出入。院植玉兰、丹桂于台,适与轩房、后牖分映。墙阴石磴,安素瓷盆景十余种,以供开轩寓目。

踅院而东[15],则疏垣之外,老柚在列,荫双隅不畸不逼。度其方中之位可亭,遂亭之。交窗四辟,昕夕不扃[16],昭其旷也。亭前绕以回栏,后荫修竹百数十竿,其环亭而植者,冬有红白之梅,春有桃与李,若梨亦足为凭栏之御。亭下庭可受月,则锦石墁焉,纡其径以通看竹。每当素练澄辉,万庭如水,园中新植梧桐、玉兰、辛夷、海棠诸树,与阶前兰蕙共作龟鱼藻影,摇曳空明,恍疑濯魄冰壶也。

亭东构屋三间,充儿曹呫哔[17],而茶灶药床傍焉。篱竹为垣,使花而藤者,若长春、若黄棣棠之属,厕之而篱,内之月桂、木槿,亦时送艳。引曳屡步[18],则于亭之小景不无助焉。

虚亭西为圃,而凡果之属,若枣、若杏、若樱桃、若海榴、若粤橘,花之属若绣球、若栀子、若蜀葵、若瑞香、若腊梅,凡前庭所未备及兹亭所再见者,皆从之,罗罗清疏[19],蔚然林立。

盖自亭之事毕,而花事亦遂告毕也,则园成矣。既竣役,谋所以命轩与亭者,并园名之。甓其园,志习劳也;乐闻其轩,希集善也,可。其亭双江,花果不减东阳。口括以行,行有得。玩芝兰,思德行;睹松柏,慕贞良也。余公余之暇,以时燕息其中,或资于轩堂,可容吾揖客矣[20],室可还读吾书矣。或资于亭,亭宜酒、宜诗,鸟可催觞,花能索句矣。宜琴与棋,梅鼓其清,竹谐其韵矣。凡人性有所近,随处而情不易。昔王子猷爱竹[21],尝谓不可一日无此君。故每借人居,辄自种竹。余家海壖[22],繄匏山郡,竹木邱壑之趣,未尝暂释于怀。今之为此,亦聊遂其性之所近,非故以耳目谋烦兹父老也。然昔之在官者,于廨宇有所修饰[23],则曰:"以无劳来者。"余岂家于官者哉!区区之心,或亦后之君子所共谅乎?

是役也,经始于仲秋既望,告成于阳月上浣[24],用日凡五旬有奇,而种莳补葺之暨不与焉[25];凡费俸八百两有奇,而畚插与丹黄之事不与焉;园庭花果,简其类之微者,略其名之复者,凡四十种有奇,而盆中之桧若柏与旧植之柚若蕉不与焉。轩深二丈,广三丈二尺,划其广而三之,堂居其一则盈二室,倍之则诎[26];亭深一丈二尺,广倍其深;之半若轩,之左夹道,右隅室附于轩;及亭东之书屋附于亭,均可略也,姑不书。

## 【作者简介】

丁炜(1627—1696),字瞻汝,又作澹汝,号雁水,清泉州晋江(今属福建)人,回族。青少年时居家力学。清顺治十二年(1655),入仕途为漳平县教谕,嗣改鲁山县丞,后升直隶献县知县。康熙辛酉二十年(1681),转员外郎,升兵部郎中,出任赣南分巡道。任内亲自登门拜访知名人士魏礼,延请魏礼到使院。丁炜在使院内辟园种花,名曰"甓园",召集四方名士吟咏其中。后升湖广按察使。有《问山诗集》《问山文集》《紫云词》《涉江集》。

## 【注释】

[ 1 ]辛酉:康熙二十年,1681 年。按:第二年(壬戌),丁炜开始营造甓园。

[ 2 ]武:半步,泛指脚步。此谓脚。

[ 3 ]榱桷:音 cuī jué,屋檐。

[ 4 ]汗漫:漫无边际。阑生:谓纵横交错地生长。

[ 5 ]副坼:谓(甘蕉)长到台阶门口了。坼:音 chè,裂开,分裂。阤:音 shì,堂前阶石的两端;门轴。

[ 6 ]交柯轮囷:谓树枝交错盘曲。轮囷:盘曲貌,高大貌。囷,音 qūn

[ 7 ]鼯:音 wú,哺乳动物,形似松鼠,能从树上飞降下来。住在树洞里,昼伏夜出。

[ 8 ]荒翳:荒凉荫蔽。

[ 9 ]碛:音 qì,古通"砌"。淖:音 nào,烂泥,泥沼。

[10]芃:音 péng,茂盛,浓密貌。

[11]虬螭:音 qiú chī,传说中的虬龙与螭龙。

[12]崭崭然:整齐貌。田:犹田田。鲜碧貌,浓郁貌。

[13]槎枒:亦作"槎牙"。树木枝杈歧出貌。槎,音 chá。

[14]鹄峙:直立貌。

[15]趐:音 xué,打转。泛指走动,进出。

[16]昕夕:谓终日。

[17]呫哔:絮语喧哗。呫:音 tie,轻声小语貌,多言貌,絮语貌。哔:音 bì,形容短促响声。

[18]屟步:常作"步屟"。行走,漫步。屟:音 xiè。

[19]罗罗:谓疏朗清晰。

[20]揖客:向客拱手为礼。

[21]王子猷:名徽之(338?—386),王羲之第五子。书法家。有《新月帖》等传世。

[22]海壖:亦作"海堧"。海边地。泛指沿海地区。壖:音 ruán。

[23]廨宇:官舍。

[24]阳月:农历十月。上浣:上旬。也写作"上澣"。唐制,十日一休沐,一月而有上、中、下三休,故称。

[25]补苴:补缀。苴,音 jū。

[26]诎:短。

# 游 晋 祠 记

## 清·朱彝尊

**【提要】**

本文选自《历代游记选》(湖南人民出版社1980年版)。

"晋祠者,唐虞叔之祠也。在太原县西南八里。"朱彝尊开篇明义。晋祠位于太原市区西南25公里处的悬瓮山麓,为古代晋王祠,始建于北魏,纪念的是周武王次子姬虞。

姬虞封于唐,称唐叔虞。传说叔虞励精图治,利用晋水,兴修农田水利,大力发展农业,使唐国百姓安居乐业,生活富足。虞子燮继父位,因临晋水,改国号为晋。这也是山西简称"晋"的源头。叔虞死后,后人为纪念他,在其封地之内选择了这片依山傍水,风景秀丽的地方修建了祠堂供奉他,取名"唐叔虞祠"。

北魏郦道元《水经注》:"沼西际山枕水,有唐叔虞祠,水侧有凉堂,结飞梁于水上……于晋川之中最为胜处。"说明晋祠在北魏时期已经有一定规模。北魏以后,北齐、隋、唐、宋、元、明、清各代都曾对晋祠重修扩建。南北朝时,北齐国主高洋,将晋阳定为别都,于天保年间(550—559)扩建晋祠,"大起楼观,穿筑池塘,飞桥跨水。自高洋已下,皆游集焉"(姚最《序行记》)。高洋还命文士祖鸿勋作《晋祠记》。隋开皇年间(581—600),在祠区西南方增建舍利生生塔。唐贞观二十年(646),太宗李世民至晋祠,撰写碑文《晋祠之铭并序》,并又一次进行扩建,文中称为"唐太宗晋祠之铭"。宋太宗赵光义太平兴国年间(976—983),在晋祠大兴土木,修缮竣工时刻碑纪事,即"太平兴国碑"。宋仁宗赵祯天圣年间(1023—1032),追封唐叔虞为汾东王,并为唐叔虞之母邑姜修建了规模宏大的圣母殿(参见元·弋毂《重修汾东王庙记》)。

自从北宋天圣年间修建了圣母殿和鱼沼飞梁后,祠区建筑布局大为改观。此后,铸造铁人,增建献殿、钟楼、鼓楼及水镜台等,以圣母殿为主体的中轴线建筑物陆续告成。原来居于正位的唐叔虞祠,落至旁边,退处次位。

晋祠内著名的建筑圣母殿、献殿、鱼沼飞梁,被称为"三大国宝"。

圣母殿是晋祠内的主要建筑,坐西向东。殿建于北宋天圣年间(1023—1032),崇宁元年(1102)重修,是中国宋代建筑的代表作。殿面阔七间,进深六间,重檐歇山顶,黄绿色琉璃瓦剪边,殿高19米。殿四周围廊,前廊进深两间,极为宽敞,是《营造法式》中的"副阶周匝"制的实例。大殿檐柱侧角升起明显,给人感觉稳重;殿堂结构为单槽式,即有一排内柱,殿四周除前廊外,均为深一间的回廊,构成下檐;殿内外采用"减柱法",以廊柱和檐柱承托殿顶梁架,扩大了殿内空间。殿前廊柱上有木雕盘龙8条,传说为宋代遗物。殿内有宋代彩塑43尊,主像为圣母端坐木制神龛内,凤冠蟒袍,神态端庄。侍女手中各有所奉,不同年龄、不同个性的女性个个眉目传神,形态淑雅,是宋代宫廷生活的生动写照。

献殿位于鱼沼飞梁前,金大定八年(1168)建,万历二十二年(1594)、1955 年先后修葺。大殿为祭祀圣母、供献祭品的场所。献殿面宽三间,进深四椽,平面布局为长方形。屋顶平缓,单檐九脊式,梁架简洁,斗拱疏朗,前后檐明间敞门。殿身四周无壁,宽厚的槛墙上设栅栏围护,很像一座凉亭,整体结构轻巧稳固。殿顶琉璃为明嘉靖二十八年(1549)文水马东都匠师张稳等人所制,年款姓名题留其上,时代印痕清晰。

圣母殿前水池上的鱼沼飞梁是一座精致的古桥。该桥始建于北魏时期,现存的桥与圣母殿同建,十字型桥也是我国现存古桥梁中的孤例。鱼沼为晋水的第二源流,沼上架十字形板,桥沼内立 34 根约 30 厘米见方的小八角形石柱,柱头卷杀,柱顶架斗拱与横梁,承托十字形桥面(具体做法为柱上交以普柏枋,上置大斗,斗上十字相交,以承接梁、额),就是飞梁。桥面作十字形,东西长 19.6 米,宽 5 米,高出地面 1.3 米,前后与献殿、圣母殿相接,南北桥面长 19.5 米,宽 3.8 米,左右下斜连至沼岸。由于桥面东西宽广,南北下斜如翼,整体造型犹如一只展翅欲飞的大鸟,故称飞梁。

鱼沼飞梁是我国少有的十字桥梁形式。在方形沼内,置 34 根石桥柱,柱头置木斗拱与梁枋,承石头桥板与石栏杆,石桥面中高两侧面低,木斗拱与梁枋改变了石桥面的推力传递方向,使重量垂直传到桥柱上。桥梁充分利用材质在三种环境中的特长,石柱水中耐腐,木材韧性与塑性,石桥板耐磨、防火,达到了桥梁坚固、美观、耐久的效果。

现存的晋祠建筑群,是乾隆三十六年(1771)重建的格局与规模。

晋祠者,唐叔虞之祠也。在太原县西南八里。其曰汾东王,曰兴安王者,历代之封号也。祠南向,其西崇山蔽亏[1]。山下有圣母庙[2],东向。水从堂下出[3],经祠前。又西南有泉曰难老[4],合流分注于沟浍之下[5],溉田千顷,《山海经》所云“悬瓮之山,晋水出焉”是也[6]。水下流,会于汾,地卑于祠数丈,《诗》言“彼汾沮洳”是也[7]。圣母庙不知所自始,土人遇岁旱,有祷辄应,故庙特巍奕[8],而唐叔祠反若居其偏者。隋将王威、高君雅因祷雨晋祠[9],以图高祖是也[10]。庙南有台骀祠[11],子产所云汾神是也[12]。祠之东有唐太宗晋祠之铭[13]。又东五十步,有宋太平兴国碑。环祠古木数本,皆千年物,郦道元所谓“水侧有凉堂,结飞梁于水上,左右杂树交荫,希见曦景”是也[14]。自智伯决此水以灌晋阳[15],而宋太祖、太宗卒用其法定北汉[16],盖汾水势与太原平,而晋水高出汾水之上,决汾之水不足以拔城,惟合二水,而后城可灌也。

岁在丙午[17],二月,予游天龙之山[18],道经祠下,息焉。逍遥石桥之上,草香泉冽,灌木森沉,鯈鱼群游[19],鸣鸟不已,故乡山水之胜,若或睹之。盖予之为客久矣。自云中历太原七百里而遥。黄沙从风,眼眯不辨川谷,桑干、滹沱,乱水如沸汤,无浮桥,舟楫可渡;马行深淖[20],左右不相顾。雁门、勾注[21],坡陀厄隘[22],向之所谓山水之胜者,适足以增其忧愁怫郁[23]、悲愤无聊之思已焉。既至祠下,乃始欣然乐其乐也。

由唐叔及今三千年,而台骀者,金天氏之裔[24],历岁更远。盖山川清淑之境[25],匪直游人过而乐之,虽神灵窟宅[26],亦冯依焉而不去[27]。岂非理有固然者欤[28]!为之记,不独志来游之岁月[29],且以为后之游者告也。

## 【作者简介】

朱彝尊(1629—1709),字锡鬯,号竹垞,晚号小长芦钓鱼师,又号金风亭长,浙江秀水(今嘉兴)人。清康熙己未(1679),举博学鸿词,授检讨,寻入直南书房,出典江南省试。罢归后,殚心著述。工诗,富著述。有《日下旧闻》《经义考》《曝书亭诗文集》等。

## 【注释】

[1]蔽亏:谓因遮蔽而半隐半现。

[2]圣母庙:又称邑姜庙。为奉祀叔虞之母邑姜而建。

[3]水从堂下出:晋祠正殿右,有泉深广均丈余,上覆以亭,下开涵洞以泄于外,泉分数道,流出祠外。居民汲泉以饮,并用以灌溉。

[4]难老:难老泉为晋水主泉,水流清澈。

[5]浍:音 kuài,田间水沟。

[6]悬瓮山:在山西太原西南十里,一名龙山。山腹巨石如瓮,水出其中。

[7]彼汾沮洳:出自《诗经·魏风·汾沮洳》。汾:即汾水。源出山西武宁县管涔山,南流到曲沃县折向西,在万荣县西入黄河。沮洳:音 jù rù,低湿之地。

[8]巍奕:高大。

[9]王威、高君雅:均为隋大将。唐高祖李渊为太宗留守时,王、高为副留守。见李渊大集兵,怀疑其有异志,想以到晋祠祈雨为名,控制李渊。其行为被李察觉,拘之戮杀。

[10]高祖:即李渊。本为隋大将。大业十三年(617),拜太原留守,起兵叛乱。十一月入长安。次年五月,称帝,国号唐。

[11]台骀:上古五帝之一帝喾时人,为治水的官吏。故事散见于《左传》《山海经》《史记》《水经注》等典籍,称台骀为平水患,辗转于甘肃、陕西、山西、青海等地。相传,台骀治理汾河,从地处宁武的汾河源头开始。因治水有功,台骀受到颛顼的嘉奖,被封为汾州一带的地方官。台骀死后,被尊为汾河之神,又称汾神,享祠祀。

[12]子产(?—前522):复姓公孙,名侨,字子产。春秋时郑国相。为相数十年,仁厚慈爱,轻财重德,爱民重民,建树颇多。

[13]晋祠铭:唐太宗李世民撰文并书。全文1 203字,述起兵太原事,建立唐朝后到此酬谢叔虞神恩,宣扬唐朝的文治武功。碑文行书体,劲秀挺拔、飞逸洒脱,骨格雄奇,刻工洗炼,可谓行书楷模。

[14]曦景:阳光。

[15]智伯(?—前453):即知襄子,又称知瑶(智瑶),后世多称知伯(智伯)、知伯瑶(智伯瑶)。由于智氏出于荀氏,故《左传》又称荀瑶。前475年成为晋国执政,此后欲灭同列卿位的赵、魏、韩三家并取代晋国,乃胁迫魏、韩二家于前455年共同对赵氏发动晋阳之战。攻三月,不克。于是决开汾水,灌淹晋阳城。大水淹没城内"三版"(六尺),时间长达三年。身处绝境的赵襄子派人向魏、韩陈说利害,魏、韩因此倒戈与赵氏联合反攻智氏。杀死河堤的守吏,决堤放水反灌知军,知军因忙于救水而陷于混乱。韩、魏军急从两翼进攻,赵襄子则亲率精锐从正面出城反击,大败知军,擒获智伯,解晋阳之围。赵、韩、魏三卿杀智伯而三分其地,从此形成"三

家分晋"的局面。

[16] 宋太祖:赵匡胤。开宝二年(969),决晋水、汾水灌城。太宗:赵匡义。太平兴国四年(979),又决晋、汾水摧毁其旧城,灭北汉。

[17] 丙午:康熙五年(1666)。

[18] 天龙山:在太原县。

[19] 鲦鱼:一种银白色小鱼。鲦:音 chóu。

[20] 淖:音 nào,烂泥、泥沼。

[21] 雁门:即雁门山,又名勾注山,在山西代县西北。因两山对峙,雁渡其间,故名。又因山形勾转,水流弯曲,故名勾注。

[22] 坡陀:倾斜,不平坦。厄隘:阻塞,险要。

[23] 怫郁:亦作"怫悒"。忧郁,心情不舒畅。

[24] 金天氏:即少昊,五帝之一。中国古代神话中的西方天神。少昊,已姓,一说嬴姓,名挚,号金天氏,又号青阳氏,又称朱帝、白帝、西皇、穷桑氏、空桑氏,在位 84 年,寿百岁崩,其后代郯子国尊为高祖(《春秋》),后人尊为祖先神帝。

[25] 清淑:清和。

[26] 窟宅:住人的洞穴,多指神仙的住所或盗贼藏身的地方。

[27] 冯依:凭借,依靠。

[28] 固然:犹本来如此。

[29] 志:记载。

# 附:重建晋祠碑亭记

### 清·周令树

《山海经》云:"悬瓮之山,晋水出焉。"周封叔虞于唐地,在晋水之阳,后因更国号曰晋。既入赵氏,曰晋阳。智伯决晋水以灌晋阳,是也。

其水源出二泉,清冷可爱。立祠以祀唐叔,不知始于何代;而晋祠之名,始著于唐高祖。以唐公起兵,祷于晋祠,既定天下,立碑颂德。太宗自为铭若序,书而刻之。其辞虽铺张扬厉,不过言唐叔以懿亲分封,德泽久远而已。

至宋,以祷雨灵应,封其神曰:兴安王为汾东王,固已陋而不典。乃宣和醮文,又有所谓"显灵昭济圣母"者,意以为唐叔之母,《春秋》传言:"武王邑姜方震太叔,梦帝谓已,余命而子曰'虞',将与之唐。属诸参,而蕃育其子孙。既生,有文在其手,曰'虞',遂以命之。成王灭唐,而封太叔焉。"是则圣母,盖邑姜也。

唐叔为晋始封之君,庙食于斯,固宜;邑姜则武王之后,天下之母,岂宜降从其子以祠? 又不正名为晋之先妣,而冠以他号,若媪神之云,比于黩矣。然流俗冒昧,徒以手文瑞,故相传圣母为宜子孙之神,远近尊奉,作殿当阳,香火云集;而唐叔之祠反退居其旁,朽桷数楹,草莱不可以拜,尚赖贞观之碑岿然独存,故祠不遂泯灭,稽古之士,犹有考焉。

嗟呼! 祀典之讹翻,久矣。太史、祝宗之职废,而方士、浮图之教盛行,琳宫贝阙遍天下,应礼者十不得二三,使有狄梁公其人者出焉,其所厘剔当何如也?惟是,晋祠之祀唐叔,与泰伯之庙于吴正同,固宜世世无毁。其圣母庙,虽不应礼经,特以唐叔故,追崇所生,犹愈其他怪迂无稽者。又以民心胠蚤之久,势难骤废。若奉唐叔于正祠,而以别殿居圣母,庶几近之。

令树承乏兹土,与有鼎新之责,而绌于力窘于时,愧未能也。乃者巡行农桑,道出祠下,摩挲贞观之碑,徬徨者久之。往昆山顾炎武为令树言:"唐宋人题名及诗多刻之古碑阴,碑阴既满,往往阑入行间。此碑独以御制、御书,唐人无敢刻一字。至宋始有题名碑阴及两旁者,而正文特完好。"又郡人傅山言:"少时见碑榻极精,后少模糊,有妄男子镌而深之,颇失其质。"今视之良然。碑故有亭,今就圮矣,圮且不利于碑。夫以神尧创业之迹,与太宗之文、之书,皆赫然彪炳天地者。千年来,斯祠得存于荒榛败瓦之下者,兹碑之力为多。又其辞核而迹完好,考古者有所据依,摹榻少损,犹足为之太息,而况其岌岌于摧毁乎?

乃属太原令临川万先登,鸠工新之,退而就论得失,为文镵诸壁间。后之君子登斯亭,览斯记,知令树所以爱护斯碑之意,奋然起而厘正千秋之祀典,以竟令树所未及为,则令树且附以不朽矣。

时同游者,炎武之弟子吴江潘耒山之子眉、令树之子慎及壻常攟先之子升,例得并书。

康熙壬子端午后三日,太原知府延津周令树识。

**按:**周令树(1633—1688),字计百,一字拙庵,河南卫辉府延津(今属新乡市)人。清顺治十二年(1655)三甲进士。入仕途累官赣州府推官、山西大同府左卫同知、太原知府。知府任上,旋告病归。后入京补官,遭弹"发其居间事"(见《周君墓志铭》),下狱论死。系狱近二年,输金得赎。不久病逝。周令树富于才华而拙于谋身,身后凄凉。所撰《重建晋祠碑亭记》为今晋祠三大文物之一。

本文选自《太原县志》(道光六年刊本,吴佩兰)。文章考述晋祠中唐虞与生母庙的关系,虽然认为唐叔与吴之泰伯的祭祀规格应该一样,"其圣母庙,虽不应礼经,特以唐叔故,追崇所生",更加上民心归趋已久,所以,嘱咐太原令临川人万先登"鸠工新之",将唐碑等一一修整。《记》写于康熙壬子年(1672)。

## 游晋祠记

### 清·刘大魁

太原之西南八里许,有周叔虞祠。祠西为悬瓮山,出之东麓有圣母庙。其南又有台骀祠,子产所谓汾神也。有泉自圣母神座之下东出,分左右二道。居人就泉凿二井,井上为亭,槛以覆之。今左井已淹,泉伏流地中,自井又东,沮洳隐见,可十余步乃出流为溪。溪水汩淑绕祠南,初甚微,既远乃益大,溉田殆千顷。水碧色,清冷见底,其下小石罗布,视之如碧玉,游鱼依石罅往来甚适。水上有石桥,好事者夹溪流曲折为室如舟。左右乔木交荫,老柏数十株,大皆十围,其中厕以亭台佛屋,彩色相辉映,月出照水尤可爱。溪中石大者如马,如羊,如棋局,可坐。予与二三子摄衣而登,有童子数人咏而至,不知其姓名,与并坐久之。

山之半有寺,凿土为室,缭曲宏丽,累石级而上望之,墟烟远树,映带田塍如画。《山海经》云:"悬瓮之山,晋水出焉。"周成王封弱弟于唐地,在晋水之阳,后遂名国为晋。既入赵氏,称晋阳。昔智伯决此水以灌赵城,而宋太祖复因其故智以平北汉。甚哉!水之为利害也。唐高祖盖以唐公兴,尝祷于晋祠。既定天下,太宗亲为铭而书之,立石以崇叔虞之德。今其石在祠东,又其东为宋太平兴国之碑。

是来也,余兄奉之官徐沟,余偶至其署,因得纵观焉。念余之去太平兴国远矣,去唐之贞观益远矣,溯而上之,以及智伯及叔虞,又上之,至于台骀金天氏之裔,茫然不知在何代。太原之去吾乡三千余里,久立祠下,又茫然不知身之在何境。山川常在,而昔之人皆已泯灭其无存。浮生之飘转无定,而余之幸游于此,无异鸟迹之在太空。然则士之生于斯世,虽能立振俗之殊勋,赫然惊人,与今日之游一视焉可也,其孰能判忧喜于其间哉!于是为之记。

**按:**选自《桐城派名家文选》(安徽人民出版社 2008 年版)。

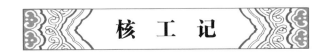

## 核 工 记

### 清·宋起凤

**【提要】**

本文选自《虞初新志》卷一六(上海书店 1986 年版)。

这是一篇曾选入中学语文课本的古文,雕刻艺人的谋篇布局和精湛的微雕技艺可谓是令人叹为观止。

"月落乌啼霜满天,江枫渔火对愁眠。姑苏城外寒山寺,夜半钟声到客船。"唐人张继一首《枫桥夜泊》传诵不绝。而作者季弟得到的一枚"五分许、横广四分"的桃坠则用雕刻的画面表现了这一景象。如此小小的核桃壳上,雕有:"人凡七:僧四,客一,童一,卒一。宫室器具凡九:城一,楼一,招提一,浮屠一,舟一,阁一,炉灶一,钟鼓各一。景凡七:山、水、林木、滩石四,星、月、灯火三。"更让人称奇的是:"传更、报晓、候门、夜归、隐几、煎茶,统为六,各殊致殊意,且并其愁苦、寒惧、疑思诸态,俱一一肖之。"

怪不得作者文末感叹"纳须弥于芥子",即在一颗小小的菜籽中纳入恢恢大千世界。

季弟获桃坠一枚[1],五分许,横广四分。全核向背皆山,山坳插一城,雉历历可数[2]。城巅具层楼,楼门洞敞,中有人,类司更卒,执桴鼓[3],若寒冻不胜者。枕山麓一寺,老松隐蔽三章[4],松下凿双户,可开合;户内一僧,侧首倾听。户虚掩如应门,洞开如延纳状,左右度之,无不宜。松外东来一衲[5],负卷帙踉跄行,若为佛事夜归者。对林一小陀[6],似闻足音仆仆前。核侧出浮屠七级,距滩半黍[7]。近滩维一舟,篷窗短舷间,有客凭几假寐,形若渐寤然。舟尾一小童,拥炉嘘火,盖供客茗饮也。舣舟处[8],当寺阴,高阜钟阁踞焉。叩钟者貌爽爽自得,睡足徐兴乃尔。山顶月晦半规,杂疏星数点,下则波纹涨起,作潮来候,取诗"姑苏城外寒山寺,夜半钟声到客船"之句。

计人凡七:僧四、客一、童一、卒一。宫室器具凡九:城一、楼一、招提一、浮屠一[9]、阁一、炉灶一、钟鼓各一。景凡七:山、水、林木、滩石四、星、月、灯火三。而人事如传更、报晓、候门、夜归、隐几、煎茶,统为六。各殊致殊意[10],且并其愁苦、寒惧、疑思诸态,俱一一肖之。语云:"纳须弥于芥子[11]",殆谓是与? 然闻之:"尺绢绣经而唐微,水戏荐酒而隋替。"[12]器之淫也,吾滋惧矣! 先王著《考工》,盖早辨之焉[13]。

## 【作者简介】

宋起凤,生卒年不详,字来仪,号紫庭,沧州(今属河北)人。副贡生,历官灵丘、乐阳县令,康熙元年(1662),擢广东罗定州知州,所到之处"廉明宽大,惠政多端"(《灵丘县志》)。晚好游,足迹几遍天下。有《稗说》四卷,未刊行。

## 【注释】

[1]季弟:兄弟中排行次序最小的。

[2]雉:城垛。

[3]桴:鼓槌。

[4]章:棵。

[5]衲:和尚穿的衣服。此指和尚。

[6]小陀:小和尚。

[7]半黍:半分长。

[8]舣:音 yǐ,船靠岸。

[9]浮屠:宝塔。

[10]各殊致殊意:谓神态各不相同。

[11]纳须弥于芥子:佛教语。言偌大的须弥山纳于芥子之中。暗喻佛法的精妙无处不在。须弥:须弥山。指帝释天、四大天王等居所。喻极为巨大。芥子:蔬菜子粒。佛家以之喻极为微小。

[12]绢:丝织的薄纱或薄绢。荐酒:劝酒。

[13]按:文末有张山来评语:宋人以象为楮叶,杂之真叶中,不能辨审。若是,则曷不摘真楮叶玩之乎? 今之鬼工桃核,精巧绝伦,人皆以其核也而宝之,庶不虚负此巧耳!

# 西城别墅记

## 清·王士禛

【提要】

　　本文选自《王渔洋诗文选注》（齐鲁书社 1982 年版）。

　　西城别墅，康熙二十四年（1685），由王士禛主持，在其曾祖王之垣的长春园故址上增葺修缮而成。

　　文中，王士禛详细记录了西城别墅整修重建的前因后果及面貌：康熙甲子（1684），作为东宫少詹事兼翰林侍讲学士的他，在奉命祭告南海妈祖后，便打算辞官回乡侍养曾任国子监祭酒的父亲王与敕，其子王启涷为他整修栖息读书之所。石帆亭上"覆以茅茨，窗槛皆仍其旧"，亭可以歇息远观，轩可以阅读啸歌，而结茅三楹的地方则称"双松书屋"。

　　旧屋修葺之后，新添的堂宅园林有宸翰堂、绿萝屋等。"有轩向南，左右佳木修竹。轩后有太湖巨石，玲珑穿漏，曰大椿轩。轩南室三楹，回廊引之，曰绿萝书屋。其上方广，可以远眺，曰啸台。薜荔下垂，作虬龙拏攫之状，百余年物也。"

　　西城别墅，又称王渔洋故居，位于今山东淄博桓台县。

　　**西**城别墅者，先曾王王父司徒府君西园之一隅也。初，万历中府君以户部左侍郎乞归养，经始此园于里第之西南，岁久废为人居，唯西南一隅小山尚存。山上有亭，曰"石帆"。其下有洞，曰"小善卷"。前有池，曰"春草池"。池南有大石横卧，曰"石丈山"。北有小阁，曰"半偈阁"。东北有楼五间，高明洞豁[1]，坐见长白诸峰。前有双松甚古。曰"高明楼"。楼与亭皆毁于壬午之乱[2]，唯松在焉。

　　康熙甲子[3]，予以少詹事兼翰林侍讲学士，奉命祭告南海之神，将谋乞归侍养祭酒府君，儿涷念予归无偃息之所[4]，因稍葺所谓石帆亭者，覆以茅茨，窗槛皆仍其旧，西尻而东首[5]，南置三石，离立曰三峰。亭后增轩三楹，曰樵唱。直半偈阁之东偏，由山之西修廊缭绍[6]，以达于轩阁。由山之东，有石坡陀，出亭之前，左右奔峭，嘉树荫之，曰"小华子冈"。冈北石蹬下属于轩阁，其东南皆竹也。南有石蹬，与洞相直。洞之右以竹为篱，至于池南。篱东一径出竹中，以属于蹬，曰"竹径"。其南限重关内外皆竹，榜"茂林修竹"四大字，岌岌飞动[7]，临邑邢太仆书也。楼既久毁，葺之则力有不能，将于松下结茅三楹，名之曰"双松书坞"。西园故址尽于此。

出宸翰堂之西,有轩南向,左右佳木修竹。轩后有太湖巨石,玲珑穿漏,曰"大椿轩"。轩南室三楹,回廊引之,曰"绿萝书屋"。其上方广,可以眺远,曰"啸台"。薜荔下垂[8],作虬龙拏攫之状[9],百余年物也。是为西城别墅。

予尝读李文叔《洛阳名园记》[10]、周公谨所记《吴兴园圃》[11],水石亭馆之胜,甲于通都,未几,已为樵苏刍牧之所[12]。而先人不腆敝庐,饱历兵燹,犹得仅存数椽于劫灰之后,岂非有天幸欤?

予以不才被主知,承乏台长,未能旦夕归憩于此。聊书其颠委,以为之记,示吾子孙,俾勿忘祖宗堂构之意云。或笑之曰:"是蕞尔者[13],何以记为?"予曰:"非然也。释氏书言维摩诘方丈之地,能容三万二千师子座[14];第三禅遍净天上,六十人共坐一针头听法。能作如是观,安在吾庐之俭于洛阳、吴兴乎?"因并书之。

## 【作者简介】

王士禛(1634—1711),字子真,贻上,号阮亭,又号渔洋山人,谥文简,山东新城(今桓台县)人,常自称济南人。顺治十五年(1658)进士。十六年,任扬州推官。康熙十七年(1678),转侍读,入值南书房。升礼部主事,四十三年(1704),官至刑部尚书。不久,因受牵连被革职回乡。四十九年(1710),帝眷念旧臣,特诏官复原职,因避雍正讳,改名士正。乾隆赐名士祯,谥文简。有《渔洋山人精华录》《蚕尾集》《池北偶谈》《香祖笔记》《居易录》《渔洋文略》《渔洋诗集》《带经堂集》《感旧集》《五代诗话》等。

## 【注释】

[ 1 ]洞豁:深广。

[ 2 ]壬午之乱:明崇祯十五年(1642),明朝天灾人祸频发,内忧外困交炽。这年十一月,清兵入蓟州,连破济南、山东州县。

[ 3 ]康熙甲子:1684 年。

[ 4 ]偃息:休养,歇息。

[ 5 ]尻:音 kāo,屁股,末端。

[ 6 ]缭绍:谓连级承续。

[ 7 ]岌岌:急速貌。

[ 8 ]薜荔:植物名。又称木莲。常绿藤本,蔓生,叶椭圆形,花极小,隐于花托内。果实富胶汁,可制凉粉,有解暑作用。

[ 9 ]拏攫:亦作"攫拏"。以爪相持。

[10]李文叔:即李格非(约 1045—1105),北宋文学家。字文叔。李清照父。

[11]周公谨:周密(1232—1298),字公谨,号草窗。南宋词人、文学家。祖籍济南。为南宋末年雅词词派领袖。晚年安家吴兴(今属浙江湖州)。

[12]樵苏:砍柴刈草。刍牧:割草放牧。

[13]蕞尔:小貌。蕞:音 zuì。

[14]师子座:释迦牟尼的坐席。《大智度论》:佛为人中师子,佛所坐处,若床若地,皆名师子座。

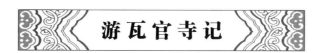

## 清·王士禛

**【提要】**

本文选自《王渔洋诗文选注》(齐鲁书社 1982 年版)。

瓦官寺在今南京凤台山。东晋元帝时,丞相王导在此置陶官,主管陶器作坊。晋哀帝兴宁二年(364),诏移陶官于淮水之北,遂以南岸陶地赐给僧人慧力建寺,即瓦官寺。不久,慧力另建一塔。竺法汰驻锡时,更开拓堂宇,兴建重门。奉勒讲《放光经》,晋简文帝亲临听讲,王侯公卿云集,寺名因而大盛。又有竺僧敷、竺道一、支遁林等人亦来驻锡,开讲席。

东晋太元二十一年(396)七月,瓦官寺遭火灾,堂塔成为灰烬。孝武帝旋即敕令兴复。恭帝元熙元年(419),又于寺内铸造丈六释迦像。梁武帝时,凤台山上建瓦官阁,高三百四十尺,大江前环,平畴远映,清晨影落江水,日暮返照人郭。唐人有诗赞之云:"云散便凝千里望,日斜常占半城阴",极言此阁之雄伟壮观。李白的《凤凰台》:"凤凰台上凤凰游,凤去台空江自流。吴宫花草埋幽径,晋代衣冠成古丘。三山半落青天外,二水中分白鹭洲。总为浮云能蔽日,长安不见使人愁。"更是让瓦官寺声名远播。陈光大元年(567),天台智颢驻此,讲《大智度论》及《次第禅门》,深获朝野崇敬,僧俗负笈来学者不可胜数。寺运隆盛。

唐宋时期,瓦官寺又有升元寺、崇胜寺等称呼。至明初,寺院完全荒废。一部分改成徐魏公之族园,另一部分则成为骁骑之卫仓。嘉靖年间(1522—1566),在徐公园侧兴建积庆庵,称为古瓦官寺。万历十九年(1591),僧圆及诸檀越商议筹募资金,在凤凰台右建立丛桂庵,并赎回台地,重建殿宇,称为上瓦官寺。而改称积庆庵为下瓦官寺。

王士禛所见的瓦官寺即是此时的情景:"高柳青溪,御风以往,至凤游寺,即上瓦官也。""稍西南为下瓦官寺,藤梢橘刺,数折始得寺门,清迥视上瓦官不啻过之。寺有唐幡,相传天后锦裙所制。锦作浅绀色,云龙隐起,四角缀十二铃。"作者一一记录所见到的上下瓦官寺。

他的眼里,瓦官寺里的万竹园、青嶰堂,看到"琅玕万个,流云欲归,蝉鸟乱鸣",更有"烟雾荟郁"的堂前池塘,所以他心生"高枕此中"之念。

王士禛游金陵诸刹在康熙二年(1663)。

$\mathbf{金}$陵城西南隅最幽僻处,古瓦官寺在焉。邓太史元昭招予结夏万竹园[1]。园与寺邻,喜胜地落吾手也。时方燠甚[2],忽云叶四垂,雨如屈注,淮水暴涨三、四尺。高柳青溪,御风以往,至凤游寺,即上瓦官也。

按葛寅亮记云[3],寺一更于升元,再废于崇胜,戒坛洪武初荡然无存。其地半入骁骑仓[4],半入徐魏公族园[5]。万历十九年,魏公慨然布金,遂复瓦官升元之旧。

殿左空圃有土阜,高丈许,上多梧桐林,即古凤凰台址。今寺去江远甚,台仅培塿[6],不可以望远。太白诗所谓"一风三日吹倒山,白浪高于瓦官阁",故迹沧桑,不可复考。太史谓瓦官旧在城外,濒于江,明初广拓都城,始入城内云。

稍西南为下瓦官寺,藤梢橘刺,数折始得寺门,清迥视上瓦官不啻过之[7]。寺有唐幡,相传天后锦裙所制[8]。锦作浅绀色,云龙隐起,四角缀十二铃。陆龟蒙《古锦记》云[9],瓦官寺有陈后主羊车一轮[10],武后锦裙一幅。今羊车不可见,而此裙宛然。又志,称师子国玉佛、戴安道佛象、顾长康《维摩图》[11],为此寺三绝。皆化去。老狐看朱成碧[12],以此狐媚世尊[13],勿乃不可?顾千载而下,犹与金石同寿,事固有不可解者矣。六朝时,名僧支道林、法汰之流[14],皆居此。顾虎头、伏曼容宅正在寺侧[15],风流弘长,于古为最,殊恨古人不我见也。

入万竹园,饮青嶰堂,出华林部奏伎堂侧,琅玕万个[16],流云欲归,蝉鸟乱鸣,意高枕此中,不复成梦。堂前有池如半规,烟雾荟郁[17]。太史云池每夕必有气,絪缊轮囷[18],登阁望之,如匹练然。漏下三十刻,相约以明日访六朝松石,乃别去。

**【注释】**

[1]邓太史元昭:邓旭,字元昭。清寿州(今湖南怀化辰溪西北)人。曾为翰林院检讨,故称太史。有《林屋诗集》。结夏:佛教僧尼自农历四月十五日起静居寺院九十日,不出门行动,谓之。又称结制。

[2]燠:音yù,暖。

[3]葛寅亮:字冰鉴,号屺瞻。明代钱塘(今浙江杭州)人。万历二十九年(1601)进士。万历三十五年主持南京祠部,先后为报恩、栖霞、瓦官、天界等寺撰写碑文,编有《金陵梵刹志》。该书为研究明代佛教史的重要典籍。

[4]骁骑仓:明代骁骑卫屯粮之所,位于城西南隅凤台冈。

[5]徐魏公:即徐达。明代开国功臣,封魏国公。

[6]培塿:音pǒu lòu,小土丘。

[7]清迥:清明旷远。不啻:不止。啻,音chì。

[8]天后:指武则天。

[9]陆龟蒙(?—881):唐朝苏州人。字鲁望,别号天随子、甫里先生等。农学家、文学家。有《甫里先生文集》等。

[10]陈后主:名叔宝,字元秀。南北朝时陈国皇帝。在位时大建宫室,不理朝政,宠幸张丽华等,作《玉树后庭花》。终亡国。羊车:小车。唐人孙元晏《咏史》:"叔宝羊车海内稀,山家女婿好风姿。江东士女无端甚,看杀玉人浑不知。"

[11]师子国:古国名,即今斯里兰卡。戴安道:戴逵(326—396)。东晋艺术家。字安道。谯郡(今安徽亳州市谯城)人。终身不仕,博学多才,善鼓琴,工人物、山水。顾长康:即顾恺之(348—409)。东晋画家,绘画理论家、诗人。字长康。晋陵无锡人。工诗赋、书法,尤善绘画。精于人像、佛像等,时人称为三绝:画绝、文绝、痴绝。

[12]老狐:指武则天。看朱成碧:指前述锦裙色绀(红青,微带红的黑色),谓以假乱真。

[13] 狐媚:谓以阴柔手段迷惑人。犹糊弄。世尊:佛陀的尊称。

[14] 支道林:本名支遁(314—366),以字行。俗姓关,陈留(今河南开封)人,一说河东林虑(今河南林县)人。东晋佛教学者、高僧。二十五岁出家。后至建康(今江苏南京)讲经,与谢安、王羲之等交游,好谈玄理。注《庄子·逍遥游》,见解独到。作《即色游玄论》,宣扬"即色本空"思想,为般若学六大家之一。法汰(320—387):东莞人,少与道安、竺法雅等师事佛图澄。佛图澄圆寂后,法汰以师礼事道安。法汰至都,止住瓦官寺。晋简文帝深相敬重,请讲《放光般若经》。开题大会,帝亲临,王侯公卿无不毕集。开讲日,僧俗观听,士女成群。法汰形解过人,风姿可观,含吐蕴藉,词若兰芳,名士王洽、王珣、谢安等皆表钦敬。

[15] 顾虎头:顾恺之小字虎头,故称。伏曼容(421—502):字公仪。南朝齐、宋大臣,著名儒士。

[16] 琅玕:翠竹的美称。

[17] 荸郁:同"勃郁",浓盛貌。荸,音 bó。

[18] 絪缊:亦作"絪氲"。形容云烟弥漫、气氛浓盛的景象。

## 乙亥北行日记

### 清·戴名世

**【提要】**

本文选自《历代游记选》(湖南人民出版社 1980 年版)。

康熙乙亥年(1695)六月九日开始,戴名世从南京出发,一路北上,七月初二日至北京,历时 20 余天。

刚出发时,刘大山、刘文虎、郭汉瞻、吴佑咸诸好友接踵而至,为其送行。

一路上,"甫行数里,见四野禾油油然,老幼男女,俱耘于田间"。"过一农家,其丈夫方担粪灌园,而妇人汲井且浣衣;间有豆棚瓜架,又有树数株郁郁然,儿女啼笑,鸡鸣犬吠。"作者感叹道:"此家之中,有万物得所之意,自恨不如远甚也!""屋舍湫隘,墙壁崩颓,门户皆不具。"这一年,淮河流域发大水了,"自任丘以北,水泛溢,桥梁往往皆断,往来者乘舟,或数十里乃有陆。陆行或数里,或数十里,又乘舟"。戴名世说,"昔天启中,吾县左忠毅公为屯田御史,兴北方水利,仿佛江南"。

戴名世还记录下在山东东阿见到的饮酒拇战而导致的打斗,"见两人皆大醉,相殴于淖中,泥涂满面不可识。两家之妻,各出为其夫,互相詈,至晚乃散"。还记下了"芦沟桥及彰义门,俱有守者,执途人横索金钱,稍不称意,虽襆被欲俱取其税,盖榷关使者之所为也"。所记所摹活脱脱一幅社会风俗画卷。

六月初九日,自江宁渡江。先是浦口刘大山过余[1],要与同入燕[2];余以赀用不给[3],未能行。至是徐位三与其弟文虎来送;少顷,郭汉瞻、吴佑咸两人亦至。

至江宁闸登舟,距家数十步耳。舟中揖别诸友;而徐氏兄弟,复送至武定桥,乃登岸,依依有不忍舍去之意。

是日风顺,不及午,已抵浦口,宿大山家。大山有他事相阻,不能即同行。而江宁郑滂若适在大山家。滂若自言有黄白之术[4],告我曰:"吾子冒暑远行,欲卖文以养亲,举世悠悠,讵有能知子者[5]?使吾术若成,吾子何忧贫乎?"余笑而颔之。

明日,宿旦子冈。甫行数里,见四野禾油油然,老幼男女,俱耘于田间。盖江北之俗,妇女亦耕田力作;以视西北男子游惰不事生产者,其俗洵美矣[6]。偶舍骑步行,过一农家,其丈夫方担粪灌园,而妇人汲井且浣衣;间有豆棚瓜架,又有树数株郁郁然,儿女啼笑,鸡鸣犬吠,余顾而慕之,以为此家之中,有万物得所之意,自恨不如远甚也!

明日抵滁州境,过朱龙桥——即卢尚书、祖将军破李自成处[7],慨然有驰驱当世之志。过关山,遇宿松朱字绿、怀宁笪元彦从陕西来。别三年矣!相见则欢甚,徒行携手,至道旁人家纵谈,村民皆来环听,良久别去。过磨盘山,山势峻峭,重叠盘曲,故名,为滁之要害地。是日宿岱山铺,定远境也。

明日宿黄泥冈,凤阳境也。途中遇太平蔡极生自北来。薄暮,余告圉人[8]:"数日皆苦热,行路者皆以夜,当及月明行也。"乃于三更启行。行四五里,见西北云起。少顷,布满空中,雷电大作,大雨如注,仓卒披雨具,然衣已沾湿。行至总铺[9],雨愈甚。遍叩逆旅主人门[10],皆不应。圉人于昏黑中寻一草棚,相与暂避其下。雨止,则天已明矣。道路皆水弥漫,不辨阡陌。私叹水利不修,天下无由治也;苟得良有司[11],亦足治其一邑,惜无有。以此为念者。仰观云气甚佳:或如人,或如狮象,如山,如怪石,如树,倏忽万状。余尝谓看云宜夕阳,宜雨后,不知日出时看云亦佳也。是日仅行四十里,抵临淮[12],使人入城访朱鉴薛,值其他出。薄暮,独步城外。是时隍中荷花盛开,凉风微动,香气袭人,徘徊久之,乃抵旅舍主人宿。

明日渡淮。先是,临淮有浮桥,往来者皆便之。及浮桥坏不修,操舟者颇因以为奸利。余既渡,欲登岸,有一人负之以登,其人陷淖中,余几堕,岸上数人来,共挽之,乃免。是日行九十里,宿连城镇,灵壁县境也。

明日为月望,行七十里而宿荒庄,宿州境也。屋舍湫隘[13],墙壁崩颓,门户皆不具。圉人与逆旅主人有故,因欲宿此。余不可,主人曰:"此不过一宿耳,何必求安!"余然之。是日颇作雨而竟不雨。三更起,主人苛索钱不已。月明中行数十里,余患腹胀不能食,宿褚庄铺。

十七日渡河,宿河之北岸。夜中过闵子乡,盖有闵子祠焉;明孝慈皇后之故乡也[14]。徐、宿间群山盘亘,风气完密;而徐州滨河,山川尤极雄壮,为东南藩蔽,后必有异人出焉。望戏马台[15],似有倾圮。昔苏子瞻知徐州[16],云:"戏马台可屯千人,与州为犄角。"然守徐当先守河也。是日热甚,既抵逆旅,饮水数升,顷之,雷声殷殷起[17],风雨骤至,凉生,渴乃止。是夜腹胀愈甚,不能成寐,汗流不已。

明日宿利国驿[18]。忆余于己巳六月[19],与无锡刘言洁,自济南入燕,言洁体肥畏热,而羡余之能耐劳苦寒暑。距今仅六年,而余行役颇觉委顿[20]。蹉跎苒苒[21],精力向衰,安能复驰驱当世!抚髀扼腕[22],不禁喟然而三叹也!

明日,宿滕县境曰沙河店。又明日,宿邹县境曰东滩店。是日过孟子庙,入而瞻拜,欲登峄山[23],因热甚且渴,不能登也。明日,宿汶上。往余过汶上,有吊古诗,失其稿,犹记两句云:"可怜鲁道游齐子[24],岂有孔门屈季孙[25]!"余不复能记忆也。

明日,宿东阿之旧县。是日大雨,逆旅闻隔墙群饮拇战[26],未几喧且斗。余出观之,见两人皆大醉,相殴于淖中,泥涂满面不可识。两家之妻,各出为其夫,互相詈[27],至晚乃散。乃知先王罪群饮[28],诚非无故。

明日宿茌平。又明日过高唐,宿腰站。自茌平以北,道路皆水弥漫,每日辄纡回行也。闻燕赵间水更甚,北行者皆患之。

二十六日,宿阜城,夜梦裴媪。媪于余有恩而未之报,今岁二月,病卒于家,而余在江宁,不及视其含敛[29],中心时用为愧恨!盖自二月距今,入梦者屡矣。

二十七日,宿商家林。二十八日,宿任丘。二十九日,宿白沟。白沟者,昔宋与辽分界处也。七月初一日,宿良乡。是日过涿州,访方灵皋于舍馆[30],适灵皋往京师。在金陵时,日与灵皋相过从,今别四月矣,拟为信宿之谈而竟不果[31]。及余在京师,而灵皋又已反涿,途中水阻,各纡道行,故相左。盖自任丘以北,水泛溢,桥梁往往皆断,往来者乘舟,或数十里乃有陆。陆行或数里,或数十里,又乘舟。昔天启中[32],吾县左忠毅公为屯田御史[33],兴北方水利,仿佛江南。忠毅去而水利又废不修,良可叹也!

初二日,至京师。芦沟桥及彰义门,俱有守者,执途人横索金钱,稍不称意,虽襆被欲俱取其税[34],盖榷关使者之所为也。涂人恐濡滞[35],甘出金钱以给之。惟徒行者得免。盖辇毂之下而为御人之事[36],或以为此小事不足介意,而不知天下之故,皆起于不足介意者也。是日大雨,而余襆被书笈,为逻者所开视[37],尽湿,涂泥被体。抵宗伯张公邸第[38]。盖余之入京师,至是凡四,而愧悔益不可言矣!

因于灯下执笔,书其大略如此。

## 【作者简介】

戴名世(1653—1713),字田有,一字褐夫,号南山,别号忧庵,"桐城派"奠基人、文学家。康熙二十六年(1687),以贡生考补正兰旗教习,授知县,因愤于"悠悠斯世,无可与语",不就。漫游燕、越、齐、鲁、越之间。四十八年,中进士第一,殿试中一甲二名(榜眼),授翰林院编修,参与明史编纂。两年后,左都御史赵申乔疏《南山集》"南明抗清"等事实,称他"倒置是非,语多狂悖",他被录下狱。康熙五十三年被杀。此案株连数百人,震动儒林。有《戴南山先生全集》。

## 【注释】

[1]浦口:在江苏南京西北,长江北岸。过余:探望我。

[2]要:同"邀"。

[3]赀用:钱财费用。赀:通"资"。

[4]黄白之术:指道家的炼丹术。相传道家有烧炼丹药点化金银的法术。黄白:黄金和白银。

[5]讵:岂,怎。

[6]洵美:确实美。洵:实在,确实。

[7] 朱龙桥:在今安徽滁州市境。卢尚书:即卢象升(1600—1638)。字建斗,号九台,又字斗瞻、介瞻。明常州宜兴人,天启进士。授户部主事,擢员外郎,死后追赠兵部尚书,南明福王时追谥"忠烈",清朝追谥"忠肃"。崇祯九年(1636)正月,高迎祥、李自成等陷含山、和州,进围滁州。象升在西沙河闻警,率总兵祖宽、游击罗岱疾驰五昼夜抵滁,大战于城东五里桥。祖宽陷阵先登,象升斩摇天动,夺其骏马,贼连营俱溃,大军乘胜逐北,风驰电掣,一夫当十,呼声震屋瓦,追击五十里。自城东至关山之砗龙桥,横尸枕藉,填沟委堑,滁水为之不流。有《卢忠肃公集》。祖将军:即祖宽(?—1639)。明末辽东(今辽宁辽阳)人。少有勇力,升至宁远参将、副总兵。崇祯八年(1635),以三千关宁军镇压农民军,卢象升说:"援剿之兵,惟祖大乐、祖宽所统辽丁为最劲,杀贼亦最多。"但祖宽骄横,兵马所过之处焚毁民宅,奸淫妇女。卢象升战死后归洪承畴。崇祯十一年冬,清兵南下,师援山东。次年济南失守,以"失陷藩封罪"处死。

[8] 圉人:马夫。

[9] 总铺:镇名。在今安徽凤阳县东南。

[10] 逆旅:客舍,旅馆。

[11] 有司:指官员,官吏。

[12] 临淮:地名。在今安徽凤阳、定远一带。

[13] 湫隘:低下狭小。

[14] 孝慈皇后:即马秀英(1332—1382),朱元璋妻。朱称帝时封后。生于宿州市北70里闵子乡新丰里。其父因仗义杀人携女逃往定远,将女儿托付给郭子兴。后郭子兴起义,占据濠州(今凤阳),在皇觉寺当和尚的朱元璋加入。由于他有勇有谋,连立战功,郭子兴将义女马氏许配给朱元璋为妻。《明史》称马皇后仁慈有智鉴,好书史,是位仁慈、善良、俭朴、爱民的一代贤后。她劝谏朱元璋,保全了许多忠臣良将的性命;善待后宫嫔妃,不为娘家谋私利;开创了明朝后宫和外戚不干政的风气。谥曰孝慈皇后。

[15] 戏马台:在今江苏徐州市中心户部山岗上。前206年,项羽灭秦后,自立为西楚霸王,定都彭城,于城南山上构崇台,以观戏马,故名。

[16] 苏子瞻:即苏轼。熙宁十年(1077)至元丰二年(1079)三月任徐州知州。

[17] 殷殷:象形词。

[18] 利国驿:在江苏铜山县东北八十里,接山东峰县界。

[19] 己巳:康熙二十八年(1689)。

[20] 委顿:疲乏,憔悴。

[21] 荏苒:谓辗转迁徙。

[22] 髀:音 bì,股部,大腿。

[23] 峄山:在山东邹县东南,一名邹峄山、邾峄山。

[24] 鲁道游齐子:指春秋时鲁桓公的夫人文姜。她本是齐僖公的女儿,但她与同父异母哥哥齐襄公乱伦。《诗经·齐风》:"南山崔崔,雄狐绥绥。鲁道有荡,齐子由归。既曰归止,曷又怀止?"批评的就是兄妹淫乱,鲁桓公纵容文姜而不防闲,致遭杀身之祸。

[25] 孔门屈季孙:《论语·雍也》载:季孙氏请孔子弟子闵子骞做其私邑长官,闵说:"善为我辞焉,如有复我者,则吾必在汶上矣。"孔门:孔子门徒。此指闵子骞。他不愿意担任季孙氏家臣。

[26] 拇战:猜拳。

[27] 詈:音 lì,骂。

[28]"先王"句:《尚书·酒诰》:"群饮,汝勿佚,尽执拘以归于周,予其罪。"意为,有人群聚饮酒,你不要姑息,全部逮送京城来,我来办他们的罪。这是周武王对其弟康叔的训辞。

[29]含敛:古时死人入殓时,口中放入珠玉等物,称之。

[30]方灵皋:即方苞。号望溪。清桐城派作家。舍馆:客舍。

[31]信宿:谓两三日。

[32]天启:明熹宗朱由校年号,1621—1627年。

[33]左忠毅公:指左光斗(1575—1625)。字遗直,号浮丘。明桐城(今枞阳)人。天启元年,领直隶屯田事,上"足饷无过屯田,屯田无过水利"疏,在北方疏沟渠、开陂塘、修堤坝,鼓励军民屯垦,并把南方良种水稻引入北方。大大促进了北方农业的发展。后因对抗大宦官魏忠贤,下狱死。弘光时平反,谥曰忠毅。

[34]襆被:本指用袱子包扎衣被、整理行袋。这里指行李包裹。

[35]濡滞:延迟,耽搁。

[36]辇毂下:指京城。犹言在皇帝车驾之下。御人:指拦路打劫。

[37]逻者:巡逻的人。

[38]宗伯:礼部尚书的别称。张公:即张英(1637—1708)。字敦复,号乐圃。官至文华殿大学士,礼部尚书。与其子张廷玉称"父子宰相"。

# 赞理河务佥事陈君墓表

## 清·戴名世

**【提要】**

本文选自《戴名世集》(中华书局1986年版)。

陈潢是治河名臣靳辅(1633—1692)的幕僚,靳辅治河成功仗陈潢之策,这层关系在这份《墓表》中清清楚楚。靳辅字紫垣,汉军镶黄旗人。由官学生考授国史院编修。历任内阁中书、兵部郎中、右通政、国史院学士。康熙九年(1670)任内阁学士。十年任安徽巡抚,有政绩。十六年八月任河道总督。用幕友陈潢建议,提出治黄、淮、运计划。

陈潢(1638—1689),字天一,号省斋,浙江钱塘人。博学,于农桑、地理之学无所不通。尤长于水利。自康熙十二年入靳辅幕,为靳氏幕友17年。靳、陈治水继承潘季驯束水攻沙方略,更有目的地逼淮注黄,蓄清刷浑;更多地建黄河南岸减水闸坝,分减黄涨,沿途澄清,下入洪泽湖助长清水。他们与潘季驯不同的是开中河行运,与黄河分开,并主张疏浚海口。靳辅就任时,根据陈氏意见上经理河工事宜八疏,提出统一治理黄、淮、运。先疏下流,后治上淤。堵江南黄河及运河清水潭等大决口,开洪泽湖尾四河,疏浚清口至云梯关河道,筑夹水堤百里。创筑黄河减水坝,延长洪泽湖南端大堤。至康熙二十二年(1683),黄河复归故道。接着,二十三年提出开中运河,至二十七年开成。随后,黄运分离,只交会于清口。旧险尽去,此后数十年水灾大减。二十六年陈潢以功被授赞理河务佥事。二十四年后,以里下河水灾,朝臣谋求淮水出路。靳、陈建议修高家堰重堤及高 1.5 丈大堤束水归海,反对者很多。又因水退田出,靳招民垦殖,下属挟私贪污不法。二十七年初,靳辅遭御史弹劾夺职,陈潢被逮入京,病死。三十一年,靳辅复任总河,上疏讼陈潢之冤,是年靳病故,谥文襄。

陈潢治河言论有崔应阶等整理而成得《治河方略》8 卷,张霭生辑其言论汇为《河防述言》12 篇。

清代皇帝中,康熙在治河上用功尤多。康熙十六年(1677),开始着手治理河患。首命靳辅为河道总督,继之以于成龙、张鹏翮、张伯行、陈鹏年。不仅如此,他的六次南巡,其最紧要的目的只有一个,即视察河工,疏导黄淮入海。康熙二十三年(1684)他第一次南巡时,登上洪泽湖东高家堰等处堤坝视察,即兴作《阅河堤诗》,亲书赐给靳辅,奖励他治河数年“著有成效”,要求他“益加勉励,早告成功,使百姓各安旧业”。靳辅果然不负重托,他在陈潢协助下,用 8 年时间大体上治理了河患。从靳辅治河见效后,黄淮水系 50 余年未发生大的水患。

值得一提的是,康熙不仅能任用靳辅等优秀治河人才治理水患,还极重视亲身实践。他南巡时,曾亲自用水平仪检查河工质量。还在宫中制作河道模型,灌水测验水势。他说:“河道关系漕运、民生,若不深究地利水性,随时权变,惟执纸上之陈言,或徇一时成说,则河工必至于坏。”靳辅去世后,玄烨更具体地督治河工。他不断访问老河工,学习水利知识,总结治河经验,钻研治河技术。他提出的培堤束水以刷深河身、筑堤与挖河身并行、使水分流以减轻黄河水倒灌运河等具体措施,实施后都收到了良好效果。康熙四十二年(1703),他四次南巡时乘舟检阅河工,看到黄河河身刷深后水位下降,昔日受涝洼地获得收成,不禁欣喜地说:“河工大约已成功矣!”(耿戈军《康熙治河》,参见 2000 年 7 月 14 日《光明日报》)。

除重点治理黄淮水系外,玄烨对其他江河的治理也十分关注。据《奉天通志》载,我国东北“辽河官堤之设,盖始于有清康熙”。为了使关东粮食北运,康熙二十二年(1683),曾派人测量浑同江与辽河间的水位,打算将伊通河与东辽河沟通航运。康熙五十年(1711),他还派员勘测过图们江和鸭绿江。

晚年,康熙仍主持治理了永定河。永定河紧临北京,原名浑河,从黄土高原挟带大量泥沙,经常淤塞决口,素有“小黄河”之称。早在康熙三十七年(1698),康熙曾在郭家务(今北京大兴县南)的浑河堤上,亲自测量出河床已高出堤外地面,得知浑河已成为“地上悬河”。他还了解到,浑河流经京南固安、永清,与清河汇流,至霸州后水势陡增,最易发生河患。于是,他就调集民工,从京西良乡起,经固安、永清,开挖了一条长达 200 多里的新河道,使洪水分流下泄。并于两岸修筑堤防,浑河从此安流。工程完工时,为表治河成功,康熙将浑河改名为永定河。

天之生才难矣,或百千万人之中而生一才焉,或百千万人之中而不得一才。及其生之也,则又多废弃不得有所施设[1]。而有所施设者,往往又穷于名位之无以自见。而或有所附托以成功名,其间又或功已垂成而败,以不能竟其用。呜呼,此可为太息流涕者也!

康熙十有二年[2]，河决，南北运道梗。上咨于群臣，举能平治之者，廷臣奏言，巡抚安徽侍郎靳辅足当其任，制曰："可。"于是遂以大司马总制河道，而携其客陈君天一以行。先是司马之奉命抚皖也，思得度外之士与俱，闻陈君名，聘致幕府。司马故好士，一见奇之，待以上客。君亦曰："吾所见士大夫多矣，皆龊龊不能用大度之言。吾今见司马，是诚可与共功名者。"遂留司马幕府，先后凡十有七年。司马推心委任，悉听其计画[3]，故所至功绩迄用有成。

当滇南之变起也[4]，皖据长江上游，为江南门户，军行络绎不绝。君凡为司马所条陈，往往先中。会司农以军兴度支不继，议天下骑置岁费金钱数百万，减之可佐兵食，因下其事巡抚议之。君告司马曰："驿之敝由于驰骑太多，今自王公将军以下，不论事之大小缓急，凡有驰奏辄须三骑，还时且至十余骑，是一事而用十余骑也。今除军政重事而外，卒汇三事传奏，而仅须一骑，驿困且苏，统计之可减费十四五，岁节财百余万矣。"司马以为然，上其议于朝，遂著为令。

当河之决也，山东、淮北皆苦之。司马筑清水潭，改南北两运口，而河与淮及运河皆安，其策实自君发之。清水潭者，淮水由高家堰、高良涧决于高邮、宝应两湖，而两湖又从此决为大潭，下河七州县所由之道也。先是屡筑辄坏，岁久，潭益深且广。南运口者，由运河以入于黄，北运口者，由黄以入于运河之道也。运河与黄通，受黄之灌，致泥沙淤塞，岁须挑浚，自运漕以来，官民俱困于此。司马召一府中官吏共议之，言人人殊。君延袤荒度，报司马曰："疏浚当先浚其下，塞决则先治其上。前清水潭之屡塞屡决者，由上流未断也。今上流有减水坝者三十里，诚能堤而塞之，则上流既治矣，然后越潭避险，相视河中浅处筑堤，使堤根牢固，自能垂久。夫越险而筑堤似迂，且视筑清水潭之道里长且数倍，然一深一浅，其为难易固悬绝矣[5]。故工部费帑六十万金者，今不过十万金足矣。北运口为黄所灌者，盖以运口辽阔，黄涨漫及运河，及黄落则水流缓而沙易停，且黄水东流，运北注，黄涨水高，势自横夺。法当高运河之水而亦东之。案，水下行一里当低一寸，今杜运河之水，不由辽阔之口以与黄河相狎，而于大泽中迤东凿河二十里，以约束运河之水，可高于黄二尺。运河之水既湍迅东注，于黄则又安能回波逆流而灌运河哉。其南运口居黄下流，故益为黄所胶，所当远黄就淮，而移其闸于淮内，则运河所受惟淮水，淮水清，可以无泥沙淤塞之患矣。"司马以为然。于是一府争之，皆以为不可。"减水坝者，所以泄淮之怒也，已数十百年于今。夫以淮之暴，虽分泄其怒而陂障之尚难，谚曰：'具费千金，不敌西风一浪。'今尽筑上流，是下决未塞而上壅先溃也。"或又曰："湖中筑堤与大泽中凿河，皆事所未经。且向也工程六十万金，今且减其八，其何能济。"君持议益坚，司马卒从君策，未几而筑塞皆成。君先是预度为时几何，役夫几何，土石材木几何，及是皆如君言。盖自是清水潭不再决，而两运口不再塞。事竣矣，一府中乃服君之能，且叹司马之知人能用君之策也。

岁甲子[6]，上南巡阅河，河害悉平，上大喜，问司马曰："向曾得士与共理乎？"司马对曰："臣客有陈潢者，实赞其成。"潢即君讳也。上即命侍臣书君姓名佩之。既而司马屡欲以君功入告，君固辞曰："潢幸获从公，公不鄙其言而用之足矣,顾安用爵禄为。且夫黄河自古治而旋坏者,无他,既治之后,不为善后之计也。今幸河灾已平,一治不复坏,非明公不能成此功,潢窃愿布衣相终焉。今夫黄河地中行,淤地所在多有,辟而耕之,三年所获,可以偿前此之费,过此以往,其息亦无涯。即以每岁所获,次第为善后之计,则经费有出矣。请更于黄河南岸坚筑高堤六百里,而于河之北岸更凿中河一道,障之以堤,复于中河迤北,间以重河,而亦障之以堤,使山东之水由此入海,复相地形,多建闸坝。夫河行千里即有千里内之溪涧行潦从之,迨黄河骤涨而又加以附从之水,于是河身不能容纳,东西冲突,以故堤为所决。决则不由正道,水无所归,而上流于是乎亦决。诚引山东之水别有入海之道,则黄不忧其加涨,而且有所从泄,其南岸又有坚堤以为之障,则下流不忧其埂溃。夫下流不壅,则上流有归,将黄河从此不复他徙矣。且国家漕艘自南而北,取道黄河二百里,雇募挽溜之费[7],每船辄数十金,往往遭漂没。尝见守风者[8],以二百里之程,俟至四旬有余。今诚凿中河,则运艘乱流以渡,俄顷之间,即由砥道以达北河,去风波之险,无挽溜之费矣。宿迁、桃源、清河、山阳、安东、沭阳、海州七州县,地势卑下,旱涝皆为害,岁即有秋,而不通州楫之利。今诚凿中河,而又间以重河,复于重河之间导以运河,旱既有资,潦复有泄,时至秋成,舳舻相望,至便也。又今四方多荒,流民不少,诚凿中河,即招流民,计口授食,而使之治田,则流亡有归,田且日辟,下有裨穷苦之民,上不废司农之赋,黄河一治不复坏,而国赋日增。惟明公其熟图之。"司马以为然,具疏入告,制曰:"可。"于是司马与君经营拮据[9],手足胼胝,而中河蜿蜒三百余里,凿已告成,即今由清河以入宿迁之道也。

已而言者纷起,以为君阴坏河道,并论屯田扰民,于是屯田遂罢。盖君之志尝欲以兴西北水利为急,其言曰:"燕、齐之地,古皆称沃壤,今土田荒芜,而财赋俱仰给东南,此两敝之道也。今诚兴水利,教民力田,则西北可复为财赋之薮矣[10]。"当司马抚皖时,即献沟田法,欲尽辟江北荒莱,会以军兴不果行。及司马总制河工,六年之后,两河归故道,淹地尽涸,乃得凿河浚沟,稍行其志。而有司奉行多不善,致议者纷纭,遂罢。先是岁丁卯,上以下河七州县久为水困,遣使问司马有何善策,具以实对。司马即以君议上奏,曰:"臣前已将陈潢姓名上达天聪,盖以径治上流之法,实出陈潢一人之见也。臣之愚衷,惟愿国事有济,不敢居功蔽贤,亦不敢引嫌避忌。"上本知君功,遂特授君赞理河务佥事[11]。及言纷起,司马罢去,诏君就司寇狱。时君已病阅数月矣。既抵京,疾转甚,有诏免狱调治,盖异数也,而君竟不起矣。呜呼!君之才世所不常有,幸而见知司马,推心委任,得以出其能。又以布衣受人主之知,格外擢用,则君不可谓不遇。惟是君之长既有所不能尽而困于人言,又遽以疾死,此则天之意其不可知者也。

君生平于子、史、众纬及农桑、易数、地理诸书无不通核,而尤优于治河。作测水法,以水流迅则如人急行,日可三百里,水流平则如人缓行,日可七八十里。即用土方法,以水纵横一丈高一丈为一方,计此河能行水几何方,然后受之,其余皆泄宣之[12]。此出彼入,使游波宽衍[13],不致薄堤,凡置闸通关大抵用此法也。君自在司马幕府,司马昌言入告,天下闻之,不多君之才,而多司马之以人事君,得古大臣之道也。

　　君先世汴梁人，自宋南渡，占籍钱塘。曾祖讳某，祖讳某，父讳某，姓仲氏，生二子，君其长也。君娶汪氏，无子，以弟之子良枢为嗣。君以康熙戊辰八月十八日卒，年五十二。今良枢卜于某年月日葬君于某。初，君与余订交京师[14]，余羁穷潦倒，得君提挈者为多。今君忽忽已没四年矣，使其功与行不著，是则余之罪也夫。会其嗣子来京师，求余书其墓上之石，余因泫然流涕而书之[15]。君性孝谨而勇于行义，与人交皆有至性也，他人鲜有能得其一节者。而君之功名于治河为最著，余故书之有详略焉。

**【注释】**

[1] 施设：陈设。此指(人才)有用武之地。

[2] 康熙十有二年：1673 年。

[3] 计画：谋划，计策。

[4] 滇南之变：指吴三桂反清。吴三桂武举出身，引清兵入关，剿灭李自成，为清朝立下赫赫战功，被清廷封为平西王。清顺治十四年(1657)，会同清军多尼等进攻南明云贵等地区。十六年，清廷命其镇守云南，引兵入缅，迫缅王交出南明永历帝。康熙元年(1662)，吴三桂杀南明永历帝于昆明。同年，清廷晋封吴三桂为平西亲王，兼辖贵州省，永镇云贵。与镇守福建的靖南王耿精忠、镇守广东的平南王尚之信遥相呼应，成为拥兵自重的三藩。

　　顺治十七年，朝廷以赋税不足，令吴三桂裁减兵员。吴三桂将绿营及投诚兵从六万人减至二万四千人，汰弱存强，留下的全是精锐之师。康熙十二年(1673)下令撤藩。吴闻讯后叛清，自称周王、总统天下水陆大元帅、兴明讨虏大将军，发布檄文，联合尚之信、耿精忠及广西将军孙延龄、陕西提督王辅臣等以反清复明为号起事，挥军入桂、川、湘、闽、粤诸省，战乱波及赣、陕、甘等省，史称"三藩之乱"。年轻的康熙帝调重兵平叛，历经数年，逐渐扭转战局。康熙十七年(1678)，吴三桂在衡州(今衡阳)称帝，称衡州为"应天府"，国号大周，建元昭武。吴开始蓄发，改穿明朝皇帝冠袍。同年秋病死衡州。其孙吴世璠继位，退据贵阳、云南。康熙二十年(1681)昆明被围，吴世璠自杀，余众出降。叛乱平定后，吴家子孙几乎被戮杀殆尽，漏网者散落贵州、云南僻壤穷山隐居数百年。

[5] 悬绝：相差极远。

[6] 甲子：即康熙二十三年(1684)九月，康熙帝初次南巡启銮。十月，途经黄河，视察北岸诸险。

[7] 挽溜：拉纤。

[8] 守风：等候适合行船的风势。

[9] 拮据：劳苦操作，辛劳操持。

[10] 薮：音 sǒu，人或物集聚的地方。

[11] 金事：官名。始于金代，按察司属官有金事。元明清沿置。

[12] 泄宣：排泄。

[13] 宽衍：宽阔平坦。

[14] 订交：结为朋友。

[15] 泫然：水滴落的样子。

# 响雪亭记

## 清·戴名世

**【提要】**

本文选自《戴名世集》（中华书局 1986 年版）。

响雪亭在龙眠山，这里"山深径迂，峰峦回合相抱，四时之花开谢于庭"，所以戴名世的曾祖父选择这里隐耕读书。

离屋舍不远，有溪流，"两山夹之，皆石为底，为岸，为坳，为坎，为坻，磅礴屈曲而下"。更深处，须"四面皆青壁，斗绝百仞"，此地"大树皆倒生，枝叶扶疏下垂，四时不凋，根蔓延石壁若龙鳞"，在这里造一座亭子听溪流，"不阴常雨，盛暑犹雪"，当然快意无比。

龙眠山在今安徽桐城境内，山不高但苍峰翠谷、峭壁清流，却也令人忘返，张英、张廷玉父子历事康乾盛世，位极人臣，但钟情龙眠双溪山水。张英康熙四十年（1701）辞官回乡，隐居龙眠山中，在双溪筑草堂，沿溪筑堤种松。他自撰一联挂于草堂："富贵贫贱总难称意知足即为称意；山水花竹无恒主人得雨便是主人。"康熙听说，赐其堂屋一副楹联，联云："白鸟忘机看天外云舒云卷；青山不老任庭前花落花开。"张氏父子逝后也归葬龙眠山。

余曾大父隐于龙眠山中。山深径迂，峰峦回合相抱，四时之花开谢于庭。而去舍百余步有溪焉，两山夹之，皆石为底，为岸，为坳[1]，为坎，为坻，磅礴屈曲而下。每闻其深处有隐隐澎湃之声，乃攀木沿溪而入，得异境焉，四面皆青壁，斗绝百仞，缺其右，为溪水所出也。仰首望见飞泉喷薄激怒，自天上来，汇而为池，有大石，状若柳叶，横亘其中为梁，水从梁下暗渡入于溪。旁三面石壁上，大树皆倒生，枝叶扶疏下垂，四时不凋，根蔓延石壁若龙鳞。

乃命石工凿其左为梯，以属于山，折而南，平其土为亭，与瀑布相对，见飞泉挂树间。每雨后，人立石梁上相语辄不得闻，重累扶栈上石梯，以次至亭上耳语。先是有石欲裂，及凿时遂陨而下，至梁之尽处，可坐数人饮。水之支流，从石旁数折而注溪，水缓则可以流觞。瀑布之巅，亦皆古树偃仰，临其流不得至，但望见之云。龙眠山水，蜿蜒委折，一旦以此为第一，盖自古无辟其境者。曾大父为之铭，有曰："不阴常雨，盛暑犹雪。"遂以名其亭，而命小子记之。

【注释】

[1]坳:音 ào,山间的平地。

# 古 樟 记

## 清·戴名世

【提要】

本文选自《戴名世集》(中华书局 1986 年版)。

为一棵古樟树写《记》,这是什么样的樟树? 这棵樟树底部须 6 人合抱才能围住,往上更粗了;其枝干"缪辖轮囷,蜿蜒攫拏,若群龙相斗"。更有甚者,"其北一枝尤奇,直入土中,大数十围,类自为一树,不属于干者。然其文理皆成龙形,腾挪宛转,若龙之升于天"。这棵树的名气让作者迫不及待地秉烛夜观,让村民们把它当作神来"祠而祀之"。怪不得他感叹樟树:"含日月之精,受雨露之润,多历年所,遂魁然独出其奇于人间。"

按照作者的描述,这棵樟树树龄当在千年以上。

樟树滩违衢州二十里,岸有大樟树,故以名滩。余以二月初十日晚泊滩上,欲登岸往观之,会天雨,道湿不可行。已而雨歇,月朦胧欲出,轻云蔽之,余与同舟六七人,呼从者秉炬上。居人缭其干以垣,枝叶皆扶疏垂垣外。余辈先入门视其干,高数丈,分数枝,四面横斜而下,余辈手相牵环抱之,凡六人乃周,更上一二尺则更大矣。其枝干披离甚古[1],往往出人意外。顶甚平,可列坐十余人,非梯不能上也。秉炬照之,但见缪辖轮囷[2],蜿蜒攫拏[3],若群龙相斗。枝之出于垣外者皆成干,屈曲下属地。其北一枝尤奇,直入土中,大数十围,类自为一树,不属于干者。然其文理皆成龙形,腾挪宛转,若龙之升于天。自垣内视之,则系干之别枝,若虹之垂地,首尾无端不可测。居人以为神,祠而祀之。

呜呼! 樟本名材,而其托根也大,其植基也固,含日月之精,受雨露之润,多历年所,遂魁然独出其奇于人间。而彼榆枥之属,拳曲臃肿,无故而离立于其旁,何为也哉!

【注释】

[1]披离:分披,分散。

[2]缪辖:音 jiāo gé,纵横交错貌,广大深远貌。轮囷:盘曲貌。

[3]攫拏:音 jué ná,以爪相持。

# 洴上书屋记[1]

## 清·何焯

**【提要】**

本文选自《苏州历代名园记》（中国林业出版社 2004 年版）。

"石城峙前，天平倚后，平田缭左，溪流带右，其中老屋五楹。"在这样的环境里读书，何焯定能神清气定，历阅古今。再往下看，老屋堂后，"鸡栖一树"，树"曲干横枝，连青接黛，每曦晨伏昼，不受日影"，所以在此树下屋中歇息的人"莫不忘返矣"。

在此书屋，可读书，可清谈，可以"花时追赏"，吟诗为文；更有三面临水的介白亭，"轩爽绝伦"。亭"左则修竹万竿，俨然屏障；前则海棠一本，映若疏帘，旁有古梅，黝蟉屈曲"，这样的亭轩楼阁还有升月轩、听雨楼、帷林草堂、桐桂山房、蛰窝、饭牛宫、砚北村；所造之景则有冰荷塍、茶坞山、摘箬冈、鱼幢……这里已不是一处书屋，而是一座颇具规模的文人园林了。

正如作者文章结束时所说："修竹之内，茅舍数间，外接平畴，居然村落，一窗受明，墨香团几，视友人之在阛阓，有过之。"修竹、茅舍、明窗、墨香，比身处闹市之中，好甚。

石城峙前[2]，"天平"倚后[3]，平田缭左，溪流带右，其中老屋五楹，规制朴野，广庭盈亩，植以丛桂，名曰："洴上"，志地也。

"皂荚庭"，即书堂之后庭，鸡栖一树，直扔清霄[4]，曲干横枝，连青接黛，每曦晨伏昼，不受日影，下有蔀屋[5]，偃憩者莫不忘返矣。

曲盝阑[6]，由园门折而东，又折而北，又再折而东北，左并广池，右迫桂屏，接木连架，旁植木香、蔷薇诸卉，引蔓覆盖其上，花时追赏，烂然错绣。"坦坦猗"石梁，在介白亭之前，广八尺，长倍之，平坦可以置酒，追凉坐月，致为佳胜。介白亭，三面临水，轩爽绝伦。左则修竹万竿，俨然屏障，前则海棠一本，映若疏帘，旁有古梅，黝蟉屈曲[7]，最供抚玩，旧为隐士吴江徐白（原注：介白）所筑，故表目焉[8]。升月轩，临水面东，月从隔岸修篁间夤缘而上[9]，故以名轩。听雨楼，桐响松鸣，时时闻雨，霜枯木落，往往见山。

帷林草堂三间，北望"茶坞山"，如对半壁。其前嘉木列侍，若帷若幕，中有古桐一株，横卧池上，霜皮香骨，尤为奇绝。庭后蔬莳药畦，夏花秋葩，未尝去目。暖翠浮岚阁，即帷林后之右偏，叠石为山，构楹为阁，四山嵯峨[10]，环列如屏障，烟云蓊郁，晨夕万状，昔贤拄笏恐未尽斯致[11]。冰荷塍，帷林之前广池，两岸梅木交映,水光沈碧,临流孤坐,寒沁心脾。

桐桂山房,从桂交其前,孤桐峙其后,焚香把卷,秋夏为佳。益者三友之蹊,细篆蒙密,桐桂交错,中有微径,沿流诘曲,为损为益,求友者当自辨之。

小波塘,介白亭后之方池,细浪文漪,涵清漾碧,游鳞翔羽,自相映带。摘箬冈[12],枕池之东,土冈蜿蜒,其上修篁林立,扫箨劚萌[13],颇供幽事[14]。

木芙蓉淑,土冈之下,池岸连延,暑退凉生,芙蓉散开,折芳搴秀,宛然图画。鱼幢,池深广处立石幢一[15],游鱼环绕,有邈然千里之意。

蛰窝,陋室北向,窅如深冬[16],庭有古梅,幽幽蛰龙,君子居之,经学是攻。饭牛宫,东皋之涘,翠羽黄云,三时弥望[17],草亭低覆,过者以为牛宫尔。乐畔桥,横跨流水,前后澄潭映空,月夜沦涟泛滟,行其上者,如濯冰壶。砚北村,修竹之内,茅舍数间,外接平畴,居然村落,一窗受明,墨香团几,视友仁之在阛阓[18],有过之。

## 【作者简介】

何焯(1661—1722),字润千,因早年丧母,改字屺瞻,晚号茶仙。崇明人。为官后迁居长洲(苏州)。焯25岁时以拔贡生入京城,因秉性耿直,六次应考被排挤。康熙四十一年(1702)南巡,访觅逸贤,得以南书房供职,赐为举人。后又赐为进士,选为庶吉士。于亲王府当侍读,兼任武英殿纂修。不久,受人诬陷被囚,家藏书籍被抄,焯退还吴县知县赠送金钱的信稿被发现,仅免其官职,仍在武英殿工作,以表彰其清正廉洁。雍正即位,下诏复其原官,破例赠予侍读学士,并赏赐金钱,给予立传,回乡治丧,令地方从优抚恤后代。有《诗古文集》《语古斋识小录》《道古录》《义门读书记》《义门先生文集》等。

## 【注释】

[1]潬:音 dàn,沙渚。

[2]石城:在苏州城西南木渎镇灵岩山。山南峭壁如城,相传吴王曾在山上筑石头城,故又名石城山。

[3]天平:位于苏州城西南,太湖之滨,有"吴中第一山"之称誉。

[4]扠:音 xiòng,执、推。清宵:清静的夜晚。

[5]蔀屋:草席盖顶之屋。泛指幽暗简陋之屋。蔀:音 bù,搭棚用的席。

[6]盝:音 lù,古同"簏",竹筐或小匣。

[7]黝蟉:谓黑而蜷曲。蟉:音 liú。

[8]表目:标名,命名。

[9]夤缘:攀附上升。夤:音 yín。

[10]嵽嵲:音 dié niè,高山或山的高峻处。

[11]拄笏:"拄笏西山"的省称。《世说新语》:王子猷作桓车骑参军,桓谓王曰:"卿在府久,比当相料理。"初不答,直高视,以手版拄颊云:"西山朝来,致有爽气。"后以"拄笏"形容在官而有闲情雅兴。亦指悠然自得的样子。

[12]摘:音 tī,搜索,探。箬:音 ruò,一种竹叶、笋皮。

[13]箨:音 tuò,竹笋的外皮。劚:音 zhú,挖。

[14]幽事:雅事。

[15]石幢:刻有经文、图像或题名的大石柱。有座有盖,状如塔。

[16] 窅:音 yǎo,眼睛深陷貌,喻深远貌。

[17] 弥望:满眼。

[18] 阛阓:音 huán huì,街市,街道。

**福建通志·台湾府(节选)**

**【提要】**

本文选自《台湾文献丛刊》(台湾银行经济研究室 1958 年编印)。

台湾自古就是中国不可分割的一部分,在明代为中国的海防要地。明初沿元代之制,在澎湖设巡检司,隶晋江县。嘉靖以降,明朝官军多次到岛上追剿逃亡到那里的海上私人武装集团及入侵的倭寇,台湾成为中国海上防卫的重要阵地。总兵俞大猷、胡守仁相继入岛追剿乱寇。

万历二十年(1592),日本丰臣秀吉出兵侵略朝鲜,并传出有谋犯鸡笼、淡水的消息,沿海戒严。当事者乃在澎湖派兵戍守,台、澎地区成为我国防倭抗倭的前哨阵地。万历二十三年福建巡抚许孚远建议澎湖设将屯兵,筑城置营,其疏云:"查澎湖属晋江地面,遥峙海中,为东西二洋、暹罗、吕宋、琉球、日本必经之地。其山周遭五六百里,中多平原旷野,膏腴之田,度可十万。若于此设将屯兵,筑城置营,且耕且守,据海洋之要害,断诸夷之往来,则尤为长驱远驭之策。"当时,尽管明朝军队尚未在台湾岛上安营扎寨长期驻防,但台湾已正式列入明朝军事防卫的区域内,成为中国海防的战略要地。

天启二年(1622),荷兰殖民者再次入侵澎湖,并在那里筑城,妄图久占。福建巡抚南居益在要求荷兰人退出未果后发兵攻打,于天启四年将荷兰人逐出澎湖。荷兰人在退出澎湖后又乘机占领了台湾。荷兰殖民者在台湾的殖民统治延续了38 年,直到 1662 年郑成功收复台湾。郑成功死后,他的儿子郑经继续管理台湾,再接着是郑经的儿子郑克爽,郑氏祖孙三代管理台湾共 21 年。

康熙二十二年(1683),清政府进军台湾,郑克爽归降,台湾重新由中央政府管理。清朝政府在台湾设立了台湾府和台湾、凤山、诸罗 3 个县,隶属福建省管辖。

雍正元年(1723)设一府四县一厅:台湾府、彰化县、台湾县、诸罗县、凤山县、淡水厅。雍正五年,增设澎湖厅。乾隆五十二年(1787),将诸罗县改为嘉义县,余循其旧。嘉庆十七年(1812),增设噶玛兰厅。

光绪元年(1875),设二府八县四厅:台北府、台湾府、宜兰县、基隆厅、淡水县、新竹县、彰化县、水沙连厅、台湾县、嘉义县、凤山县、恒春县、卑南厅、澎湖厅。光绪十一年(1885),略为增减置二府八县五厅。光绪十三年,置台湾省。下设三府十一县四厅一直隶州:台北府(北路)、台湾府(中路)、台南府(南路)、台东直隶州;宜兰县、基隆厅、淡水县、南雅厅、新竹县、苗栗县、台湾县、彰化县、埔里社厅、云林县、嘉义县、安平县、凤山县、恒春县、澎湖厅、卑南厅、花莲港厅。

清政府刚开始管理台湾的时候,由于当地社会秩序较为混乱,政府禁止大陆人移民台湾。但那时大陆,由于耕地少,战乱频繁,饥荒连年,福建闽南和广东嘉应州一带的居民,照样大批接踵向台湾迁移。面对现实,清政府只好逐渐放宽限制,直到最后取消禁令,允许大陆人携家带口迁居台湾。清朝政府刚收回台湾时,台湾的汉人只有 10 多万,但到了光绪三年(1877),汉人已增加到 300 多万。移民的增加和清明政府前期推行的少收租税等政策,促进了台湾土地的开垦和农业的发展,18 世纪中期,台湾已"糖谷之利甲天下"(黄道周语)了。

1840 年开始的 50 多年里,台湾不断遭到列强的侵略,清朝政府终于认识到台湾地理位置的重要性,所以在 1887 年正式在台湾建省,任命在抗法战争中有功的福建巡抚刘铭传为台湾首任巡抚。

刘铭传在台湾执政 6 年,积极推行近代化管理,对台湾的国防、行政、财政、生产、交通、教育等事业,进行了大胆的改革,使当地面貌焕然一新。台湾第一条铁路和许多近代的设施就是在他的领导下创建的。清朝政府在台湾经营 212 年,使台湾成为中国一个重要的省份,使海峡两岸融为一体。

台湾县城:东倚层峦,西迫巨浸。雍正元年[1],台湾知县周钟瑄创建[2],以木栅为城,周二千六百六十二丈,设东、西、南、北大门四,东、南、北小门三,各建台,台上建楼。雍正十一年,总督郝玉麟、巡抚赵国麟令周植刺竹[3]。乾隆元年,易七门以石雉堞,打铁皮楼护女墙,为警铺十有五[4]。二十三年,木栅损坏,署县同知宋清源修。二十四年,知县夏瑚于刺竹外更植绿珊瑚,环护木栅。五十三年,大师平逆匪林爽文[5],大学士侯福康安钦奉谕旨改建[6]。以西面逼海,潮汐冲刷,难以立基,缩进二百五十二丈有奇。南、北、东三面俱依旧址,高一丈八尺,底广二丈,面广一丈五尺。旧城台七,一律加高。添设西门一,建台一,砌排垛墙铺。建城楼八、卡房十有六、看守兵房八。

台镇城即台镇营:国朝乾隆五年,总兵何勉筑土堡[7],内外砌以灰砖,周三百三十丈,高一丈一尺。道光十二年平张丙之乱[8],总督程祖洛奏请添筑石城[9]。十三年,知府周彦倡在城绅士鸠捐添筑子城六座、炮台七座[10]。又小西门起,至小北门止,一带沿海外城数百丈,以次葳功[11]。

附旧赤嵌城[12]:在台湾县镇北方,荷兰所筑。

凤山县城[13]:在兴龙庄龟、蛇二山间,外有半屏、打鼓二山环抱。自康熙六十一年署县刘光泗创筑土城,周八百一十丈,高一丈三尺,门四,外浚濠堑。雍正十二年,知县钱洙环植刺竹。乾隆二十五年,知县王瑛曾于四门各建炮台一[14]。五十一年,逆匪庄大田陷城[15],官民居荡尽。五十三年,大学士侯福康安以县城逼近龟山,可俯而瞰,奏请于城东十五里埠头建新城,环植刺竹;仍于旧城龟山设石卡,设兵驻守。嘉庆十年,海寇蔡牵攻台湾[16],逆党吴淮泗乘间陷埠头新城。议者言埠头土薄水浅,地苦潮湿,不如旧城爽垲,负山面海,形势雄壮。将军赛冲阿请移回旧治。十五年,总督方维甸至台相视[17],奏如赛议,改建以石。并请围龟山于城中,以免外瞰,费巨未行。道光四年,巡抚孙尔准巡台[18],复采众议奏建。知府方传穟请官捐以为民倡[19],知县杜绍祁督筑[20],绅士黄化鲤、吴尚新、黄名标、刘伊仲董其事。以五年七月经始,六年八月工竣。为石城,周八百六十四丈,高一丈四尺,基广一丈五尺,面广一丈三尺,女墙一千四百六十有八,并筑水洞以通城内之水,仍旧辟四门,建敌楼、炮台各四。

　　附红毛旧城:在凤山县安平镇一鲲身,顶筑小城,又绕其麓而周筑之,女墙更察,与内城相联缀,伪郑时改建[21],有螺梯、风洞、机井,鬼工奇绝,年久倾圮。康熙五十七年,县令李丕煜重葺。

　　嘉义县城:原名诸罗县,在诸罗山。康熙四十三年,署县宋永清始建木栅,周六百八十丈,门四。雍正元年,知县孙鲁改建土城,周七百九十五丈二尺,基广二丈四尺,城上马道辟一丈四尺,穴城为水涵五,浚濠沟离城四丈,周八百三十五丈五尺,广二丈四尺,深一丈四尺。五年[22],知县刘良璧重建门[23]:东曰襟山,西曰带海,南曰崇阳,北曰拱辰;并砌水涵。十二年,知县陆鹤于土城外环植刺竹。乾隆五十一年,逆匪林爽文作乱陷城,官兵复之,士民竭力固守,奉谕旨改名嘉义。五十三年,大学士侯福康安钦奉谕旨重筑,加高增厚,添建城楼敌台。

　　附旧淡水城:在淡水港。鸡笼城:在鸡笼屿。上二城俱荷兰所筑,遗迹尚存。

　　彰化县城:在半线堡。雍正元年,台湾御史吴达礼以诸罗为台郡北路[24],袤延千里,请于县北二百八十里设立县治,即今治也。十二年知县秦士望环植刺竹,周七百七十九丈三尺,设东、西、南、北四门,警铺一十有三。乾隆十三年,知县陆广霖修[25]。五十一年,逆匪林爽文平定后重修。又于八卦山上添设石卡,捍卫县城。嘉庆十四年,士民请造砖城,知县杨桂森倡捐创筑[26],周九百二十二丈二尺,高一丈二尺八寸,基厚一丈五尺,面广一丈,建城楼四、炮台十有二、堞七百八十有三、水洞六、守城兵房四。八卦山仍建寨设兵。

　　淡水厅城:在竹堑。雍正五十一年,同知徐治民环植刺竹[27],周四百四十丈,设东、西、南、北四门,各建楼。乾隆二十四年,同知杨愚于四城门各增建炮台一[28]。道光七年,署同知李慎彝劝捐[29],创建石城。

　　淡水炮城:在淡水八里坌山北脚下,红毛建,郑氏茸之,寻圮。雍正二年,同知王汧重修[30],设东、西大门二,南、北小门二。

　　噶玛兰厅城。

　　澎湖城:康熙五十六年,总督觉罗满保、巡抚陈瑸、布政使沙木哈捐造[31]。

　　附旧暗澳城:在澎湖。明嘉靖间,都督俞大猷征海寇林道乾[32],留偏师防御,筑城于此,故址犹存。瓦硐港城:明天启二年[33],荷兰夷据澎湖筑城,明年毁,未几复筑。

　　　　　　　　　　　　——以上录自《重纂福建通志》卷十七。

**【注释】**

　　[1]雍正元年:1723年。

　　[2]周钟瑄(1671—1763):字宣子,贵州贵筑(今贵阳市)人。康熙三十五年(1696)举人,历官福建邵武知县、台湾诸罗(今嘉定)县知县、山东高唐知州,员外郎管台湾事、荆州知府等。台湾期间,建学馆,修城隍,摒陋规,并教民耕作,发给耕牛、农具、种子,辟阡陌,广田畴,开沟渠,筑塘堰,百姓颇得其利。人民感其德,称所修塘堰为"周公堰",并建"周公祠",为其塑像。周离台后,地方官激起农民起义,起义被镇压后,又命他以员外郎的身份管理台湾。他对民"宽以柔之",捐款平粜,修废革弊,安定民心,在他的治理下,台湾渐渐得到开发。有《读史摘要》《劝惩录》《退云斋诗集》《诸罗县志》《生番归化记》《松亭诗集》等。

[3] 郝玉麟(? —1745):字敬亭,清汉军镶白旗人,骁骑校出身。历任云南提督、广东总督、福建总督、闽浙总督等职。在福建总督及闽浙总督任上,他设法平息台湾土著谋乱,有效维护社会治安,着力赈济受灾民众,多次得到朝廷嘉许。后因荐举不力、治下不严而坐失官身。

赵国麟(? —1751):字仁圃,号拙庵,山东泰安人。康熙四十五年(1706)进士。五十八年,授直隶长垣知县。为官清峻,以礼导民,民戴如父母。雍正二年(1724),擢永平知府。迁福建布政使,调河南。擢福建巡抚,调安徽。乾隆三年(1738),擢刑部尚书,调礼部,兼领国子监。四年,授文渊阁大学士,兼礼部尚书。后被夺官,卒。

[4] 警铺:城墙上的瞭望、警备岗哨,形制为二层楼阁。赣州古城墙上的警铺长2.01米,宽2.08米(伸出城墙部分1.03米),伸出城墙的三面各有瞭望孔。

[5] 林爽文:福建平和县人。乾隆三十八年(1773)随父渡台,以耕田、赶车为业。三十九年,参加天地会,不久成为天地会北路领袖。五十一年至五十三年,领导了台湾历史上规模最大、范围最广的农民起义。

[6] 福康安(1754—1796):字瑶林,富察氏,满洲镶黄旗人。清高宗孝贤皇后侄,大学士傅恒子。自幼被乾隆带入宫中,亲自调教。长成后,历任云贵、四川、闽浙、两广总督,武英殿大学士兼军机大臣,封贝子。授户部尚书、军机大臣,袭父封三等公。出从阿桂用兵金川,事后即任封疆大吏。再从阿桂镇压甘肃回民起义,破石峰堡,封一等嘉勇公。乾隆待其亲如父子,每次福康安出征都亲为其挑选将领,选派劲旅,使其必胜。将领也迎合乾隆旨意,有意不争功,以归美于福康安。不幸的是,乾隆还没来得及封福康安为王,他就去世了。赠谥文襄,追赠嘉勇郡王,配享太庙。

[7] 何勉(1680—1752):字尚敏,号止庵,福建侯官人。初授督标把总,迁台湾镇标千总。擢云南鹤丽镇总兵,调临元,复调广东左翼。五年,调台湾,寻又移南澳,署福建水师提督。后以笃老获原品休致。乾隆二十七年,复官台湾总兵。

[8] 张丙(? —1833):台湾台南人。1832年十月起事,在台南县攻城略地,建国号"天运",自立为开国大元帅,聚集数万兵力,强攻盐水港,杀死清廷知府吕志恒、把总朱国珍、副将周承恩等。但随后久攻嘉义不下,事败被杀。

[9] 程祖洛(? —1848):字问源,号梓庭,安徽歙县人。嘉庆四年(1799)进士。道光十二年(1832),擢闽浙总督。十三年,赴台湾筹办善后事宜,改营制,增防守。十五年,疏陈闽洋形势,以漳州之南澳、铜山为藩篱,泉之厦门、金门为门户,兴化之海坛为右翼,闽安为省会咽喉,福宁之铜山为后户。巡缉守御,全资寨城炮台。就最要者四十四处,由官民捐赀修筑。十六年,丁父忧去官,服阕,引疾不出。卒,赠太子太保,谥简敬。

[10] 周彦:号涧东,江西鄱阳县人。嘉庆二十四年(1819)进士。道光十三年任台湾知府。

[11] 葳功:完工,竣工。葳:音chǎn,完成,解决。

[12] 赤嵌城:古城名。1653年荷兰殖民者筑普罗文查(Provintia)城于今台湾台南市,华人称为赤嵌城,亦作红毛城。1661年郑成功收复台湾,改置承天府。

[13] 凤山县城:由凤山知县刘光泗在康熙六十一年(1722)建造,今称左营旧城,为台湾九城之祖。

[14] 王瑛曾:生卒年月不详,字玉裁,号云门,江苏无锡人。乾隆二十七年(1762)任台湾府台湾县知县。管辖约今台湾南部之嘉义县、嘉义市、台南等县、市全境及高雄县部份区域,面积约为4 500平方公里,是当时台湾岛汉人集中之地。

[15] 庄大田(? —1788):福建平和人。乾隆七年(1742)渡台,居凤山(今高雄县)种田为业。凤山县天地会首领。1787年北路林爽文起义,南路庄大田率众响应,一举攻克凤山县城,

自称"南路辅国大元帅"。后受重伤被俘,就义。

[16] 蔡牵(1761—1809):福建同安人。乾隆五十九年(1794)因饥荒下海为盗寇,船帮驰骋于闽、浙、粤海面,劫船越货,封锁航道,收"出洋税"。随后数年间,屡次袭击福建、广东台湾等地,并在台湾建立据点。嘉庆十年(1806)冬,蔡牵欲取台湾建立据点,聚战船百余艘,先攻占台湾淡水、凤山(今高雄)等地,继率船队驶入台湾凤山(今高雄),包围台湾府城。十四年八月,蔡牵与清军闽浙水师连续交战于浙江渔山外洋,遭清军围击,寡不敌众,发炮自裂座船,与妻小及部众250余人沉海而死。

[17] 方维甸(1759—1815):字南藕,号葆岩,安徽桐城人。乾隆四十六年(1781)中进士,以吏部主事身份,随大学士福康安出征台湾。累官迁御史、光禄寺卿、山东按察使、河南布政使、陕西巡抚,升闽浙总督。母死,在家守孝,哀恸过度,卒于家。赠太子少保,赐祭葬,谥勤襄。

[18] 孙尔准(1770—1832):江苏金匮(今无锡)人。嘉庆十年(1806)进士。十九年,出为福建汀州知府。宁化民敛钱集会,将治以叛逆。尔准讯无他状,论诛首要,鲜所株连。历盐法道、江西按察使、福建布政使、广东布政使、安徽巡抚。道光三年(1823),调福建巡抚。五年,擢闽浙总督。奏请噶玛兰收入版籍,设官治理。建淡水、头道溪土城,屯丁驻守。事平,加太子少保。十一年,以病乞休。卒,赠太子太师,谥文靖。

[19] 方传穟:号颖斋。1823年任台湾知府,次年奉旨分巡台湾兵备道。

[20] 杜绍祁(?—1829):字少京,江苏人。道光三年(1823)任凤山知县。七年(1827),任台湾府淡水抚民同知。

[21] 伪郑:指郑成功。收复台湾后,建立当地史上第一个汉人政权,史称明郑时期。

[22] 五年:指乾隆五年(1740)。

[23] 刘良璧(1684—1764):字省斋,湖南清泉县(今衡南县)人。雍正二年(1724)进士。历任福建连江、诸乐、龙溪知县,台湾嘉义知县,政绩卓著,升台湾道。台岛孤悬海外,常为盗薮。而漳、泉、惠、潮等寄籍者,分党结派,相互械斗,聚众常以万计。山后土著生番亦时出扰乱,将士为之棘手。刘到任后,抚以恩信,令行禁止,台人敬畏,台湾大治。后丁忧回籍守制,教育儿孙勤耕苦读,以节俭为荣,为乡民所称颂。有《霞东纪略》《台湾风土记》等。

[24] 吴达礼,姓爱新觉罗,满洲正红旗人。因平定吴三桂、噶尔丹有功,屡获封。康熙六十一年(1722),任巡视台湾监察御史。在台期间,奏请增设彰化县与淡水厅(治新竹),此为清朝设于台湾北部的首座官署。

[25] 陆广霖:江苏人。乾隆十三年(1748),以彰化知县身份兼任台湾府淡水抚民同知。

[26] 杨桂森:字蓉初,云南石屏人。嘉庆四年(1799)进士。由翰林授知县。嘉庆十五年(1810)任职彰化知县。嘉庆十六年(1811),重修儒学宫,并亲撰彰化白沙书院学规。捐资十四万改建彰化城为砖城,嘉庆二十年(1815)竣工。捐俸建造鹿港街里的利济桥,受惠民众称之为"杨公桥"。

[27] 徐治民:字世绩,号贞孚,浙江山阴人。雍正十一年(1733),任淡水抚民同知。十三年(1735),任台湾府知府。按:雍正无"五十一年","五"当为衍文。

[28] 杨愚:字大智,号北峰,山西人。乾隆二十三年(1758),任台湾府淡水抚民同知。

[29] 李慎彝:字信斋,四川人。道光三年(1823),任台湾县知县。道光六年(1826),任台湾府淡水抚民同知。

[30] 王汧:字汇川,山西人。雍正二年(1724),任淡水同知。

[31] 觉罗满保(1673—1725):字凫山,满洲正黄旗人。进士出身。康熙五十年(1711)任福建巡抚,五十五年升闽浙总督,奉命巡海,奏请自乍浦至南澳沿海建台、寨一百二十七所及一千

多炮位。以镇压朱一贵起义功,加兵部尚书。陈瑸(1656—1718):字文焕,广东雷州人,康熙三十三年(1694)进士。历任福建古田、台湾知县、湖南巡抚、福建巡抚、闽浙总督等职。一生清正廉洁,勤政爱民,康熙皇帝称之为"清廉中之卓绝者"。陈瑸在台湾期间,体察民情、清廉正直、爱民如子,崇节俭以惜民财,先起运以清钱粮,饬武备以实营伍,隆书院以兴文教。几年后,台湾政局渐趋稳定。

[32] 俞大猷(1503—1580),字志辅,号虚江,福建晋江人。抗倭名将、儒将、武术家、诗人、兵器发明家。戎马生涯47年,时而受重用,名声显赫;时而受贬责,沦为囚徒。四为参将,六为总兵,累官都督。率部转战于苏、浙、闽、粤之间,身经百战,战功显赫,"俞家军"威名赫赫,他与当时另一位抗倭名将戚继光并称"俞龙戚虎"。

林道乾,又名林悟梁,澄海人。曾为府衙小吏,有计谋,善机智。后从事海上反海禁活动达三十余年。足迹遍及台湾、安南、吕宋、暹罗、柬埔寨等地区和国家,为明代拓殖南洋的著名人物。明嘉靖年间海禁更严,道乾则组织乡人与朝廷抗衡,武装掩护海上商贩活动,冲破禁令而获利。嘉靖四十二年(1563),道乾被俞大猷追逐,遁入鸡笼(今台湾基隆)。后退赤嵌城(今台湾台南)。嘉靖四十五年(1566)三月,乾监督造船50余只,以南澳为基地,攻福建诏安、五都等地,复被俞大猷所败。道乾率众抵占城(越南中部),攘其边地以居,旋又回潮州。

[33] 天启二年:1622年。

# 台湾县

台湾道署在府治西定坊,西向,厅事颜曰"敬事堂",雍正十二年巡道张嗣昌增建官厅[1](中有斐亭[2],康熙间观察高拱乾建,从篁环植,翠色猗猗,故取卫诗有斐之义。澄台在斐亭左,观察高拱乾建,高可望海。寓望园在治后,康熙间观察周昌辟)。

季麒光记略:园不依山则不古,园不依水则不灵,园不依乔枝古木则不纡回而盘曲;盖以人胜者未有能成趣者也。若就方区员幅以写其胸中之丘壑[3],其妙在于借景而不在于造景。东宁荒海之岛,不入职方[4],有山则顽黟于蔓草[5],有木则卤浸于洪涛,求天作地成之景,皆无所得。是盖造物者之有所缺焉,以俟乎名贤之补救乎?

宪副周公,治台一载,政治之暇,就署后筑小室,中置图史[6],旁构一亭,颜曰"寓望"[7],取《左史》"疆有寓望"之言,则燕闲寂处已不忘周防捍御之意也[8]。复结草作亭,颜曰"环翠",以蕉阴竹韵,依绕左右。当风来奏响,月落呈姿,云容天籁与霓裳羽衣相赓和[9],真不啻渭川千亩、绿天万树矣[10]。

又一亭,颜曰"乾坤一草亭"。杜少陵侨居巴蜀[11],慨然有身世蓬鬓之思,公旷情逸致[12],俯仰宇宙,取诸怀抱于寄其所托,高霞相映,白云可侣,信足乐也。

亭之右建一方台,衔遥天,吞大海,安平胜状,如在几席。稍西一亭,为公观射处,以"君子"名之,有取于无争之义也。公他日内擢秉冲[13],俾余小子得以不文旧吏,从容颂祷,回记海风岭草,瘴雨蛮烟,犹可以手声而口貌之,则知此园之标奇天外,为后人蒉茇所不加者[14],皆公政事之留余也已。鹤驯堂在后堂。丰亭在治东南,观察刘良璧建。褆室[15],乾隆间观察蒋允焄建[16],有十二胜。

知府署在东安坊,南向。旧伪郑宅,康熙二十四年,知府蒋毓英修[17]。雍正七年,知府倪象恺恢廓重建[18],规制悉具。九年,知府王士任建三来堂[19],又置住屋一所为新署。署右侧旧有榕梁四合亭遗址,地甚宽敞,乾隆三十年,知府蒋允焄改建官厅(中有怀堂,总督刘世明题扁。四合亭在治后,亭侧老榕三株,根干蟠结,架空如桥,亘数丈,广二尺,人可步履其上,名曰仙梁,亦曰榕梁。鸿指园,乾隆间郡守蒋允焄因四合亭而广之。三来堂、榕荫堂,俱嘉庆间郡守庆保题。来复堂,嘉庆间郡守杨廷理建)。

**【注释】**

[ 1 ]张嗣昌:山西浮山人。雍正十年(1732),由彰州知府升任福建分巡台湾道。

[ 2 ]斐亭:《诗经·卫风·淇奥》:"瞻彼淇奥,绿竹猗猗。有匪(斐)君子,如切如磋,如琢如磨。"诗歌颂贤明的卫武公。汉魏以降,淇人在淇园旧址上建有斐亭。"

[ 3 ]员幅:幅员。指范围、疆域。

[ 4 ]职方:犹版图。泛指国家疆土。

[ 5 ]顽翳:指顽固遮蔽。

[ 6 ]图史:图书和史籍。

[ 7 ]寓望:古代边境上所设置的备瞭望、迎送的楼馆。《国语·周语中》:"国有郊牧,疆有寓望,薮有圃草,囿有林池,所以御灾也。"

[ 8 ]燕闲:公余,闲暇。

[ 9 ]赓和:续用他人原韵或题意唱和。

[10]渭川千亩:用以言竹之繁茂。

[11]杜少陵:杜甫。其《暮春题瀼西新赁草屋》(其三):"彩云阴复白,锦树晓来青。身世双蓬鬓,乾坤一草亭。"

[12]旷情逸致:犹闲情逸致。

[13]秉冲:犹卿相,要职。冲:重要的地方。

[14]剪茇:剪除。茇:音 bá,草木的根;拔除。

[15]褆:音 tí,安享,福。

[16]蒋允焄:字为光,号金竹,贵州人。乾隆二十八年(1763)任台湾知府,次年升台湾道。焄:音 xūn,香、臭气味。

[17]蒋毓英:字集公,奉天锦州人,生于浙江。由官生知泉州府。康熙二十二年(1683),台湾归命,为知府。

[18]倪象恺:四川荣县人。雍正三年(1725),任福建罗源知县。七年,任台湾知府。八年,升分巡台厦兵备道。十年,因事遭解职。恢廓:扩展。

[19]王士任(1686—1744):字咸一,号莘野,山东威海人。雍正元年(1723)进士。三年,任职福建。五年,升汀州知府。乾隆元年(1736),升福建巡抚。五年,因牵连王德纯案罢官。

# 台 湾 行

## 清·郁永和

**【提要】**

本文选自《古代游记选》（上海古籍出版社 1982 年版）。

康熙三十五（1696）年冬，福州火药库爆炸焚毁。听说"淡水有磺可煮药，欲派吏往，而地尚未辟，险阻多，水土恶……无敢至者，永和慨然请行"（《台湾通史》下册）。第二年春正月，郁永和启程，经厦门赴台湾，二月二十一日，船出厦门舟行海上，"只觉天际微云，一抹如线，徘徊四顾，天水欲连"。"澎湖凡六十四岛澳……悉断续不相联属，彼此相望，在烟波飘渺间。"海上遭遇大不同于陆地，"身处其中，遂觉宇宙皆空"。

入鹿耳，终于看到安平城。安平也称奥伦治城（Orange）、热兰遮城（Zeelandia）、台湾城等。1622 年，荷属东印度公司占领了澎湖，以之作为东亚贸易的转口基地。1623 年，荷兰人在"一鲲身"建立一座简单的砦城，这就是安平古堡的前身。1624 年，在与中国明朝军队激战了 8 个月以后，荷兰人和明廷达成协议，同意把设置于澎湖的要塞和炮台毁坏，而于 1624 年转移至台湾岛，中国则不干涉荷兰对台湾的占领。荷兰人占台以后，在原来的砦城旧城址上，重新兴建规模宏大的城堡"奥伦治城"，1627 年又改建为"热兰遮"，至 1632 年始完成首期堡底工程。当时，这座城堡是荷兰人统治台湾全岛和对外贸易的总枢纽，也可以说，安平古堡就成了当时荷兰人对台湾统治的象征。1662 年，郑成功攻下"热兰遮城"，将荷兰人驱逐出台湾。郑氏同时也将该城改为"安平城"，郑氏王朝三代统治者均驻居此城，故又叫"王城"。1683 年清军入台后，政治重心移至府城内，安平城改为军装局，城堡重要性日减，而墙垣也多倾妃失修，安平城逐渐荒废。

从安平城到赤嵌城，"日已晡矣"。赤嵌城是荷兰人为防御而建，"万历间，建台湾、赤嵌二城"，"周广不过十亩，意在架火炮防守水口而已"，不像中国的城郭，让百姓居住生活。

郁永和详细介绍了郑成功收复台湾的缘起和经过，收复之后的建制及归顺清廷情形亦具述周详。"成功之才，信有过人者"，他评价说。

## 一

一十二日平旦[1]，渡黑水沟[2]。台湾海道，惟黑水沟最险。自北流南，不知源何所。海水正碧，沟水独黑如墨，势又稍窳[3]，故谓之沟。广约百里，湍流迅驶，时觉腥秽袭人。又有红黑间道蛇及两头蛇绕船游泳。舟师以楮镪投之[4]，屏息惴惴惧。或顺流而南，不知所之耳。红水沟不甚险，人颇泄视之[5]，然二沟俱在大洋中,风涛鼓荡,而与绿水,自古不淆,理亦难明。度沟良久,闻钲鼓作于舷间。舟师来告,望见澎湖矣。余登鹢尾高处凭眺[6],只觉天际微云,一抹如线,徘徊四顾,天水欲连。一舟荡漾,若纤埃在明镜中。赋诗曰:"浩荡孤帆入杳冥[7],碧空无际漾浮萍。风翻骇浪千山白,水接遥天一线青。回首中原飞野马,扬舲万里指晨星[8]。扶摇乍徙非难事,莫讶庄生语不经[9]。"顷之视一抹如线者,渐广渐近矣。午刻至澎湖之妈祖澳[10],相去仅十许丈。以风不顺,帆数辗转,不得入澳,比入已暮。

二十三日乘三板登岸[11],岸高不越丈。浮沙没骭[12],草木不生。有水师裨将统兵二千人暨一巡检司守之[13]。澎湖凡六十四岛澳……悉断续不相联属,彼此相望,在烟波缥缈间。远者或不可见,近者亦非舟莫即。澳有大小,居民有众寡,然皆以海为田,以鱼为粮。若需米谷,虽升斗必仰给台郡[14],以砂碛不堪种植也。居人临水为室,潮至,辄入大室中,即官署不免。顷之,归舟,有罟师鬻鱼者[15],持巨蟹二枚,赤质白文,厥状甚异。又鲨鱼一尾,重可四五斤,犹活甚。余以付庖人,用佐午餐。庖人将剖鱼,一小鲨从腹中跃出,剖之,更得六头。以投水中,皆游去。始信鲨胎生。

申刻出港,泊澳外。舟人驾三板登岸,汲水毕,各谋晚食。余独坐舷际。时近初更,皎月未上,水波不动,星光满天,与波底明星相映,上下二天,合成圆器。身处其中,遂觉宇宙皆空。露坐甚久,不忍就寝。偶成一律:"东望扶桑好问津[16],珠宫璇室俯为邻[17]。波涛静息鱼龙夜,参斗横陈海宇春[18]。似向遥天飘一叶,还从明镜度纤尘[19]。闲吟抱膝樯乌下[20],薄露冷然已湿茵。"少间黑云四布,星光尽掩。忆余友言君右陶言:"海上夜黑不见一物,则击水以视。"一击而水光飞溅,如明珠十斛,倾撒水面。晶光荧荧,良久始灭。亦奇观矣。夜半微风徐动,舟师理舵欲发,余始就枕。

二十四日晨,起视海水,自深碧转为淡黑。回望澎湖诸岛,犹隐隐可见。顷之渐没入烟云之外,前望台湾诸山,在隐现间。更进,水变为淡蓝,转而为白,而台郡山峦毕陈目前矣。近岸皆浅沙,沙间多渔舍,时有小艇往来不绝。望鹿耳门[21],是两岸沙角环合处。门广里许,视之无甚奇险。门内转大,有镇道海防盘诘出入,舟人下碇候验。久之,风大作,鼓浪如潮,盖自渡洋以来所未见。念大洋中不知更作何状,颇为同行未至诸舶危之。既入鹿耳,又迂回二三十里至安平城下[22],复横渡至赤嵌城[23],日已晡矣[24]。盖鹿耳门浩汗之势,不异大海,其下实皆浅沙。若深水可行舟处,不过一线;而又左右盘曲,非素熟水道者,不敢轻入,所以称险。不然,既入鹿耳,斜指东北不过十里已达赤嵌,何必迂回乃尔。会风恶,仍留宿舟中。

二十五日买小舟登岸。近岸水益浅,小舟复不进,易牛车从浅水中牵挽达岸。诣台邑二尹蒋君所下榻[25]。计自二十一日大旦门出洋以迄台郡,凡越四昼夜。

迨万历间,复为荷兰人所有,建台湾、赤嵌二城。考其岁为天启元年[26]。二城仿佛西洋人所画屋室图。周广不过十亩,意在驾火炮防守水口而已。非有埤堄阇阇如中国城郭[27],以居人民者也。本朝定鼎,四方宾服。独郑成功阻守金、厦门,屡烦征讨。郑氏不安,又值京口败归[28],欲择地为休养计,始谋攻取台湾。联樯并进,红毛严守大港[29]。以鹿耳门沙浅港曲,故弛其守,欲诱致之。成功战舰不得入大港,视鹿耳门不守,遂命进师。红毛方幸其必败。适海水骤涨三丈余,郑舟无复胶沙之患[30],急攻二城。红毛大恐,与战又不胜,请悉收其类去。时顺治十六年八月也[31]。于是成功更台湾名承天府,设天兴、万年二州。又以厦门为思明州,而自就台湾城居焉。郑氏所谓台湾城,即今安平城也,与今郡治隔一海港。东西相望,约十里许。虽与鲲身连[32],实则台湾外沙,前此红毛与郑氏皆身居之者,诚以海口为重,而缓急于舟为便耳……夫成功年甫弱冠[33],招集新附,草创厦门,复夺台湾,继以童孺守国,三世相承。卒能保有其地,以归顺朝廷。成功之才,信有过人者。

## 【作者简介】

郁永和,字沧浪,浙江仁和(今杭州)人,诸生也。性好游,遍历闽中山水。因采硫,居台半载。著《稗海纪游》《番境补遗》《海上纪略》,所记台湾资料丰富。

## 【注释】

[1]平旦:清晨。

[2]黑水沟:《澎湖厅志》卷一:黑水沟有二:"其在澎湖之西者,广可八十里,为澎、厦分界处,水黑如墨,名曰大洋。"另者在澎湖之东。此为澎、厦间之沟。

[3]窊:音 yǔ,同"宧",洼下低陷。

[4]楮镪:音 chǔ qiǎng,祭供时焚化用的纸钱。

[5]泄视:谓舒徐而观。

[6]鹢尾:船尾。古代的船常画有鹢鸟等以作装饰。

[7]杳冥:极高或极远以致看不清的地方。

[8]野马:原野上空蒸腾浮游的水汽。舲:音 líng,有窗的小船。

[9]扶摇乍徙:谓船行速度极快。庄生:即庄子。庄子《逍遥游》:"抟扶摇而上者九万里。"言迅疾。

[10]妈祖澳:即今之马公市。为台湾澎湖县县治。

[11]三板:舢板。

[12]骭:音 gàn,胫骨,也指小腿。

[13]裨将:副将。巡检:即巡检使。明清时,凡镇市、关隘要害处俱设巡检司,归县令管辖。

[14]台郡:台湾本岛。

[15]罟师:渔夫。

[16]扶桑:日出处。

[17]珠宫璇室:华丽的宫室。

[18]参斗:北斗。

[19]纤尘:谓船在海上,犹如明镜上的一点尘埃。

[20]樯乌:指船桅上安置的测风乌鸟。

[21]鹿耳门:位于今台南市安平镇西北。因两岸沙角形似鹿耳,航道狭窄如门而得名。为明清时期台湾西南岸重要港口航道。

[22]安平城:今安平古堡。

[23]赤嵌城:今存赤嵌楼,位于台南市。隔台江与安平古堡相对。

[24] 晡:音 bū,申时,午后 3—5 时。

[25] 二尹:此指府佐。

[26] 天启元年:1621 年。

[27] 堞堄:城上呈凹凸形有射孔的矮墙。闉阇:音 yīn dū,古代城门外瓮城的重门。后泛指城门或城楼。又,《诗·郑风·出其东门》:"出其闉阇。"郑玄笺:"阇读当如彼都人士之都,谓国外曲城之中市里也。"后据此以"闉阇"指城市街里。

[28] 京口:今江苏镇江。

[29] 红毛:时称荷兰占领者为红毛。肤白毛红,故称。大港:港名。离安平镇里许。

[30] 胶沙:谓战船(因水浅)陷入沙中。

[31] 顺治十六年:1659 年。按:郑成功攻打台湾为顺治十八年(1661)。

[32] 鲲身:即今台南安平镇。

[33] 弱冠:二十岁。古人二十岁行冠礼,以示成年,但体犹未壮,故称"弱"。1645 年,南明弘光朝覆灭后,其父郑芝龙等于福州拥唐王朱聿键称帝。郑成功颇得其赏识,封忠李伯、御营中军都督,赐国姓,改名"成功"。第二年,郑成功开始领军,与清军作战。

# 圆 明 园 记

## 清·雍 正

【提要】

本文选自《中国历代造园文选》(黄山书社 1992 年版)。

"圆明园在畅春园之北,朕藩邸所居赐园也。"以"天下第一闲人"自居的雍正帝胤禛,1709 年正式入住父皇赐予的圆明园,他以皇子的身份在园里生活居住了将近十四年时间。

康熙帝玄烨少年亲政,经过数年征战与建设,清政局渐趋稳定,经济日益发展,逐渐开创出了一派盛世气象。大约从康熙十九年(1680)起,康熙皇帝终于腾出手来,开始进行皇家内部的"家庭"建设。他先是在北京西郊修建了玉泉山静明园,之后,又于 1687 年,在明代国戚武清侯李伟的别墅(清华园旧址)上,建造完成了京城西北郊第一座皇家园林畅春园。随着康熙帝驻跸"避喧听政"次数的不断增多,园居时间的不断增长,畅春园逐渐成为清朝除紫禁城以外的第二个政治中心。康熙皇帝在畅春园园居理政之后,围绕着畅春园,相继在海淀一带涌现出了一大批贵胄权臣的私人花园。圆明园,即是其中之一。

康熙四十六年(1707),当康熙皇帝把圆明园赐给他的第四个儿子胤禛的时候,圆明园是一座面积约一千亩的花园。雍正在此"因高就深,傍山依水,相度地宜。构结亭榭,取天然之趣,省工役之烦"。在这里,胤禛卧薪尝胆、韬光养晦,把圆明园经营得有声有色,并最终成为帝位争夺战的最后胜利者。

《清圣祖实录》载,康熙帝至少五次游幸过圆明园——他首次亲游的皇子花园就是圆明园。他最后一次,也就是康熙六十一年(1722)三月二十五日这一次游幸,意义特别重大。这年的三月中旬,康熙皇帝曾应胤禛之请到圆明园观看牡丹,不过那段时间因为缺雨水,花开欠盛。三月二十五日,康熙皇帝又专程来到圆明园牡丹台——乾隆重修后称"镂月开云",观赏牡丹。这一次,胤禛把他的儿子、时年12岁的弘历带到牡丹台,谒见了康熙皇帝。这是祖孙二人第一次见面。康熙皇帝对孙儿弘历大为喜欢,当即下令将弘历带回宫中养育,并亲自指导他读书学习。同年秋季,康熙皇帝秋狝木兰的时候,又特别命令弘历随行。康熙六十一年十一月十三日,69岁的玄烨在畅春园驾崩。临终前,他宣布:"皇四子胤禛,人品贵重,深肖朕躬,必能克承大统,著继朕登极,即皇帝位。"(《清代宫廷史》)这一年,胤禛已44岁了。

随着胤禛的登极御政,圆明园也逐渐取代了畅春园,成为大清帝国新的政治中心之一。登极后的胤禛,命所司酌量修葺亭台丘壑、"建设轩墀,分列朝署""或辟田庐,或营蔬圃";在这里,他稍有闲暇,便"研经史以陶情,拈韵挥毫,用资典学""昼接臣僚,宵披章奏,校文于墀,观射于圃",但"凡此起居之有节,悉由圣范之昭垂,随地恪遵,罔敢越轶。其采椽栝柱,素壁版扉,不斫不延,不施丹艧"。作为皇帝,居于此,胤禛"不求自安而期万古之宁谧,不图己逸而冀百族之恬熙",正应了父皇"圆"通而达神妙之境,清"明"而泽天下百姓的题额之意。

因此写下《圆明园记》。

圆明园,在畅春园之北[1],朕藩邸所居赐园也[2]。在昔皇考圣祖仁皇帝听政余暇,游憩于丹棱沜之涘[3],饮泉水而甘。爰就明戚废墅,节缩其址,筑"畅春园"。熙春盛暑[4],时临幸焉。朕以扈跸[5],拜赐一区,林皋清淑[6],陂淀渟泓[7]。因高就深,旁山依水,相度地宜,构结亭榭。取天然之趣,省工役之烦。槛花堤树,不灌溉而滋荣;巢鸟池鱼,乐飞潜而自集。盖以其地形爽垲[8],土壤丰嘉,百汇易以蕃昌,宅居于兹安吉也。园既成,仰荷慈恩[9],赐以园额,曰"圆明"。

朕尝恭迓銮舆[10],欣承色笑,庆天伦之乐,申爱日之诚[11]。花木林泉,咸增荣宠。及朕缵承大统,夙夜孜孜,斋居治事,虽炎景郁蒸[12],不为避暑迎凉之计。

时逾三载,金谓大礼告成[13],百务具举,宜宁神受福,少屏烦喧,而风土清佳,惟园居为胜,始命所司酌量修葺。亭台丘壑,悉乃旧观。惟建设轩墀[14],分列朝署,俾侍直诸臣有视事之所;构殿于园之南,御以听政。晨曦初丽,夏晷方长[15],召对咨询,频移昼漏[16],与诸臣相接见之时为多。园之中,或辟田庐,或营蔬圃,平原旷旷[17],嘉颖穰穰[18]。偶一眺览,则遐思区夏[19],普祝有秋。至若凭栏观稼,临陌占云[20],望好雨之知时,冀良苗之应候,则农夫勤瘁[21],稼事艰难,其景象又恍然在苑囿间也。若乃林光晴霁[22],池影澄清,净练不波[23],遥峰入镜;朝晖夕月,映碧涵虚,道妙自生,天怀顿朗。乘机务之少暇,研经史以陶情,拈韵挥毫,用资典学[24]。凡此起居之有节,悉由圣范之昭垂,随地恪遵[25],罔敢越轶。

其采椽栝柱,素壁版扉,不斫不延,不施丹艧[26],则法皇考之节俭也[27]。昼接臣僚,宵披章奏;校文于墀,观射于圃,燕闲斋肃[28],动作有恒,则法皇考之勤劳也。春秋佳日,景物芳鲜,禽奏和声,花凝湛露,偶召诸王大臣从容游赏,济以舟楫,饷以果蔬,一体宣情,抒写畅洽,仰观俯察,游泳适宜,万象毕呈,心神怡旷,此则法皇考之亲贤礼下,对时育物也。

至若,嘉名之赐以"圆明",意旨深远,殊未易窥。尝稽古籍之言,体认圆明之德。夫圆而入神,君子之时中也[29];明而普照,达人之睿知也。若举斯义以铭户牖,以勖身心[30];虔体天意,永怀圣诲;含煦品汇[31],长养元和。不求自安,而期万方之宁谧;不图己逸,而冀百族之恬熙[32]。庶几世跻春台,人游乐国,廓鸿基于孔固[33],绥福履于方来[34],以上答皇考垂祐之深恩[35],而朕之心至是或可以慰也夫。爰宣示予怀而为之记。

**【作者简介】**

雍正,名胤禛(1678—1735),姓爱新觉罗,满州正黄旗人,康熙帝第四子。1722—1735年在位,年号雍正,庙号世宗。即位后,他在政治上采取多种措施以巩固自己的皇位。首先是消除异己,分化瓦解诸皇子集团,并创立了秘密立储制度。创设军机房(十年,改称军机处),施行耗羡归公和养廉银的措施,思想上大兴文字狱,经济上实施"摊丁入亩"的赋役制度,更加严格地执行重农抑末方针,大力兴修水利,削除贱籍;民族地区,大规模地推行改土归流政策,取消云南、贵州、广西、湖南、四川等省的土司;努力维护国家主权。

**【注释】**

[1]畅春园:为康熙帝在京西北郊建造的第一座"避喧听政"的皇家园林。
[2]藩邸:藩王的宅第。
[3]丹棱沜:海淀附近湖水名。《宸垣识略》:丹棱沜,源出(大兴)县西北万泉庄,平地涌泉凡数十处,自南至北,汇为丹棱沜。沜:音pàn,古同"畔"。
[4]熙春:明媚的春天。
[5]扈跸:随侍皇帝出行至某处。
[6]林皋:指山林或树林水岸。清淑:清美,秀美。
[7]渟泓:积水深貌。
[8]爽垲:高爽干燥。
[9]慈恩:称上对下的恩惠。
[10]迓:迎接。
[11]爱日:《法言》:"事父母自知不足者,其舜乎!不可得而久者,事亲之谓也,孝子爱日。"李轨注:"无须臾懈于心。"后以指儿子供养父母的时日。
[12]郁蒸:气压低、湿度大、气温高。
[13]佥:皆,全部。
[14]轩墀:指厅堂。
[15]夏晷:犹夏日。晷:音guǐ,日影。
[16]昼漏:谓白天的时间。
[17]朊朊:膏腴,肥沃。
[18]穰穰:音ráng,丰熟貌。
[19]区夏:指华夏、中国。
[20]占云:谓观云测雨晴。

[21] 勤瘁:辛苦劳累。

[22] 晴霁:晴朗。

[23] 净练:洁净的白绢。常用以形容清澈的江水。

[24] 典学:古时称帝王或皇子致力于学为典学。

[25] 恪遵:恭谨遵守。

[26] 丹雘:涂饰色彩,犹言藻饰。

[27] 法:效仿。皇考:指其父康熙。

[28] 斋肃:庄重敬慎。

[29] 时中:儒家谓立身行事,合乎时宜,无过与不及。

[30] 勖:音 xù,勉励。

[31] 品汇:事物的品种类别。

[32] 恬熙:安乐。

[33] 孔固:犹稳固。孔:很。

[34] 方来:将来。

[35] 垂祐:赐予保佑。

# 宁古塔纪略(节选)

## 清·吴桭臣

【提要】

本文选自《宁古塔纪略》(《昭代丛书》清道光世楷堂刻本)。

宁古塔旧城位于牡丹江左岸支流海浪河南岸,今为黑龙江省海林县旧街镇。康熙五年(1666)迁建新城于今黑龙江省宁安市城地。"相传昔有兄弟六个,各占一方。满洲称六为宁古,个为塔。"按照吴桭臣的说法,他随其父流放的宁古塔"木城两重,系国朝初年新筑,去旧城六十余里。内城周二里许,只有东西南三门。其北因有将军衙署,故不设门"。吴三桂再反时,他家移住外城西门口。

宁古塔辖界在顺治年间十分广大,盛京(今沈阳)以北、以东皆归其统辖。顺治十年(1653)设昂邦章京(意为总管)镇守,长期为清统治东北边疆地区的重镇。每年六月,派出官员至黑龙江下游普禄乡,收受库页岛(今萨哈林岛)居民贡貂。17 世纪中叶,俄国哥萨克侵扰黑龙江流域,清朝多次由此地派兵征讨。康熙元年,更昂邦章京为镇守宁古塔等处将军。作为国防重镇的宁古塔,是向朝廷提供八旗兵源和向戍边部队输送物资的重要根据地,也是 17 世纪末到 18 世纪初,东北各族向朝廷进贡礼品的转收点,因此宁古塔与盛京齐名。

顺治始,宁古塔成了清廷流放人员的接收地,郑成功之父郑芝龙、金圣叹家属、诗人吴兆骞、思想家吕留良家属等等。吴兆骞(1631—1684),字汉槎,吴江松陵镇人。少年时即声震文坛。顺治十四年(1657)中举人,南闱科场案发,被诬卷入其中。翌年,兆骞赴京接受检查和复试。在复试中,负气交白卷,被革除举人名。顺治皇帝亲自定案,兆骞家产籍没入官,父母兄弟妻子一并流放宁古塔(今黑龙江宁安县)达 23 年之久。

在宁古塔期间,也许是为了更方便地收徒授业,吴兆骞全家移居到热闹的城西门口。年少的桭臣看见东西大街"人烟稠密,货物客商络绎不绝",竟感到此与华夏无异。

边地有边地的风景。"春初至三月,终日夜大风。如雷鸣电激,尘埃蔽天,咫尺皆迷";"八月中即下大雪",隆冬季节,甚至"雪才到地,即成坚冰"。春夏秋短暂,"白梨红杏,参差掩映";端午前后,崖下芍药遍开;秋深季节,"枫叶万树,红映满江",更加上江里的鱼"极鲜肥而多",桭臣脑海里宁古塔的记忆写着"美好"。

金朝的上京,满清的发祥地,还有当地民居的样式,作者均一一详细描述,充满生活的气息。

吴兆骞流放宁古塔 23 年后,因为纳兰性德等的帮助得以回乡。谁知长期的严寒生活,吴兆骞已不适应江南水土气候,大病数月,赴京治疗,翌年客死京城。

宁古塔在大漠之东,过黄龙府七百里[1],与高丽之会宁府接壤[2],乃金阿骨打起兵之处。虽以塔名,实无塔。相传昔有兄弟六个,各占一方。满洲称六为宁古,个为塔。其言宁古塔,犹华言六个也。有木城两重,系国朝初年新筑,去旧城六十余里。内城周二里许,只有东西南三门。其北因有将军衙署,故不设门。内城中惟容将军护从,及守门兵丁,余悉居外城。周八里,共四门,南门临江。汉人各居东西两门之外,余家在东门外,有茅屋数椽[3],庭院宽旷。周围皆木墙,沿街留一柴门。近窗牖处,俱栽花树。余地种瓜菜。家家如此。因无买处,必须自种。后因吴三桂造逆[4],调兵一空。令汉人俱徙入城中。余家因移住西门口。内有东西大街,人于此开店贸易。从此人烟稠密,货物客商,络绎不绝,居然有华夏风景。

……

当我父初到时,其地寒苦。自春初至三月,终日夜大风。如雷鸣电激,尘埃蔽天,咫尺皆迷。七月中有白鹅飞下,便不能复起。不数日即有浓霜,八月中即下大雪,九月中河尽冻,十月地裂盈尺。雪才到地,即成坚冰。虽向日照灼不消。初至者必三袭裘,久居即重裘可御寒矣。至三月终,冻始解,草木尚未萌芽。近来汉官到后,日向和暖,大异曩时[5]。满洲人云:"此暖是蛮子带来。"可见天意垂悯流人,回此阳和也[6]。

南门临鸭绿江,江发源自长白山。西门外三里许,有石壁临江,长十五里,高数千仞,名鸡林哈答。古木苍松,横生倒插。白梨红杏,参差掩映。端午左右,石崖下芍药遍开。至秋深,枫叶万树,红映满江。江中有鱼,极鲜肥而多,有形似缩项鳊,满名发禄,满洲人喜食之,夏间最多。余少时喜钓,每于晡夕[7],持竿垂钓。顷刻便得数尾而归。又有一种生于江边浅水处,石子下者,上半身似蟹,下截似虾,长二三寸,亦鲜美可食,名哈什马。今上祭太庙,必用此物。亦有鲟鳇鱼,他如青鱼、鲤鱼、鳊鱼、鲫鱼,其最多者也。

……

石壁之上别有一朗岗,即宁古镇城。进京大路一百里,至沙岭第一站,有金之上京[8],城临马耳河,宫殿基址尚存。殿前有大石台,有八角井,有国学碑。仅存"天会纪元"数字[9],余皆剥蚀不可辨识。

禁城外有莲花石塔,微向东敧。塔之北有石佛,高二丈许。又有荷花池,长数里。东门外三里有村名觉罗,即我朝发祥地也。

自东而北、而西,沿城俱平原旷野,榛林玫瑰一望无际。五月间,玫瑰始开,香闻数里。予家采为玫瑰糖,土人奇而珍之。

……

房屋大小不等,木料极大。只一进或三间、五间,或有两厢,俱用草盖。草名盖房草,极长细;有白泥泥墙,极滑,可睹墙厚几尺。然冬间寒气侵人,视之如霜。屋内南西北接绕三炕,炕上用芦席,上铺大红毡,炕阔六尺,夜则横卧炕上,必并头而卧。即出外,亦然橱箱被褥之类具靠西北墙安放。有南窗、西窗,门在南窗之旁,窗户俱从外闭,恐野阔虎来,易于撞进。靠东边间以板壁隔断,有南北二炕,有南窗,即为内房矣。无椅杌[10],有炕桌,具盘膝坐。客来,俱坐南炕,内眷不避。

春秋二季,将军令兵丁于各门城上,晨夕两时吹笳,声闻数里。冬至,令兵丁各山野烧,名曰放荒。如此则来年草木更盛。又每岁端午后,派八旗拨什库一人[11],率兵丁几名,将合宁古塔之马,尽放于几百里外有水草处。马尾上系木牌,刻某人名,至七月终方归。此时马已极肥,俱到衙门内,各认木牌牵回。四季常出猎打围[12]。有朝出暮归者,有三两日而归者,谓之打小围。秋间打野鸡围,仲冬打大围,按八旗排阵而行。成围时,无令不得擅射。二十余日乃归。所得者虎、豹、猪、熊、獐、狐、鹿、兔、野鸡、雕羽等物。猎犬最猛,有能捉虎豹者。虎豹颇畏人,惟熊极猛,力能拔树掷人。野鸡最肥,油厚寸许。辽东野鸡颇有名,然迥不及矣。每一猎,车载马驼不知其数。鹰第一等,名海东青,能捉天鹅。一日能飞二千里。又有白鹰、芦花鹰,俱极贵重,进上之物。余则黄鹰、兔虎、鹞子,亦皆猛于他处。有雕极大而多,但用其翎毛为箭。

余生长边陲,入关之岁,已为成人,其中风土人情,山川名胜,悉皆谙习,颇能记忆。今年近六旬,须发渐白。回思患难时,不啻隔世[13]。诚恐久而遗忘,子孙不复知乃祖父之阅历艰危如此。长夏无事,笔之于纸,以为《宁古塔纪略》。时康熙六十年辛丑岁七月也[14]。

**【作者简介】**

吴桭臣(1664—?),兆骞子。字南荣,小字苏还。江苏吴江县人,生于宁古塔。返乡时已18岁。40年后,写《宁古塔纪略》以记其事。终生不仕。还有《闽游偶记》《台湾舆地汇钞》等。

**【注释】**

[1]黄龙府:其址在今吉林农安县。

[2]会宁府:府治在今哈尔滨阿城境内。金太宗完颜阿骨打建都于此升州为府,是为上京。按:朝鲜邻图门江亦有会宁府。为李氏朝鲜时代六镇之一,旧城至今尚存。疑作者表述有误。

[3]数椽:数间。

[4]吴三桂(1612—1678):字长伯。辽东锦州人。武举出身,明朝锦州总兵吴襄子,以战功及父荫授都指挥。崇祯四年(1631)八月,皇太极发动大凌河之役,吴襄在赴援时逃亡,导致全军覆灭。吴襄下狱,乃擢吴三桂为辽东总兵官,镇守山海关。崇祯十七年(1644)三月初,李自成逼近北京,吴三桂奉旨入援京师,但未至而北京失陷,吴撤兵退保山海关。妾陈圆圆被李自成部将掠去,其父也被拘押且“拷掠甚酷”,三桂大怒,遂请清兵入关灭贼。李自成闻讯,亲率大军赴山海关攻讨吴三桂。吴军初败,三桂求救于清摄政王多尔衮,清兵入关,大败李自成,吴受清封平西王。随后,吴三桂为清军先锋,追击李自成及四川之张献忠。清顺治十四年(1657),会同清军进攻南明云贵等地区。十六年,清廷命他镇守云南。

[5]曩时:往时,以前。

[6]阳和:春天的暖气,温暖,和暖。

[7]晡夕:傍晚。

[8]上京:金国早期都城,在今黑龙江阿城白城子。金太宗时始建都城。天春元年(1138),金熙宗命名上京。贞元元年(1153),海陵王迁都燕京(今北京),削上京号,只称会宁府。后又恢复上京名。上京依宋汴京规制,由南城、北城、皇城三部分组成,作为金都城历时近40年。

[9]天会:金太宗年号,1123—1135年。

[10]椅杌:椅子和凳子。

[11]拨什库:清代官名。满语,汉语称领催。管理佐领内的文书、饷粮庶务。

[12]打围:打猎。因须多人合围,故称。

[13]不啻:不止,不只。啻,音 chì。

[14]康熙六十年:1721年。

# 南游记(节选)

## 清·孙嘉淦

**【提要】**

本文选自《虞初新志》卷一七(上海书店 1986 年版)。

康熙五十九年(1720),孙嘉淦回山西老家丁母忧期间,自晋阳古关出发向东,开始了长达两年的一次旅行。出都城,由直隶,经山东、江苏、浙江、江西、湖南、广东、广西、湖北、河南,最后回到太原。

孙嘉淦所言出游的原因是为了忘记伤痛,丁忧期间“加以荆妻溘逝,稚子夭残”,自己“几致丧明”。更加上“学不贞遇,为境所困”,故而决定“寄踪山水之间,聊以不永怀而不永伤焉”。于是,他与失意礼闱的友人李景莲一起,在康熙辛丑(1721)二月二十四日开始南游。

“都中攘攘,缁尘如雾。出春明门,觉日白而天青。”那时的都城里空气污染同样也很严重。到山东德州,看到“州城临运河,船桅如麻”,看到“齐河水清,抱县城如碧玉环,石桥跨之。两岸桃柳,新绿嫣红,临水映发,为徘徊桥上者移时”。泰安城中"庙去城之南门二百步许,而以北城为后垣;一城之中,庙居大半焉。阶墀多古柏";登泰山,"山足曰红门,红门以后,路皆石阶。时闻阶旁潺潺有水声。四更至回马岭,阶级愈峻,如行壁上。鸡鸣至玉皇庙","天门之峰,无点土,亦无寸草,石脉长而廉隅四出,骈植叠累,皱若莲菊。磴道直上十里,乃城中所望若白练者"。在山上,他"视泰安城如掌大;汶水一线,环于城外;徂徕若堵,蹲于汶上"。

一路行走,一路观赏,孙嘉淦从容不迫遍访名胜古迹、奇山异水。"高邮以南,始见田畴。江北暮春,似河北之盛夏。草长成茵,麦秀成浪,花剩余红,树凝浓绿,风景固殊焉"。苏州"灵岩秀而高,上有西施洞,山巅有寺,馆娃宫之故址也"。而"嘉、杭之间,其俗善蚕,地皆种桑,家有塘以养鱼,村有港以通舟,麦禾蔚然,茂于桑下;静女提笼,儿童晒网。风致清幽,与三吴之繁华又别矣"。"黎明至于兰亭。今之兰亭,非昔之兰亭矣……亭西里许,曰天章寺,而亦非旧矣"。"自右江至衡阳,数千里间,土石多赤,一望红原绿草,碧树丹屋,烂若绘绚。"桂林"城中屹立者曰独秀山,高数百丈,下有石室,顶通光耀……迎风而入,曲折崎岖,渐觉光明,忽然高敞;身入楼阁,户牖轩豁,栏槛回环;开户一望,水天无际,山林窈冥。盖漓江从城北来,两岸之山,怪怪奇奇,向在舟中,未尽见也"。"沔口之北,西曰汉口,汉阳府也;东曰夏口,武昌府也。塘山为城,堑江为池。武昌城内包三山,汉阳城内有两湖。黄鹤楼与晴川阁,距两城之上,相望也。""北至告城,古阳城地也。临颍水,面箕山,负嵩岳,左成皋,右伊阙,崇山四塞,清流漾洄。其高平处,有周公'测影台',巨石屹立,高可七尺,下方五尺,上方三尺。"

在这篇长达万余言的《南游记》中,孙嘉淦"四海滨其三,九州历其七,五岳睹其四,四渎见其全。帝王之所都,圣贤之所处,通都大邑,民物之所聚;山川险塞,英雄之所争;古迹名胜,文人学士之所歌咏,多见之焉"。他说:"独所谓魁奇磊落、潜修独行之士,或伏处山颠水湄,混迹渔樵负贩之中,而予概未之见。岂造物者未之生耶?抑吾未之遇耶?抑虽遇之而不识耶?吾憾焉!然苟吾心之善取,则于山见仁者之静,于水见智者之动;其突兀汹涌,如睹勇士之叱咤;其沦涟娟秀,如睹淑人君子之温文也。然则谓吾日遇其人焉,可也。"张山来评述此文:"就其登涉所至,随笔点染铺叙,绮丽芊锦,亦复激昂慷慨,适足以囊括宇宙,开拓心胸,真千古奇文!"

孙嘉淦出游时,康熙在位已经60年。经过一个甲子的治理,破除三藩分裂势力,抗击外来势力入侵;亲征朔漠,和善蒙古;重农治河,兴修水利,兴文重教,轻徭薄赋,国泰民安,大江南北到处是安居乐业的景象。

己亥之夏[1],以母病告假归省。其秋,遂丁母艰。罔极未报[2],风木余悲,加以荆妻溘逝[3],稚子夭残,不能鼓缶,几致丧明。学不贞遇[4],为境所困,欲复寄踪山水之间,聊以不永怀而不永伤焉。《诗》云:"驾言出游,以写我忧",此之谓也。

……

决计南行,返都中治装。适吾友李子景莲不得志于礼闱[5],遂与之偕。辛丑二月二十四日出都,此则吾南游之始也。

……

淮安南曰宝应,宝应南曰高邮,地多湖,四望皆水。高邮以南,始见田畴。江北暮春,似河北之盛夏。草长成茵,麦秀成浪,花剩余红,树凝浓绿,风景固殊焉。

南至于扬州,扬州自古繁华地,当南北水陆之冲,舟车辐辏,士女游冶[6],兼以盐商聚处,僭拟无度[7],流俗相效,竞以奢靡,此其弊也。城内无可观,隋宫、迷楼、二十四桥之胜迹,今皆不存。琼花观内[8],止余故址。城北有天宁寺,谢东山之别业也[9]。其西偏曰杏园。余尝寓杏园之僧舍,竹树蓊郁,池台清幽,想见王谢风流[10]。杏园东曰虹桥,园亭罗列水次,游人棹酒船于其中。虹桥之北,则蜀岗也,欧阳文忠公建平山堂于其上[11]。堂右有大明寺井,昔张又新作《煎茶水记》[12],谓扬子江中泠泉第一,惠山石泉第二,虎丘石井第三,丹阳寺井第四,扬州大明寺井第五,即此是也。

东至于泰州,昔韩魏公知泰州[13],梦以手捧日者再,今其州堂犹颜曰"捧日"。南至于瓜州,遂渡江。扬子江阔而清,含虚混碧,上下澄鲜,金、焦在中,如踞镜面。金山四面皆楼阁,环绕层累,靓妆刻节。远望焦山,林木青苍。土人云:"焦山山里寺,金山寺里山"。惜余未上,于焦止见山,于金止见寺而已。

……

出湖入章江[14],至南昌,登滕王阁。章江南来,渺弥极目;彭蠡北汇[15],烟波万顷。东望平畴,天垂野阔。连峰千里,西列屏障。所谓"西山暮雨,南浦朝云。霞鹜齐飞,水天一色",盖实录也。南昌阻风,泊舟生米渡。次蚕渡江,几至不测。语曰:"安不忘危。"又曰:"千金之子,坐不垂堂。"[16]余自维扬登舟,过扬子,泛吴淞,涉钱塘,溯桐溪,经鄱阳,在舟数月,侥幸无恙,习而安焉。设非遭此,遂安其危而忘垂堂之戒也,岂可哉?

南至于丰城,观剑池。西入清江,至临江府。城东有合皂山,昔张道陵、丁令威、葛孝先皆居于此[17]。西过新喻,山尤多:分宜之山清而秀,袁州之山奇而雄。至芦溪乃陆走,过萍乡复登舟,经醴陵,出渌口,至湘江,入湖南境。右江风俗,胜于三吴两浙。男事耕耘,兼以商贾,女皆纺织;所出麻枲绵葛松杉鱼虾米麦[18],不为奇技淫巧,其勤俭习事,有唐魏之风。独好诈而健讼,则楚俗也。

湘江之水清而文,两岸之山秀而雅;草多茅菅,扶疏猗靡,皆有蕙薄丛兰之致。每当五岭朝霞,三湘夜雨,或光风转蕙,皓月临枫,吟《离骚》《九歌》《招魂》之句,如睹泽畔之憔悴也,如逢芰衣荷裳之芳泽也[19],如闻湘灵山鬼之吟啸悲啼也。南至衡州,谒南岳。凡岳镇,非独形伟,其气盛也。向登泰山,郁郁葱葱,灵光焕发。渡江以来,名山无数,神采少减焉。兹见南岳,乃复如睹泰山。连峰争出,高不可止;复岭互藏,厚不可穷;石壁插青,流泉界白;气勃如蒸,岚深似黛。顶在云中,有若神龙,其首不见,而爪舒鳞跃,光怪陆离。"火维地荒,天假神柄"[20],应不诬也。衡山七十二峰,其最大者五:芙蓉、紫盖、石廪、天柱、祝融。南岳庙在祝融峰下,谒庙后,望五峰,其顶皆在云中。登舟南行数日,无时不矫首。古语云:"帆随湘转,望衡九面。"予九面望而卒未尝见其顶,始叹衡山之云之难开也!

……

南过灵川,至于桂林。粤西高大中丞,予业师也,留署中过夏。时时跨马出游郊坰,负郭山水之胜皆见之。城中屹立者曰独秀山,高数百丈,下有石室,顶通光耀。其东北曰伏波山,高峭与独秀等,岩中悬石,下垂如柱。其西有叠彩岩,石纹华丽,岩腹有洞,冷风日夜不休,曰风洞。迎风而入,曲折崎岖,渐觉光明,忽然高敞;身入楼阁,户牖轩豁,栏槛回环;开户一望,水天无际,山林窈冥[21]。盖漓江从城北来,两岸之山,怪怪奇奇,向在舟中,未尽见也。兹入洞内,黑走山腹,忽睹上界,皆成异境。舟泛银河,人至天台,亦若是矣。城南有刘仙崖,石洞如屋,内刻张平叔[22]《赠桂林白龙洞刘真人歌》,道铅汞术甚详。城西有七星岩,上有栖霞洞。石阶直下数百级,顶上水纹如波,中有鲤鱼,长丈余,头目鳞尾皆具。洞后深黑,秉炬进数百步,冷气迫人,同行者惧,遂偕出。闻土人道其中之景甚怪。王荆公云[23]:"世上奇伟瑰怪非常之观,常在于险远,而为人所罕至。故非有志者不能至也。有志矣不随以止也,然力不足者,亦不能至也。有志与力而又不随以怠,至于幽暗昏忽,而无物以相之,亦不能至也。然力足以至焉,于人为可讥,而在己为有悔;尽吾志而不能至者,可以无悔矣。吾甚悔吾之未尽吾志而随人以止也!"其东有龙隐洞,清流从洞中出而入江。江中有山,轮囷若象鼻舒江中[24],舟行鼻内。江岸山上有洞,直透山背,以通天光;望之圆明如满月。志称"滨江三洞,水月最佳"者是也。

......

过全州,复入湘山寺,有匾曰"再来人"。予哑然而笑[25]。夫佛再出世,犹吾再入寺也,而何怪焉?过衡州,登合江亭,湘水南来,蒸水北至,两江合处,一峰特起,曰石鼓山,上有武侯祠。向读韩诗注云"合江亭旁有朱陵洞",登其上而不见。返舟问榜人[26],云:"洞在亭下,当事者封其路,游人往往不得至焉。"在舟又望南岳,雾隐云封,终不能见其顶。江山之于人如友,或不期而遇,或千里相访而不值,何哉!北至于湘潭,有昭山。昭王南征至此[27]。

......

北至于湘阴,有黄陵庙,二妃之所溺也[28]。其东有汨罗江,屈子之所沉也。过广陵,入洞庭,浩浩荡荡,四无涯涘。晚见红日落于水内,次早见炬火然灼水面[29],渐望渐高,乃明星也。吾游行天下,山吾皆以为卑,水吾皆以为狭。非果卑果狭也,目能穷其所至,则小之矣。物何大何小,因其所大而大之,则莫不大,因其所小而小之,则莫不小。苏子瞻曰:"覆杯水于地,芥浮于水,蚁附于芥,茫然不知其所济。少焉水涸,蚁即径去,见其类,出涕曰:几不复与子相见!岂知俯仰之间,有方轨八达之路乎[30]?计四海之在天地之间也,犹杯水也;舟犹芥也,人犹蚁也,吾乌知蚁之附芥,不以为是乘桴浮海耶[31]?其水涸而去,不以为是海变桑田耶?四海虽广,应亦有涯,目力不至,则望洋而叹;因所大而大之耳。"今在洞庭,吾目力穷焉,即以为洞庭为吾之海可也。

自湘阴泊于磊石,又泊于鹿角,又泊于井冈,皆在湖中。时近中秋,天朗气清,所谓"长烟一空,皓月千里,浮光耀金,静影沉璧"者,吾见之焉。北至巴陵,岳阳楼在巴城上,而今不存矣。予登其址而望焉,见君山秀出,其东曰扁山,又东曰九龟山,皆在湖中。城南曰白鹤山,其侧有天岳岭,上有吕仙亭,亭前有岳武穆庙。昔武穆剋期八日[32],平杨幺于洞庭,居人德而祀之。庙貌巍然,据湖山之胜。夫岳阳为纯阳三过之所,宋滕子京重修之,范文正公作记,苏子美书,邵𬮵篆额。当其盛时,仙之所往来,贤士大夫所歌咏;今皆为荒榛蔓草颓垣,文墨之士无论矣,纯阳有仙术,亦不能留其所爱。武穆蹇蹇[33],雄罹于罗,徒以忠义之性,结于人心,而遗迹独存。然则人之不死,固自有道矣!

在巴陵阻风五日,所谓"阴风怒号,浊浪排空,薄暮冥冥,虎啸猿啼"者,吾又见之焉。北出泾河口,入岷江。西北一望,荆襄汉沔,沃野千里。似燕赵两河之间,洋洋乎大国之风也。江南岸为临湘、嘉鱼、蒲圻之境,连延皆山。赤壁在嘉鱼,雄峙江浒[34],其上有"祭风台"。昔苏子瞻赋赤壁于黄州,武昌之下游也。考之史云:"刘备居樊口,进兵逆操,遇于赤壁",则当在武昌上游。又操败后走华容,今嘉鱼与华容近,而黄州绝远,然则周郎赤壁[35],断在嘉鱼无疑也。

北至荆口,两山对峙,东曰惊矶,西曰大军。惊矶有达摩亭,乃折苇渡江之所。北曰沔口,沔水又名沧浪,灵均遇渔父于此[36]。沔口之北,西曰汉口,汉阳府也;东曰夏口,武昌府也。堳山为城,堑江为池。武昌城内包三山,汉阳城内有两湖。黄鹤楼与晴川阁,距两城之上,相望也。汉阳城外有大别山,下有锁穴,乃孙吴锁江之处。予尝登大别之颠以望三楚,荆衡连镇,江汉朝宗,远水动蜀,高树浮秦。水陆之冲,舟车辐辏,百货所聚,商贾云屯。其山川之雄壮,民物之繁华,南北两京而外,无过于此。然沱、潜、汉、沔之间,潇、湘、沅、澧之际,江漂湖汇,民多水患,盗贼乘之。楚俗慓轻[37],鲜思积聚;山薮水汹[38],流民鸠处,其人率皆窳[39],庞杂而难治,亦可虑也。

……

西至禹州,大禹之封邑。北至告城[40],古阳城地也。临颍水,面箕山,负嵩岳,左成皋,右伊阙,崇山四塞,清流漾洄。其高平处,有周公"测影台",巨石屹立,高可七尺,下方五尺,上方三尺。《周礼·大司徒》:"以土圭之法测土深、正日影[41],以求地中;日南影短,日北影长,日至之影,尺有五寸。"即此也。北至登封,介嵩山太、少二室之间,太室之颠,栉比若城垣;少室之峰,直起若台观;虽无岱宗衡华之高奇,而气象雍容,神彩秀朗,有如王者宅居中正,端冕垂绅[42],以朝万国,不大声色,而德意自远[43]。中岳庙在太室之南,少林寺在少室之北。群峰围绕,界隔尘寰,水石清幽,灵区独辟。时值深秋,白云红叶,翠柏黄花,点缀岩岫[44],天然图画。岳阳、黄鹤,极江湖之浩渺;灵隐、少林,尽山岳之奇丽。睡常入梦,醒犹在目,非笔舌所能传也!在寺中问达摩遗迹,僧云:"寺西四五里深山之中,有古石洞,乃'九年面壁'之处。至今洞中犹有'达摩影'。"而予未见也。

出嵩山,渡洛水,至偃师,道中见田横、许远之墓[45]。北有缑山,子晋升仙之所也。北上北邙,望见洛阳,昔孟坚《两都》,平子《二京》诸赋,道洛阳之形胜甚悉,而予未暇观,至今犹耿耿焉。由孟津渡河至孟县。孟县者,河阳也,周襄王狩于此。北渡沁水,上太行,太行之上首起河内,尾抵蓟辽。碣石、恒山、析城、王屋,皆太行也。修坂造云[46],崇冈碍日,路皆青石,镜光油滑,实天下之至险。登太行而四望,九州之区,可以历指。秦、晋蔽山,吴、越阻水,青、齐负海,燕、赵沿边,中原平土,正在三河。周、鲁、宋、卫、陈、郑、蔡、许、邓、宿、杞、邾、沈、虞、邢、虢,《春秋》所书诸国,以及夏、殷、东汉、北宋、五代、梁、唐之故都,皆在于此。总挽九州,阃阈华夏[47]，土田肥美，物产茂实，所谓天下之中也，地之腹也，阴阳之所会，风雨之所和也。过太行而北，则吾山西境矣。

……

斯行也，四海滨其三，九州历其七，五岳睹其四，四渎见其全[48]。帝王之所都，圣贤之所处；通都大邑，民物之所聚；山川险塞，英雄之所争；古迹名胜，文人学士之所歌咏，多见之焉。独所谓魁奇磊落、潜修独行之士[49]，或伏处山颠水湄[50]，混迹渔樵负贩之中[51]，而予概未之见。岂造物者未之生耶？抑吾未之遇耶？抑虽遇之而不识耶？吾憾焉！然苟吾心之善取，则于山见仁者之静，于水见智者之动；其突兀汹涌，如睹勇士之叱咤；其沦涟娟秀[52]，如睹淑人君子之温文也；然则，谓吾日遇其人焉，可也！

抑又思之：天地之化，阴阳而已；独阴不生，独阳不成，故大漠之北不毛，而交、广以南多水[53]；文明发生，独此震旦之区而已。北走胡而南走越，三月而可至；昆仑至东海，半年之程耳。由此言之，大块亦甚小也。吾以二月出都，河北之地，草芽未生，至吴而花开，至越而花落，入楚而栽秧，至粤而食稻。粤西返棹，秋老天高，至河南而木叶尽脱，归山右而雨雪载涂。转盼之间，四序还周，由此言之，古今亦甚暂也！心不自得，而求适于外，故风景胜而生乐。性不自定，而寄生于形，故时物过而生悲。乐宁有几，而悲无穷期焉！吾疑吾之自立于天地者无具也。宋景濂曰[54]："古之人如曾参、原宪[55]，终身陋室，蓬蒿没户，而志竟充然，有若囊括于天地者，何也？毋亦有得于山水之外者乎？"孟子曰："万物皆备于我矣。"老子曰："不出户，知天下。"非虚言也。为地所囿，斯山川有畛域[56]；为形所拘，斯见闻有阻碍。果其心与物化，而性与天通，则天地之所以高深，人物之所以荣悴，山河之所以流峙，有若烛照而数计焉[57]！生风云于胸臆，呈海岳于窗几，不必耳接之而后闻，目触之而后见也。然则自兹以往，吾可以不游矣。然而吾乃无时不游也已[58]。

## 【作者简介】

孙嘉淦(1683—1753)，字锡公，又字懿斋，号静轩，山西兴县人。历康熙、雍正、乾隆三朝，是一位胆识超人的宰相级官员。孙嘉淦在康熙朝中9年仕途平平，但到雍正朝，上疏劝诫三件事：亲骨肉、停捐纳、罢西兵。激怒雍正，却被擢为国子监司业。历任学政、盐务、河工等要差，官至工、刑二部尚书，协办大学士。其《三习一弊疏》的三习："人君耳习于所闻，则喜谀而恶直"，"目习于所见，则喜柔而恶刚"，"心习于所是，则喜从而恶违"；一弊：喜小人而厌君子之弊。其文广为传诵。

## 【注释】

[1] 己亥：1719年。

[2] 罔极：指父母恩德无穷。《诗·小雅·蓼莪》："父兮生我，母兮鞠我。拊我畜我，长我育我。顾我复我，出入腹我。欲报之德，昊天罔报。"罔：音 wǎng。

[3] 溘逝：忽然去逝。溘：音 kè。

[4] 贞遇：犹明遇。

[5] 礼闱：古代科举考试的会试，因其为礼部主办，故称。

[6]游冶:出游寻乐。

[7]僭拟:越分妄比。谓在下者自比于尊者。

[8]琼花观:旧称"蕃厘观"。位于扬州琼花观街。为供奉后土女神的后土祠。

[9]谢东山:指谢安(320—385)。字安石,浙江绍兴人,祖籍陈郡阳夏(今河南太康)。四十余岁时,东山再起,后官至相位,成功挫败桓温篡位,并指挥了对前秦的淝水之战,为东晋赢得数十年的和平环境。战后因功名隆盛,避帝忌住广陵(今扬州),十年后病死。

[10]王谢:六朝望族王氏、谢氏的并称。

[11]欧阳文忠:指欧阳修。

[12]张又新:字孔昭,深州(今属河北)陆泽人。大比,连中三元。历左右补阙,谄事李逢吉、李训等。志在得美妻,嗜茶。

[13]韩魏公:即韩琦,字雅圭,官至宰相,封魏国公。

[14]章江:即赣江。

[15]彭蠡:即彭蠡湖,一说为鄱阳湖古称。

[16]千金之子,坐不垂堂:典出《史记·袁盎晁错列传》:"臣闻千金之子,坐不垂堂。"意为富贵人家的子弟。

[17]"张道陵"等:俱为道教人物。

[18]麻枲:即麻。枲:音 xǐ,麻类植物的纤维。

[19]芰荷:指菱叶与荷叶。《楚辞·离骚》:"制芰荷以为衣兮,集芙蓉以为裳。"

[20]"火维地荒"句:唐韩愈《谒衡岳庙遂宿岳寺题门楼》:"火维地荒足妖怪,天假神柄专其雄。"

[21]窈冥:深远渺茫貌。

[22]张平叔:初名伯端,号紫阳山人,北宋天台(今属浙江)人,道教人物。尝入蓉遇刘真人刘海赠,年九十九飞升于天台山。

[23]王荆公:王安石。

[24]轮囷:盘曲貌。

[25]嗒然:形容身心俱遣、物我两忘的神态。犹不由自主。

[26]榜人:船夫,舟子。

[27]昭王南征:指周昭王征楚。《竹书纪年》:周昭王十六年(约前985),南征,获胜,十九年,南征不返,"涉汉,遇大兕。"

[28]二妃:舜二妃蛾皇、女英,本尧之女,下嫁于舜。舜崩于苍梧,葬于九嶷。二妃朝朝暮暮立于湘山之巅,恸哭于湘江边丛竹之间,泪洒于竹,斑斑尽痕。后溺于湘江,从舜而去。葬于湘阴黄陵山,立黄陵庙以祀。

[29]然灼:同"燃灼"。

[30]方轨八达:指道路宽阔平坦、四通八达的大道。

[31]桴:小竹筏或小木筏。

[32]岳武穆:岳飞。绍兴五年(1135),岳飞率部发动对农民起义领袖杨幺的第七次围剿。设计掘闸放水,伐木塞港,以杂草浮水面,义军车船失去战斗力。杨幺为牛皋俘获就义。

[33]謇謇:音 jiǎn,忠直貌。

[34]江浒:江边。

[35]周郎:指周瑜。周郎赤壁,指武赤壁。三国时孙、刘联军火烧曹军之处。随后,魏、蜀、吴三分天下而鼎立。

[36]灵均:屈原字。屈原有诗名《渔父》。

[37] 僄轻:敏捷轻浮。

[38] 山薮水浉:谓山林水边。

[39] 偨窳:音 zǐ yǔ,懒惰。

[40] 告城:在今河南登封市嵩山与箕山之间。此地向有"天中地心"之说。

[41] 土圭:古老的计时仪器的一种。用直立的杆子观察太阳投射的杆影长短,以定冬、夏至等。

[42] 垂绅:大带下垂。

[43] 德意:布施恩德的心意。

[44] 岩岫:峰峦。

[45] 田横:战国时齐国田氏后代,曾任齐相国。韩信破齐,横自立为齐王,率五百人逃往海岛。后因羞为汉臣,自杀。墓在山东境内。许远(709—757):字令威,唐杭州盐官人。任睢阳太守,安禄山反,与张巡协力守城,外援不至,城陷被俘,不屈死。其墓在今河南商丘。

[46] 修坂:长长的山坡。造云:谓入云端。

[47] 阃阈:音 kūn yù,地域、疆界。

[48] 四渎:《尔雅·释水》:江、河、淮、济为四渎。渎:音 dú,大川。独流入海谓之。

[49] 磊落:壮伟貌,俊伟貌。

[50] 水湄:水边。

[51] 负贩:商贩。

[52] 沦涟:水波。

[53] 交、广:交趾(今越南),两广。

[54] 宋景濂:即宋濂(1310—1381)。元末明初文学家。朱元璋谋士,被誉为"开国文臣之首"。

[55] 曾参、原宪:俱为孔子弟子。原宪一生安贫乐道,不肯与世俗合流。曾参的"修治齐平"观,以孝为本的孝道观、慎独、省身的修养观影响深远。

[56] 畛域:界限,范围。畛:音 zhěn。

[57] 烛照数计:用烛照着,按数计算。比喻料事精确。

[58] 按文末有张山来评语:浩浩落落,万有一千余言。就其登涉所至,随笔点染铺叙,绮丽芊绵,亦复激昂慷慨,适足以囊括宇宙,开拓心胸,真千古奇文! 至文妙文! 不得仅赏其模山范水已也。

# 敕建绥远城碑

## 清·通　智

**【提要】**

本文选自《归绥县志》(台北学生书局 1967 年版)。

修绥远城,是清雍正、乾隆两朝的国字号工程。

雍正末年,清廷与准噶尔部的战争进入议和状态,为了给西北撤出的大批兵丁一个屯驻之地,同时加强归化城守备,清政府决定裁汰右卫将军,并在归化城另筑一座新城,设新将军进行管理。雍正十三年(1735)七月"允礼奏,雍正十三年六月二十九日归化城都统丹津等上奏,于木纳山将盗伐木材运往新城。臣以为筑城需木材三十万根,现木纳山又盗伐木材,请将用于筑城,并严禁盗伐。从之"(第一历史档案馆藏,军机处满文月折包,档号:0754-006;缩微号:017-1127)。

雍正之后,乾隆继续这项工程。"特命大臣一人驰往,会右卫将军岱琳卜、归化城都统丹津、根敦,尚书通智等相视形势,其戎兵如何分驻,及筑城垦田,以足兵食等事,详细确议具奏"(《清高宗实录》卷九)。乾隆元年(1736)四月,朝廷接受归化城军需给事中永泰的建议:"于城(归化城)之东门外地方开广,紧接旧城筑一新城,周围止须二三里","新旧两城,搭盖营房,连为犄角"。(第一历史档案馆藏,《军机处录副奏折》,档号:03-8267-039,缩微号:605-0530)。

绥远因为战略位置极为重要,朝廷十分重视其城址风水,因瞻岱的请求,派遣堪舆大师户部员外郎洪文澜、钦天监监副李廷耀等人亲往其地,仔细相度,得出"实属风水合法形势"的结果,最后选定"归化城之东北五里许"处建城,"大青山拥其后,伊克图尔根、巴罕图尔根之水抱其前,喀尔沁之水带其左,红山口之水会其右。地势宽平,山林拱响,实当翁稳岭喀尔沁口军营之卫"。此二人曾参与乾隆陵寝吉地的相视。

《碑记》详细载明了清"北国锁钥"绥远城雄踞要塞,北控朔漠,南抑山西内地,横扼阴山前,东西通径锁四路;城墙高耸坚固,有四城门、四城楼、四箭楼、四角楼、四面炮卫,护城河环绕,四门外筑四桥,城防设施完备。城内衙署、鼓楼、庙宇、仓库、兵房、教场、街市齐备;等等。花了多少钱?"建筑绥远城垣及衙署、庙宇、兵房、仓廒、堞楼、桥梁工程告竣,共银一百三十万两有奇,奏入报闻"(第一历史档案馆藏,《军机处录副奏折》,档号:03-8267-039,缩微号:605-0530)。花费如此之巨,没有朝廷作为强大后盾,是不可想象的。

需要指出的是,新城的新建还与商路有关。《呼和浩特新城区志》:"兴建绥远城除了军事与政治上的目的外,另有经济方面的原因。雍正五年(1727),中俄签订《恰克图条约》,确定两国商贩能在恰克图举行货物贸易活动,加之国内旅蒙商人的开辟,渐渐形成了以张家口(东口)与归化城(西口)为集散地,再经戈壁大沙漠到库伦(乌兰巴托),直至恰克图的陆上世界商路。这是我国古代丝绸之路衰落之后,在清初兴起的一条世界商路。清朝政府为保证这条商路(也叫茶叶之路)流通无阻,保证旅蒙车帮与骆驼队的宁静,也急需建一座驻防新城。"

绥远城建设规模之浩大,布局严整,城垣坚固,在我国古城建设史中甚为罕见。从绥远驻防城的文字记录和现存将军衙署规模,我们可以清楚了解到塞外军事城营的原貌。将军衙署是绥远城的主体构筑。整个将军衙署的构筑格局是依据清朝一品封疆大吏衙署规格制作的,尊严正穆、气宇恢宏、规模巨大,为中国迄今保留的两处边疆将军府之一。乾隆年间,绥远城是塞外第一重镇,驻守于此的都是官阶一品的封疆大吏,与驻西宁的巡抚将军合为天下两大常设将军。

绥远城地处荒漠,城防"为烈风摧而倾之"的情形时有发生,镇守绥远城的定安将军同治九年(1870)重修被风吹毁的绥远北门城楼,浚挖城壕,"且于城之内外,凡教场、街衢之间,植柳三千七百余株",为长久计尔。定安将军在绥远任职6年。

与绥远互为犄角的归化城为明万历九年(1581),蒙古族土默特部首领阿勒坦汗和他的妻子三娘子所筑之城，朝廷赐名"归化"，即"库库和屯""归化城""旧城"。《归绥县志》载：归化城"周二里，砌以砖，高三丈，南北门各一。"

清朝末年，将归化和绥远合并，称归绥。1928 年，绥远建省，归绥市成为省会。

我朝道隆化洽[1]，东渐于海，南被炎荒[2]，西越昆仑，喁喁向内[3]，重驿进九，北条尤踔[4]。远山经之所未载，圣人之所弗通，奔走率□□□忱。天子嘉其意，抚之愈至，归向益坚，遂饬兵部尚书管归化城都统事务臣通智议建城驻兵，张控制之势，昭一统之□焉。

城在归化城之东北五里许，大青之山拥其后，伊克图尔根、巴罕图尔根之水抱其前，喀尔沁之水带其左，红山口之水会其右。地势宽平，山林拱向，实当翁稳岭喀尔沁口军营之卫。副都统臣瞻岱、户部员外郎□□文澜、钦天监监副臣李廷耀、都统臣丹津涉献在原[5]，相度既深，询谋佥同[6]，乃请于朝。奉旨令王常以右卫建威将军移驻兹土，□臣正山代升任古北提督，臣瞻岱□□□务，于乾隆丁巳季春三月即工[7]，乾隆己未之夏六月工竣[8]。钦定佳名曰：绥远城。

周一千九百有六十丈，其高二丈有四尺，其巅之厚如其高，其址之厚增其高之三之一。炮台四十有四，四十布四围，四当四隅。睥睨之高五尺有七寸[9]，女墙三尺五寸。城之门四，南曰：承薰，北曰：镇宁，东曰：迎旭，西曰：阜安，皆出圣裁。门之楼四，楼各五楹，箭楼四，楼各三楹；角楼四，楼各七楹。昼夜巡查兵之队子房八，皆列城上。门外之桥各一，泻水河一，石桥二，瓮城祠庙各一，队子房各一。

城内遵祀典建神祠关帝庙一、城隍庙一、旗纛庙一、马神庙一。按职守以营寺舍仓库一，将军衙门一，兵、户司衙署各一，笔贴式住房四[10]，副都统衙署二，理事厅衙门一，固山大住房十二[11]，佐领住房六十，防御住房六十，骁骑校住房六十，仓库大使衙署各一，官学八，钟鼓楼一，积贮之仓十有五，仓各七，楹合一百有五楹。

在城之东南隅四街市房一千有五百有三十。城西教武场场之内，演武厅一，八旗之甲士各有家室，居处计一万有二千间，以实其内焉。

□此，城池、门楼、□祠、寺舍、仓库之材□而后购，营缮之匠，瓴甓之陶[12]，涂塈之用[13]，必选其良材美而且坚。经画无漏，董督有方[14]，皆仰请圣训而奉行惟谨，用成永固之基，为军民久安之所，以上副圣天子安内全外、一视同仁之至意[15]。煌煌乎盛事也哉！

总理工程事务，建威将军臣王常；管理工程事务，内务府郎中臣正山。凤兴夜寐，未尝敢言瘁[16]。而监工诸有司之勤，亦有不可没者，例得备书，勒之于石，俾后之往来于斯与。夫守斯土者，有所震动，恪恭而兴起云。

时乾隆四年己未六月之谷辰立。

**【作者简介】**

通智，生卒年不详。满洲正黄旗人，马佳氏。康熙年间历任理藩院笔贴氏、理藩院主事。

雍正五年(1727)任盛京工部侍郎。曾奉命至宁夏主持河渠水利,大兴引黄灌溉工程,被宁夏百姓尊为"龙王"。后任兵部左侍郎兼正红旗蒙古左副都统,雍正十三年升为兵部尚书。乾隆元年,乾隆帝命其"总管办理归化城新城事务"。

**【注释】**

　　[ 1 ]化洽:教化普治。
　　[ 2 ]炎荒:指南方炎热荒远之地。
　　[ 3 ]喁喁:仰望期待。
　　[ 4 ]踔:音 chuō,跳跃,超越。
　　[ 5 ]在原:《诗·小雅·棠棣》:"鹡鸰在原,兄弟急难。"后因以"鹡鸰在原"指兄弟友爱之情。
　　[ 6 ]佥同:一致赞同。
　　[ 7 ]乾隆丁巳:1737 年。
　　[ 8 ]己未:1739 年。
　　[ 9 ]睥睨:城墙上锯齿形短墙。
　　[10]笔贴式:满语,也作"笔帖黑色",意为办理文件、文书的人。
　　[11]固山大:一作固山达。汉语意为旗首领。清人入关后,酌派八旗兵镇守各省,统率称固山大。
　　[12]瓴甓:砖块。
　　[13]涂塈:谓涂抹墙壁用的草。塈:音 jì,草多貌。
　　[14]董督:管理监督。
　　[15]副:相配,相称。
　　[16]瘁:劳累。

## 浚成都金水河议

### 清·项　诚

**【提要】**

　　本文选自《清朝经世文编》(道光七年刊行本)。

　　成都老城曾有一条金水河,从成都西边入城,由西向东南穿城而过,大略致经过今天的西校场、人民公园、西御街,锦江区的染房街、青石桥、耿家巷、红石柱街等地,在合江亭处与府河交汇,流入锦江,其形状如衣襟,所以叫"襟河",后又叫禁河、金河、金水河。具有供水、排涝、泄污、通航等综合功能。

　　金水河的历史可追溯到唐代。唐宣宗大中七年(853),剑南西川节度使白敏中主持开凿了禁河,后更名为"金水河"。五代末至两宋,成都洪水频发,河渠经常湮塞,虽屡屡治理,但收效甚微。宋末元初,成都地区战事不断,金水河淤积越来越严重。

明初,洪武十一年(1378),朱元璋册封十一子朱椿为蜀王。洪武十八年(1385),朱椿将大半个摩诃池填平,在五代蜀皇宫旧址上建造起一座占地580亩的蜀王府,四周环以砖墙,称皇城,并沿皇城外侧开凿御河,作为护城河。明正德《四川志·蜀府》:"太祖高皇帝治定功成,乃封第十一子于蜀,建国成都。"洪武十八年,景川侯曹震等奉谕修造蜀王府,"砖城周围五里,高三丈九尺。城下蓄水为濠,外设萧墙,周围九里,高一丈五尺"。"蓄水为濠",表明御河始成之初,主要靠蓄雨水,尚未与其他河系沟通。环绕皇城的"濠"称御河,其河岸自然称为御河沿、御河边,故成都至今犹有东西御河沿街、御河边街之名。

明代中叶,金水河淤积已十分严重。嘉靖四十四年(1565),成都知府刘侃在《重开金水河记》中写道:"嘉靖乙丑,侃来守是邦,阅金水仅仅如线。""河之深若广才咫尺,雨潦无所归,蜀人患之。"嘉靖四十五年(1566)春,谭纶任四川巡抚,到任后首先"周览锦城",见金水河荒废,"乃属侃而诏曰:吾将复金水之故。顾酾其流也,孰与溯其源"? 谭纶随即率众僚属沿金河实地查勘,并分派成都府县及驻军整治金水河。"明日戊申,万锸俱兴;又明日己酉,渠成而江入隍"。引水渠疏通后,江水进入荒废的河道;"越二日辛亥,汰河之壅,广三尺有奇,其深三之一,而河成"。"匠各以所征至。为石堰一、闸一、桥一于其渠;坝一于其隍。"应征而来的工匠在河渠上建成河坝、石堰、水闸、桥梁各一座。金水河整治后面貌焕然一新,"由是釜者汲,垢者沐,道渴者饮,绣者浣澼,园者灌,濯锦之官,浣花之姝,杂沓而至,欢声万喙,莫不鼓舞"。

明末清初,明军、清军、农民义军、地方武装在成都平原争夺厮杀,持续37年之久,成都遭毁城之灾,水利设施遭到严重破坏。清政权巩固之后,倡导水利,首先致力于大修都江堰,雍正八年(1730),都江堰灌溉面积已恢复到76万亩。雍正九年(1731),四川巡抚宪德、成都知府项诚着手整修城市水系。

"成都金水河一道,向日原通舟楫,日久渐至淤塞。宜民立政之道,水利为先,即亩浍沟渠,皆应及时修理。矧省会为阖城民命,地气攸关,岂可任其久废。""兹蒙委卑府率同厅县,逐一亲勘。此河上流,当日原通灌县,江水从灌县两河口引入磨底河,径达成都西门水洞入城,由贡院前三桥、青石桥、玉河沿一带,出华阳县东门外水城,直达府河。今自磨底河起,至府河止,量共一千五百二十六丈,俱应开浚。"

项诚此《议》中,陈述了开浚金水河的四项效益:一曰方便商贾。"沿河一带,俱为商贾阛阓辐辏之所。凡客船一至东关,货物行李皆用小船拨运入城,就近投店,可免背负遗失之患,有便于商";二曰方便市民,"米蔬柴炭,为民间日用之物,既可船运入城。三桥又为省会适中之地,众物齐集,在城居民皆可就近购买,有便于民";三曰有利消防,"省城房屋,多用草苫盖,即街市瓦房,亦系竹壁编成,间或不戒于火,每至比屋延烧,虽各设木桶贮水,但器小易竭,亦难尽恃为救焚之具。是河一开,即有祝融为患,而随处有备,不难立时扑灭";四曰有益健康,"旧河既塞,城中地泉咸苦,每至春夏,沉郁秽浊之气不能畅达,易染疾病……是河一开,则地气既舒,水脉亦畅,民无夭折"。

项诚打算采取"分段挑浚"的办法,"自西门外磨底河起,由西门内满城一带三桥、青石桥、玉河沿,直至东门外府河止"。这项开浚金水河的计划,经核准后,"于二月十七日兴工,三月二十九日告竣,工费一千四百两,俱系抚督院捐给廉俸给发。并将满城水东门别造石桥,可以通舟,凡商贾舟楫,由大河拨换小河,直通满城"。

金水河疏浚完后,项诚"又议请于蜀王城之南,三桥之西北,相度地形,开新河一道,直通贡院河,并修淘贡院周围河道(即御河),通舟便民"。该工程"于三月兴工,七月告竣,计开新河一百八十九丈六尺九寸,开淘王城河(即御河)一千零五十八丈一尺五寸。从此舟楫可直达王城之北矣"。

金河、御河疏淘次第工竣之后,项诚深感"善政之垂贵于可久,使无专司分理之人,则日久仍归淤塞,深为可惜"。于是,提出数条加强城市河系管理建议。一是"城河一应事务"由成都府水利同知专管,"成华两县丞,亦经议加水利职衔";二是"东门水关通船出入,必须依时启闭,应请照旱门之例,交与城守营拨兵看管";三是"城河新浚,两岸俱系浮土,难免淤积","必得每年淘浚,方能深通无阻。况已成之功,更可力省功倍。查水利同知衙门、都江堰工,每年各县额解一千二百两,请于每岁冬闲,于修理堰工余剩银两,动支雇夫疏浚";四是加固东门水关,"应请两边添筑护城雁翅,各长丈许,下签木桩。两岸用砖石包砌,以资捍御";五是改造桥梁,"请将一洞、青石、卧龙等桥,俱照安顺桥之例,改换木桥,以缓水势,庶称利涉";六是加强河道管理,严禁倾倒垃极。"请刊木榜晓谕禁止,仍令牌头不时稽查。有犯,即送该管县丞,量责示警";七是修建水闸,"城河之源,来自郫灌。西门外应请建闸,水大时下闸以防冲溢。但冬月水源稀少,若再任其直达府河,则城河必致浅涸。似应于东水关外河口之处,建闸一座,交与华阳县丞管理。一遇水浅,即将闸下板蓄水,毋使外泄"。

民国时期,金河沿岸住户增多,金水河水污染加重;与此同时,水上交通逐渐为陆上交通所取代,金河的通航功能基本消失,逐渐演变成接纳污水、洪水的河道。加上民国时期,成都处于宋代之后又一个暴雨多发周期,全城频遭水患。金水河渐渐湮塞。

建国后的 1950 年春,成都市政府组织群众对金河进行了疏浚,修筑堡坎、进水闸,改建了金河上的 4 座桥梁,河道又畅通起来。至 1971 年底,金水河改修成为地下防空地道,流淌在成都市区千余年的金水河消失,沉于地下。

成都金水河一道,向日原通舟楫,日久渐至淤塞。宜民立政之道,水利为先。即亩浍沟渠[1],皆应及时修理。矧省会为阖城民命,地气攸关,岂可任其久废?兹蒙委卑府率同厅县,逐一亲勘。此河上流,当日原通灌县。江水从灌县两河口,引入磨底河,径达成都县西门水洞入城,由贡院前三桥、青石桥、玉河沿一带,出华阳县东门外水城,直达府河。

今自磨底河起至府河止,量共一千五百二十六丈,俱应开浚。西门低小,本不通船只;且门内即系满兵驻扎,应将水洞密布铁窗,止令通水,不得通船。其划小船由东门进者,俱抵满城东水关为止。

如此则沿河一带,俱为商贾阛阓辐辏之所[2]。凡客船一至东关,货物行李,皆用小船拨运入城,就近投店,可免背负遗失之患,有便于商,其利一;米蔬柴炭,为民间日用之物,既可船运入城。三桥又为省会适中之地,众物齐集,在城居民,皆可就近购买,有便于民,其利二;且省城房屋,多用草苫盖,即街市瓦房,亦系竹壁编成,间或不戒于火。每至比屋延烧,虽各设木桶贮水,但器小易竭,亦难尽恃为救焚之具。是河一开,即有祝融为患[3],而随处有备,不难立时扑灭,其利三;旧河既塞,城中地泉咸苦。每至春夏,沉郁秽浊之气,不能畅达,易染疾病。昔杭州近海民饮井水多病,唐刺史李泌始引西湖水入城[4],作六井,至今赖之。是河一开,则地气既舒,水脉亦畅,民无夭扎,其利四。

　　卑府细询僚属,博访舆情,佥无异辞。窃思金水河一道,开自宋时,相沿已久,近年失于疏浚,以致不通舟楫。民苦沮洳[5],深为未便。幸蒙抚都院俯念城河有关水利,慨捐清俸,独力兴修。卑府率厅县各员,于二月兴工,分段挑浚。计自西门外磨底河起,由西门内满城一带三桥、青石桥、玉河沿,直至东门外府河止,共挑浚过一千五百二十六丈。今已次第工竣。惟善政之垂,贵于可久。使无专司分理之人,则日久仍归淤塞,深为可惜。谨酌末议[6],惟采择焉。

　　一、城河新浚,两岸俱系浮土,如遇夏秋雨淋冲刷,泥土下河,难免淤垫。兼以来源系引江之水,亦未免夹带流沙。必得每年淘浚[7],方能深通无阻。况已成之功,更可力省功倍。查水利同知衙门,都江堰工,每年各县额解银一千二百两。请于每岁冬间,于修理堰工余剩银两,动支雇夫疏浚,一例报销,以垂永久。

　　一、东门水关最为紧要。查关洞系旧时建造,原属坚固。但沿城上游,俱系土岸,恐日久被水汕刷[8],犹恐啮及城根。应请两边添筑护城雁翅,各长丈许,下签木椿。两岸用砖石包砌,以资捍御。

　　一、三桥以下,水势独缓,惟板桥一带,水势迅利。盖缘板桥两岸偪仄,桥门既狭,又值河势弯曲,以故水急浪涌。似应于转弯之处,两岸略为取直。并将桥旁石柱,改换木柱,则水道宽缓。并请将一洞、青石、卧龙等桥,俱照安顺桥之例,改换木桥,以缓水势,庶称利涉。

　　一、沿河两岸,俱系居民。凡粪草秽物,每图便易[9],倾入河内,易至堙塞。请刊木榜晓谕禁止,仍令牌头不时稽查[10]。有犯,即送该管县丞,量责示警,实于河道有益。

　　一、城河之源,来自郫灌。西门外应请建闸,水大时下闸,以防冲溢。但冬月源水稀少,若再任其直达府河,则城河必致浅涸。似应于东水关外河口之处,建闸一座,交与华阳县县丞管理。一遇水浅,即将闸下板蓄水,毋使外泄。凡有货物出入,俱于闸边搬运。统俟冬闲水涸兴工,则永享其利矣。


**【作者简介】**

　　项诚,生平不详。


**【注释】**

　　[1]浍:田间水渠。

　　[2]阛阓:街市,街道。辐辏:形容人或物像车辐集中于车毂一样。集中,聚集。

　　[3]祝融:神名。帝喾时的火官,后尊为火神,命曰祝融。亦以为火或火灾的代称。

　　[4]李泌(722—789),字长源,唐陕西京兆(今陕西西安)人。历仕玄宗、肃宗、代宗、德宗四朝,德宗时,官至宰相,封邺县侯,世人因称李邺侯。唐德宗建中二年(781)至兴元元年(784),任杭州刺史。李泌到杭州后,首先着手解决杭城百姓的饮水问题。他来到西湖边,亲掬西湖水品尝,感到此水清淡可口,可以养民,又有泉眼数十道潜流地下。于是在杭城西北人口稠密之地开凿了相国井(今解放路和浣纱路交界)、西井(今延安路南口)、金牛井(在西井西北)、方井(俗称四眼井,在金牛井西北)、白龟井(在今龙翔桥之西)、小方井(俗称六眼井,今小车桥附近)等六口大井,引西湖水入井。李泌所开六井,与普通水井不同,由入水口、地下沟管、出水口三部分组成。采用"开阴窦"(即暗渠)的办法,将西湖东岸(涌金门至钱唐门之间)疏浚,

把湖底挖成入水口,砌上砖石,外面打上木桩护栏,在水口中蓄积清澈的西湖水,有的还设有水闸,随时启闭。然后,在城内居民聚居处开挖上述 6 口大池(井),砌以砖石,蓄积饮用水。这种井类似地下小蓄水池,面积较大,水量较多,且水源出自山泉,水质好。

[5]沮洳:指低湿。

[6]末议:谦称自己的议论。

[7]淘浚:疏通,挖浚。

[8]汕刷:犹淘涤冲刷。汕:群鱼游水的样子。

[9]便易:方便容易。

[10]牌头:清代保甲之法:十户为牌,设一牌头;十牌为甲,设一甲头;十甲为保,设一保长。户给印牌,书其姓名丁口。

## 游 周 桥 记

### 清·程廷祚

【提要】

本文选自《清溪文集续编》(道光戊戌东山草堂藏版)

这是一幅场面恢廓、文笔洗练的盛夏周桥冶游图。

应张辉麓使君之邀,程廷祚闰六月二十四日天刚拂晓便乘肩舆出发,"残月在地,疏星历历,所经村原皆暧昧不可辨。惟虫音四匝,野水纵横,与茂树相遮映"。作者随后看到的就是一幅治水史,"洪泽之水俨如洞庭、彭蠡,夏秋汛至,滔天浴日,设坝以俟启闭,设官以严防守,岁费巨万"。可是,看到高家堰"湖水汹涌,高踞上游,东望郡城,势若建瓴"。闻传西风劲起的秋日里,浩瀚在顶,还是股栗不已。

到了周桥,这里"本水乡荒署,宦此者奋锸版筑外俱不问",而张使君以来修水利,兴学校之余,还在署衙边"临塘增土为台,上构茅棚",做客的程廷祚便和张使君一起,"每日夕披襟而坐,凉风飒然,极目旷阔,绿野弥望,村火互举,上属天星",自在自得。

随后,他又看减水坝,"乘小舟,直过减水三坝",看到的"水中垂杨如栉,浓绿相引,舟行红蓼,如游蜂之食花"。程廷祚客居周桥期间,还碰上张公"谕百姓守备,且助薪木"。

程廷祚还详细介绍了古沟大坝、次坝的构筑:"凡治湖者,既作石堤,于堤面坳折处患其受浪,为坝以杀浪势,障石工岁修焉。堤上复叠土尺余,名子堤,增堤之高。"

"余得从贤士大夫之后,周览形势,详其本末,而山水自然之乐未尝不寓其中。"程廷祚因此写了这篇游记。

康熙辛丑闰六月二十四日[1],余自清江山旴公署适周家桥[2],践约也。周桥距清江百里,临洪泽湖,为山盱张辉麓使君防御之地。使君濒行,谓余曰:"待炎暑少霁,吾与君为湖上游。"同行者门人张苘男兄弟。

是日晓发,余乘肩舆[3],苘男兄弟皆骑从。残月在地,疏星历历,所经村原皆暧昧不可辨。惟虫音四匝,野水纵横,与茂树相遮映。晓风过凉,罗衫若不能御[4],时秋立旬日矣。过板桥,下有水甚浅,或曰此盐河也,当时曾通盐艘,地为道士庄。行稍远,朝霞已挂林表,初日渐上。至武家墩,凡行二十五里。初,淮水发源桐柏,诸山水腾凑之[5],下流益大。至于盱、泗之间,又水会也,群湖渟滀[6],动与淮合。当其冲者,东淮安郡城,南高、宝[7],西则泗州,田庐常受其害。高堰之筑,所以障水勿使东南,由来久矣。又自宋金以后,黄河南徙,合淮入海,而淮弱黄强。明人乃建"蓄清敌黄"之议,以治运道,国朝踵之。康熙三十九年[8],大修废坏,尽塞明之六坝[9],增建石堤长百二十里,淮水乃与诸湖汇成巨浸,而洪泽之名特著,据山阳、盱眙、桃源、清河数县界,三方不得外泄,兼力北趋,以与黄会[10],运道始利。东南诸邑受其害者,亦得复事耕凿,而泗州陷矣。于是洪泽之水俨如洞庭、彭蠡[11],夏秋汛至,滔天浴日,设坝以俟启闭,设官以严防守,岁费巨万。洪泽大堤北自武墩始,水中柳林绵亘甚长,治湖官取材焉。柳林尽,始见大湖,自武墩行十五里至高家堰,湖水汹涌,高踞上游,东望郡城,势若建瓴。闻西风欲猛,无不股栗者。是日风自东南来,犹澎湃有大声,坝外冲激,飞起如白烟浪花也。驻车徘徊者久之。此地有郡佐公廨[12],遂至第二堤。堤在大堤内,两堤间有小河,治湖官运料所由,自武墩直至周桥,不通外水。

饭罢,遂驾舟于此,二十里至老堤头。又二十里至高良涧。地有禹王庙,为高堰、山盱分界处。先是,防守湖汛俱统于高堰郡佐,自重建新工,山盱之名始立。由高良涧至周桥又二十里,河既不通外水,藻荇交横[13],停结不散。多赤蜻蜓,色皆成朱砂,往来岸草间甚疾,从者以手取之,垂及其翼,即飏去。抵周桥,日已西。本水乡荒署,宦此者畚锸版筑外俱不问[14]。张公以世胄甲科奉诏来[15],防险之余,于一方甘苦无不恤,且率其子弟而教之书。余行小河时,闻舟子云多德之。暇则赋诗垂钓为乐。官署西控大湖,三面俱挟平田,村人环匝而居,后有方塘产菱,即小河委也。公临塘增土为台,上构茅棚,每日夕披襟而坐,凉风飒然,极目旷阔,绿野弥望,村火互举,上属天星。余既至,本谓信宿而归[16],公留颇殷,因得备尝其乐于兹。

其明日,诣湖上候落照。又明日晓,循大堤而南,观古沟大坝及茅家圩首坝,次坝。凡治湖者,既作石堤,于堤面坳折处患其受浪,为坝以杀浪势,障石工岁修焉。堤上复叠土尺余,名子堤,增堤之高。余所见诸坝皆极整肃,张公修也。是日,至减水坝,止坝侧,为夏家桥。又明日,早登大堤,朝日未吐,斜月尚辉,水气天光混焉一体,烟开帆转,万籁犹寂,恍若位身图画矣。又明日,复至减水坝。减水坝者,三面皆石工,设之以泄湖水,水长至是辄流,故名。若是者三所,坝内亦民间闲田,岁值水小则耕,水大则弃之。水之出坝也,势极汪洋,俨若一湖,与高邮、宝应诸湖相接。于此乘小舟,直过减水三坝。水中垂杨如栉,浓绿相引,舟行红蓼[17],如游蜂之食花。上凡减水坝三所,南北各有土堤,民间修筑,北隶山阳,南属盱眙,堤内皆田,设有溃决,则尽吞于湖水。余客周桥,张公适谕百姓守备,且助薪木。是日遂至天然坝,公先设饭于此,山色湖光,直上几席,凉风穿柳阴而度,四顾甚乐,不能归。此为天然北坝,仍有南坝,余未到,俱时启闭以蓄泄者。至蒋家坝,地势渐高,而湖堤尽矣。自公署至天然北坝,几二十里。归署后仍停三日,时残暑犹炽,昼长无事,惟弹棋阅射,观采菱。凡余所游历,苐男兄弟皆从。七月朔后一日,与余还清江,即自署内方塘入舟,亭午抵武家墩,登岸由故道而归,日晡矣[18]。

凡周桥之游,往复不盈一旬,长湖大堤俱到,所不至者天然南坝以南而已。既而思之,古今之纪游观者不一,要其所以兴怀怡情必有在也。今洪泽一湖,地势险恶可畏,周桥处荒堤白浪之间,人迹罕到,恶睹所谓层峦苍翠,蕴灵境之秘奥;画船箫鼓,醉太平之烟月者乎? 其不与于游观之数,宜矣。虽然,此东南之关键也,生民是赖,运道资焉,余得从贤士大夫之后,周览形势,详其本末,而山水自然之乐未尝不寓其中,视谢灵运帅徒众,伐山开径而所获止于一丘一壑之美者,余之所得不已多哉! 初,山盱高堰俱当大湖,而高堰为难备;迩来高堰水底稍高[19],水势下趋,山盱石堤又卑高堰远甚,故今转较险。张公云。

**【作者简介】**

程廷祚(1691—1767),原名默,字启生,号绵庄,又自号青溪居士,上元(今属南京)人。乾隆元年(1736),举博学鸿词,至京师,有要人慕其名,嘱密友达其意,曰:"主我,翰林可得也。"廷祚拒之,卒报罢。十六年,上特诏举经明行修之士,廷祚又以江苏巡抚荐,复罢归。至此绝意科举,惟闭户穷经而已。性端静迂缓,人见之如临高山,气为肃。其著述后人辑为《青溪全集》。

**【注释】**

[1]康熙辛丑:1721年。
[2]山盱:即山盱厅。明清水利机构。明万历始,潘季驯始建专门的管理机构,称为"管堤大使厅",每三里设铺一座,每铺设夫30名。清代设河、漕总督,河道总督与漕运总督的责任严格分开,漕运总督只管漕粮运输,河道总督管河道和运河工程。河道总督按流域设置,主管防洪治河。雍正八年(1730)始分设南河、东河和北河三总督:江南河道总督,驻清江浦,管理江苏、安徽境内的黄河、淮河和运河;山东河道总督主管河南、山东境内黄河和运河,驻济宁;直隶河道水利总督驻天津,管理京畿水利及防洪。河道总督下设若干道、厅、汛及铺。道设行政长官同知、通判,属官丞、主簿等;厅设守备、千总、把总等。如洪泽湖,清代设厅、汛管护机制,堤工北段称为"高堰厅",下设高堰汛及高涧半汛,堤工南段称为"山盱厅",下设高涧半汛和徐坝汛。"汛"下设河营,专门管护洪泽湖大堤。
[3]肩舆:代步工具,由人抬着走。
[4]罗衫:丝织衣衫。
[5]腾凑:聚合。
[6]原注:淮水过泗州南,其西、北、东三面皆湖。
[7]高、宝:高邮、宝应。
[8]康熙三十九年:1700年。
[9]原注:六坝旧在周桥以南,明代所以泄湖水于高、宝,使不得至泗州。

[10] 黄:指黄河。

[11] 彭蠡:鄱阳湖。

[12] 公廨:官署。

[13] 藻荇:多年生草木植物,叶子略呈圆形,浮在水面。根生水底,花黄色,果椭圆形。

[14] 畚锸版筑:指防洪,兴修水利。畚锸:泛指挖运泥土的用具。畚:盛土器。锸:起土器。版筑:指筑土墙,即夹板中填入泥土,用杵夯实。

[15] 世胄:世家子弟,贵族后裔。甲科:明清通称进士为甲科。

[16] 信宿:连住两夜。

[17] 红蓼:蓼的一种。多生水边,花呈淡红色。蓼:音 liǎo。

[18] 日晡:同"日铺"。日交申时而食。指申(13—15 点)时。

[19] 迩来:近来。

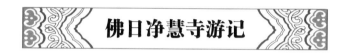

## 佛日净慧寺游记

### 清·厉 鹗

**【提要】**

本文选自《西湖游记选》(浙江文艺出版社 1985 年版)。

佛日山净慧寺,一座历史悠久的寺庙。北宋秦观就有"五里乔松径,千年古道场。泉声与岚影,收拾入僧房"(《游杭州佛日山净慧寺》)的诗句。

厉颚"发兴于甲寅"月正九日,乘舟摇兀五十里,"入寺曛黑矣"。定好睡榻,数人"复走寺前左偏石桥上",欣赏桥下之潭、桥头之亭和亭后万竿翠竹:全都模糊难辨。只有"泉籁凄戛","瓦雪释霤","片月出林表",景物方朦胧微露。

更有奇者,也许是天太冷的缘故,众人相与赋诗竟然无果。躺在东庑的楼下,看着看着,殿角有座小山,"沉碧近人,达旦视之,从灌也",原来竟是一丛灌木。

杭诸山起天目,蜿蟺翔跃数百里[1],罗于城西南,睇青丽碧[2],其名最夥[3],跳而之北郭,是为三山,曰:皋亭、黄鹤、临平,著胜幽谍[4],地偏境奥[5],游者罕至。佛日净慧寺在皋亭之阴、黄鹤之麓,距临平十里。而近念宋苏文忠、秦太虚、杨次公、司马才仲、元鲜于伯机皆屡及于是[6],述之诗笔,与山并寿,不可以不游。发兴于甲寅月正九日[7],约王瞿曾祥、丁敬身敬、汪师李沆同舟出郭门[8],摇兀五十里[9],过赤岸、桐扣,进汤家堰,舍舟而陆,桑野沃衍可喜[10]。望两山嵌崟互复,中诸峰巖巖[11],状如争献瑰玮;一峰为侪辈所怀,如堕其胁[12],独高绝处,闯然不能匿[13],春寒薄阴,余雪皎皎离离[14],为之目夺心诱于千仞之表,即黄鹤峰也。

缘溪行,水渐狭渐清,石子五色布散,被以荃蒲蕴苔[15],绿褥如洗。旁多古栎、大松,或欹或直,行且玩,入寺曛黑矣。向主僧借榻毕,复走寺前左偏石桥上,桥下为潭,亭面桥,万竹翳亭后。时阴霭四合,曋旵不可辨[16],惟闻泉籁凄戛[17],瓦雪释雷。旁睨有怪梅临潭上,始着花,潭气镜空,晃激花上,缟幽曜冥[18],光景奇绝。少选[19],片月出林表,朦胧微露,人影静对不足[20]。寺门欲阖,归宿东庑之楼下。月转寒逼,相与赋诗未就,起视殿角一小山,陳平而椒锐[21],沉碧近人[22],达旦视之,丛灌也。

十日,澄霁僧具粥已,引余辈取径寺后。循东麓下,溪中多大石,陂陀隐见,水漫流其上,势假怒杀[23],则如鸣玉鼓丝之声,始叹坡公"土肉山骨"之句为善写物状[24]。穷水源得龙藏泉,石裂若蜕虬然[25]。陟崖腹得龙洞,顶平若堂。左折而上,为仙姑洞口,仰出若壶,俯而窥之,黝然深且下。稍进又一穴,其深不测。众掉栗[26],莫敢入。日未亭午,别僧归。

是行也,敬身、师李与予各得诗四首。瞿作游录,末云:"以荐后之来者。"噫,林薮岩窦之观,大块之所荐于屏处者[27],以娱其湮郁也[28]。虽文忠、太虚诸公亦暂至耳!彼昧者游之,目接而神驰,足蹈而趋背[29],得不虚子之荐乎!吾与子幸与山邻,姑务屡游,以毋虚大块之所荐,聊以为记。

**【作者简介】**

厉鹗(1692—1752),字太鸿,又字雄飞,号樊榭、南湖花隐等,浙江钱塘(今杭州)人。清代文学家,浙西词派中坚人物。康熙五十九年(1720)举人,屡试进士不第。家贫,性孤峭,爱山水,尤工词,擅南宋诸家之胜。有《宋诗纪事》《樊榭山房集》等。

**【注释】**

[1] 蜿蟺:音 wān shàn,屈曲盘旋貌。

[2] 睇:视,看。

[3] 夥:多。

[4] 幽谋:平凡。

[5] 奥:西南角。

[6] 苏文忠:苏轼。秦太虚:北宋词人秦观。杨次公:杨次山(1139—1219)。字仲恭,南宋上虞(今属浙江)人。南宋宁宗皇后杨桂枝兄。仪状魁伟,能文能武。累封至会稽郡王。贵显而能避权势,不干预国政,时论称贤臣。司马才仲:即司马槱(yòu),字才仲。司马光侄孙。元祐中以苏轼荐,举贤良方正科,赐同进士出身。终知杭州。鲜于伯机:即鲜于枢(1256—1301)。字伯机。大都(今北京)人。元书法家、诗人。官终太常典簿。先后寓居扬州、杭州。有《困学斋集》《困学斋杂录》等。

[7] 甲寅:1714 年。

[8] 王瞿曾祥:即王曾祥。字瞿,一字麟征,浙江仁和(今杭州)人。丁敬身敬:即丁敬。汪师李沆:即汪沆。字师李,号槐堂,清钱塘(今杭州)人。少从厉鹗学,博极群书,好为实用之学,于农田、水利、边防、军政,靡不条贯。著述丰富。

[9] 摇兀:摇荡,颠簸。

[10] 沃衍:平坦辽阔的沃土。

[11] 嵚崟:音 qīn yín,高大,险峻。嶯嶯:音 jí,众峰林立刺天貌。

[12] 胁:从腋下到肋骨尽处的部分。

[13] 闯然:生动活跃的样子。

[14] 离离:盛多貌。

[15] 荃蒲蕰苔:指各种水草。

[16] 晄曶:音 huāng hū,同"恍惚"。幽暗不明貌。

[17] 戛:音 jiá,敲,敲打。

[18] 缟幽曜冥:照耀幽冥。

[19] 少选:一会儿,没多久。

[20] 不足:谓玩月不能已。

[21] 陳:音 yǎn,层叠的山崖。椒:山巅。

[22] 沉碧:深绿色。

[23] 势偃怒杀:谓水势平稳,水声郁沉。

[24] 土肉山骨:苏轼《佛日山荣长老方丈》诗:东麓云根露角牙,细泉幽咽走金沙。不堪土肉埋山骨,未放苍龙浴渥洼。

[25] 蜕虬:谓蛇蜕之皮。

[26] 掉栗:亦作"掉慄"。颤抖。

[27] 大块:大自然。屏处者:隐士。

[28] 湮郁:谓心情抑郁不畅快。

[29] 趑背:逃遁、逃避。句谓欲进反退。

游 洞 霄 宫

清·厉 鹗

**【提要】**

本诗选自《樊榭山房集》(上海古籍出版社 1992 年版)。

洞霄宫,在今浙江杭州余杭区大涤山中峰下大涤洞旁,是一座历史悠久的道教宫观。创建于汉武帝时,唐代弘道元年(683)奉敕建天柱观,乾宁二年(895)钱镠改建后称天柱宫,宋大中祥符五年(1012)奉敕改名洞霄宫。宋南渡后,常以去位的宰执大臣提举洞霄宫。元代是洞霄宫的辉煌时期,极盛时宫观占地面积达 80 余亩,并以该宫总摄江、淮、荆、襄诸路道教,为全国著名的道教宫观之一。元邓牧撰有《洞霄图志》六卷,记当时宫观、洞府、古迹、人物、碑记等。元末,洞霄宫毁于兵火,明洪武初年重建,因林壑深秀,名胜古迹甚多,道教列为三十六小洞天、七十二福地之一,称"大涤洞天"。

厉鹗游历洞霄宫在康熙末至雍正初,他所看到的洞霄宫虽然"圆殿高峙凝尘无",但其余廊庑也已湮没荒芜了,所以他呼唤在此隐居过的东晋郭文举骑虎归来,作山志的邓牧再次幽泉涤砚,但最终看到的还是"寂历闲阶少人过",厉鹗只能"半日盘旋杂行坐",感受到的只有"瑶房玉宇恍如梦"。

洞霄宫兴废,陆游于嘉泰三年(1203)撰《洞霄宫碑记》,除历述洞霄宫之兴革历史外,又特别强调了它的重要地位,称它在宋时"与嵩山崇福宫独为天下宫观之首……其地望之重,殆与昭应、景灵、醴泉、万寿、太一、神霄宝箓为比,他莫敢望"(《影印文渊阁四库全书》,台湾商务印书馆 1986 年)。元朝人家铉翁元贞元年(1295)撰《重建洞霄宫记》,述其重建情况,谓"先建庖厨,乃筑大殿,以及余屋,元贞乙未(1295)之三月壬子告成。金碧瑰丽,照映林谷,神运鬼工,殆不是过"(《道藏》第 160 页,文物出版社、上海书店、天津古籍出版社 1988 年联合出版)。明朝人王达《重建洞霄宫记》:"洪武庚午(1390),提点贾力以恢复自任……不三载,贾化去,副知官资深吴公(继之)……至己未(引者按:此纪年有误,疑为乙未),门庑庐室……丹台绀殿,琼楼璇室,视昔不异"(嘉靖《余杭县志》卷十六)。

洞霄宫一直荒芜着。2007 年,临安政协《关于重建洞霄宫的建议》中称:

北宋大中祥符五年(1012)宋真宗赐改宫名为洞霄宫。圣旨任命冯德立为洞霄宫主,后被选拔去编写道书。由张君房主持编辑的《大宋天宫宝藏》和《云笈七签》两部道藏,就是在洞霄宫完成的。

宋仁宗天圣四年(1026)诏道院详定天下名山洞府、凡二十处,杭州洞霄宫大涤洞列第五。政和三年(1112),宋徽宗召命唐子霞主持洞霄宫,并赐度牒三百道。其时有喻天时、陆维之隐居大涤山石室洞。南宋高宗绍兴二十五年(1155),赵构调用军队重建洞霄宫。经十年努力,规模宏大、盛极一时,孝宗题诗、宁宗书匾、理宗御书"洞天福地",并召高道郎如山主持洞霄宫和浙西道教之事,使洞霄宫成为"天下宫观之首"。

洞霄宫曾为南宋皇帝行宫、宰相的家园,知名度很高。加上洞霄宫的建筑按道教的风格,各式殿宇或依山,或旁洞,或面水,布局错落有致,十分美丽壮观。其中在平地的建筑按五行八卦方位布置,分为神殿、膳堂、宿舍、园林四大部分。主体建筑前后递进,最高处是太清宫(后改名三清殿)、柏木无尘殿、方丈(后为上、下大殿)。规模宏伟,结构布局十分考究,殿内梁柱有金锴标字,翠纸流芳,视之令人肃然起敬。两旁有东庑、西庑,沿中轴线下有上清院、精思院、南陵院、云堂、法堂、客堂、草堂、演教堂,十八个斋堂。

同时,依山势地形建造桥、亭、榭、轩、阁、庵、堂、洞,更以曲径长廊以连接九曲岭的清真道院、白鹿山的凝真道院、金筑坪的天柱堂、冯家庙的冲天观,加上分布在各个山林中的白鹿庵、紫青庵、碧壶、学院庵、太平庵、闲隐庵及药圃新池、古檀书阁等,规划布局充分体现了太上"人法地,地法天,天法道,道法自然"的思想。突出了林掩其幽,洞藏其神,山壮其秀,水秀其姿,给人以地设天成之感。故称其为"洞天福地"。

最盛时,整个宫观建筑面积达八万多平方米,最宽的道院有五六十间,最高的昊天殿有七十多尺高。

大涤玄盖洞天夙所慕,时时飞梦凌屏颜[1]。

兹辰奋足遂跻讨,芒屩岂惮山行艰[2]。

初从南湖历四井,霜清日出群峰静;

纡回路转金线潭,鉴奁不动澄岚影[3]。

偶逢桴子为指迷[4],深入槎林竦壁得异境[5]。

青山九锁势更殊,千寻拔地秀不孤。

松栝湿翠交撑扶,石桥流水声可娱。

道旁碓响云母粉,岩隙乳滴羊须珠。

传闻旧有无骨箬[6],可等罗浮古迹竹叶符。

帝留琼馆此奥区[7],圆殿高峙凝尘无。

其余廊庑虽湮芜[8],苍筤万个为笙竽[9]。

寒风噎窍洗毛骨,白云上下如飞凫。

我思郭文举,无情木石相尔汝[10]。

何时月底骑虎归,泠泠涧上闻仙语?

我思邓牧心[11],黄冠遗世来烟岑[12]。

幽泉涤砚作山志,俗士未许窥清襟[13]。

自从獾郎作相年[14],祠官往例縻诸贤[15]。

提举惟有李忠定[16],栗主塑像永永无祧迁[17]。

尚余御笔观虎卧[18],寂历闲阶少人过。

真茶啜比换骨膏,半日盘旋杂行坐。

天柱峰,大涤洞,瑶房玉宇恍如梦。

太息天寒日短不得游[19],留与他时策杖寻清秋。

**【注释】**

[１] 孱颜:险峻、高耸貌,指高峻的山岭。

[２] 芒屩:即芒鞋、草鞋。屩:音 juē。

[３] 鉴奁:镜面。奁:音 lián,女子梳妆用的镜匣。

[４] 桻子:肩负竹篓的商贩。桻:音 fèng。

[５] 欑林:指密林。欑:音 cuán,聚集。竦壁:谓绝壁。

[６] 无骨箬:《咸淳临安志》:峰之下多生绀箬。昔许先生迈语弟子曰:"吾有金丹,藏无骨箬下,他日有缘者遇。"樵者采箬而归,率不见,所谓"无骨"者,及爨,则数得之。箬:音 ruò,一种竹子,叶大而宽,可编竹笠。宋人施枢《无骨箬》:功成归去作飞仙,箬下遗丹不浪传。千载岂皆无遇者,要须种植验前缘。

[７] 奥区:腹地,深处。

[８] 廊庑:堂前的廊屋。湮芜:埋没荒芜。

[９] 苍筤:指青竹。筤:音 láng,幼竹,竹丛。

[10] 尔汝:彼此以"尔"和"汝"相称,表示亲昵,不分彼此。

[11] 邓牧心:邓牧(1246—1306)字,钱塘(今浙江杭州)人。宋亡,隐居余杭大涤山洞霄宫,终身不仕、不娶,自称"三教外人"。

[12] 烟岑:云雾缭绕的峰峦。

[13] 清襟:洁净的衣襟。引申为高洁的胸怀。

[14] 獾郎:王安石小名"獾郎"。王安石熙宁二年(1069)出任参知政事,次年升任宰相,开始大力推行改革。

[15] 祠官:掌管祭祀之官。

[16] 李忠定:即李纲(1083—1140),字伯纪,松江(今属上海)人,一说邵武(今属福建)人,

宋代大臣。政和进士,北宋末任太常少卿。靖康元年(1126)金兵初围开封时,阻止钦宗迁都,并团结军民,击退金兵,但不久受排斥。次年南宋高宗即位,任为宰相。他主张用两河义军收复失地,在职70天,又遭排斥。后历任湖广宣抚使等职。曾多次上疏,陈说抗金之策,高宗皆不纳。卒谥忠定。他曾长期任提举洞霄宫这一闲职。有《梁溪集》《靖康传信录》等。

[17] 栗主:古代练祭所立的神主。用栗木做成,故称。后通称宗庙神主为栗主。祧迁:把隔了几代的祖宗的神主迁入远祖之庙。

[18] 御笔:谓帝王亲笔所书或所画。此指宋理宗所书"洞天福地"额。

[19] 太息:即叹气。

# 五百罗汉殿记

## 清·厉 鹗

【提要】

本文选自《樊榭山房集》(上海古籍出版社1992年版)。

绍兴二十八年(1158),古刹灵隐寺仿净慈寺建"田字殿",塑五百罗汉。文中所谓"然非名蓝巨刹,则五百应真之宇,时或缺焉。云林向为五山十刹之一",所以塑罗汉。随着灵隐寺的时毁时建,到洪武十七年(1384),住持慧明重建了觉皇殿,改寺名为"灵隐禅寺"。万历十八年(1590),在正殿塑五百罗汉。万历二十八年(1600),司礼监孙隆修葺庙堂,并在三藏殿中置轮藏以奉藏经。到了崇祯十三年(1640),灵隐寺又遭灾祸,全寺遭焚,除大殿、直指堂等殿幸免于难外,其余化为灰烬。

明末清初,灵隐寺已苔寮藓壁,其状惨淡。那时,灵隐寺建立了"房制",共有二十四房。"房制"就是把各院落分作私人产业,一切收支及招收僧徒等事,外人不得干预。灵隐寺住持,由各公房推选,看上去俨然为一个个各自为阵的部落。除了日常公事,各房谁也无心修复寺院殿堂。见此情形,谿堂禅师请来在扬州弘法的深交具德和尚住持灵隐。

"具德大和尚来主法席,中兴缔构"。具德和尚法名弘礼,为临济宗三十二世,《灵隐寺志》载:"道风广被十座道场,位下法从动以千计。"具德历尽千辛万苦,花了十八年,终于使灵隐寺面貌焕然一新。《灵隐寺志》:"自建造以来未见若斯盛者也!"

缮修一新的灵隐寺规模恢弘,有七殿、十二堂、四阁、三楼、三轩等。七殿包括天王殿、大雄宝殿、轮藏殿、伽蓝殿、金光明殿、大悲殿、五百罗汉殿;十二堂为祖堂、法堂、直指堂、大树堂、东禅堂、西禅堂、东戒堂、西戒堂、斋堂、客堂、择木堂、南鉴堂;四阁是华严阁、联灯阁、梵香阁、青莲阁;三楼即响水楼、看月楼、万竹楼;三轩是面壁轩、青猊轩、慧日轩。

具德缮修竣工的灵隐寺到了乾隆癸亥(1743)已经八十余年,"槵栳颓瘁,法身雨立"。此时的主僧巨涛、歙人汪应庚共襄兴作。应庚奄逝,其子继之,最终建成的五百罗汉殿"象设闲安,四周列坐,妙相庄严,奕奕有生气。飞梁八维,环楹交峙,宝坛回互,殿如'田'字之形"。厉颚很高兴应巨公之请,写了这篇《记》及《重建轮藏殿记》。

在昔《涅槃经义》谓:"有五百商人采宝出海,值盗攘去[1],并剜其目。商日夜号痛,欲向无所,或告之曰:'灵鹫佛氏能救汝,若与我重宝,引汝见之。'商且行且舍,至大林精舍,佛为说法,各证阿罗汉果。"夫所云阿罗汉者,《大论》云:"阿罗"名"贼","汉"名"破",一切烦恼贼破;复次,阿罗汉一切漏尽,故应得一切世间诸天人供养;又"阿"名"不","罗汉"名"生",后世中更不生,是名"阿罗汉"。《法华疏》云:《阿毗经》云:"应真",《瑞应经》云"真人",皆无生之义也。或言名含三义:无明糠脱后世田中[2],不受生死果报[3],故云不生;九十八使烦恼尽,故名杀贼;具智断功德,堪为人天福田,故言应供[4]。要而论之,修六度之梵行[5],标三乘之通号[6],均为超越凡伦,优入圣域者矣。后世宝坊琳宫,遍阎浮提界[7],然非名蓝巨刹,则五百应真之宇[8],时或缺焉。

云林向为五山十刹之一,百栱千栌,霞开鸟翥,承甍绕溜,虹拖蜿垂。其西禅堂之下,为罗汉殿,创于何朝,未详所自。具德大和尚来主法席[9],中兴缔构,实建今处,时顺治戊戌也[10]。逮今乾隆癸亥[11],八十余年,榱桷颓瘁[12],法身雨立[13]。

主僧巨涛慨焉悯睇[14],广募檀施[15],精心建立,幽祇协赞[16]。歙人汪光禄应庚独奖胜缘[17],为布金之须达[18],一切兴作,咸委巨公,于是百废修举,而罗汉殿工未竣。适光禄奄逝[19],令子明州守起踵成之。

像设闲安[20],四周列坐,妙相庄严,奕奕有生气。飞梁八维,环楹交峙,宝坛回互,殿如"田"字之形,俗因名曰"田字殿"。吾杭梵宇以百数,有此殿者,惟净慈、云林。今净慈悉已阤顿[21],而云林金碧丹黝,慈容统序,东西向背,毗接偶居,严饰之工,常留花窟。

夫佛示像法,因垂像教[22],故金姿宝相,月面莲眸,皆无为之寂、不尽之灵之所托也。今五百应真,因苦愿力,普摄无边,散处山林,分形显化,作人间福田,亦所以示人从生有贪,因贪受苦,因苦得报。则凡见形而入道者,于兹殿之兴废,所系岂不重欤!

殿既成,巨公乞言于予。予肃瞻灵仪,敷具顶礼,契正觉之冥符[23],俨法相之常住[24],敬刊玄石,而为之记。

**【注释】**

　[1]攘:犹劫。

　[2]无明糠:(譬喻)无明(痴愚无智慧)能令业种生后世之果,故以米糠为喻。智度论曰:"佛心种子后世田中不生,无明糠脱故。"

　[3]果报:因果报应。

[4] 应供:接受奉养。

[5] 六度:佛教语。又译为"六到彼岸"。"度"是梵文 pāramitā(波罗蜜多)的意译。指使人由生死之此岸度到涅槃(寂灭)之彼岸的六种法门:布施、持戒、忍辱、精进、精虑(禅定)、智慧(般若)。梵行:佛教语。谓清净除欲之行。

[6] 三乘:佛教语。一般指小乘(声闻乘)、中乘(缘觉乘)和大乘(菩萨乘)。三者均为浅深不同的解脱之道。亦泛指佛法。通号:犹通称。

[7] 阎浮提:梵语,即南赡部洲。阎浮,树名;提为"提鞞波"之略,义译为洲。洲上阎浮树最多,故称。诗文中多指人世间。

[8] 应真:佛教语。罗汉的意译。意谓得真道的人。

[9] 具德(1600—1667):清初著名僧人,字具德,名弘礼,亦称"具德礼",俗姓张,会稽(今浙江绍兴)人。张氏为越州巨族,具德系明末清初著名史学家、文学家张岱之族弟。明熹宗天启元年(1621)出家。初学无常师,后遇元汉和尚。元汉见他法像轩昂,带其至苏州三峰寺。在寺里,具德和尚充当圃头,管理菜园厕所,苦行力作,无不身任,17 年后终于彻底得悟。崇祯八年(1635),守师丧毕,具德和尚到了杭州灵隐寺,从谭吉弘忍禅师,协撰《五宗教》。弘忍禅师示寂后,具德和尚曾一度到各地云游挂单,在会稽、扬州、高邮等地开坛说法。清顺治五年(1648),僧友豁堂禅师请他到灵隐寺主事,以期重振灵隐寺昔日雄风。法席:佛教语。讲解佛法的座席。亦泛指讲解佛法的场所。

[10] 顺治戊戌:1658 年。

[11] 乾隆癸亥:1743 年。

[12] 榱桷:椽子、屋檐。颓瘁:毁坏。

[13] 法身:指高僧之身。此指佛像。

[14] 悯睞:谓忧心忡忡地仔细察看。

[15] 檀施:布施。

[16] 幽祗:犹言默默而恭敬。协赞:协助,辅佐。

[17] 独奖:犹独立赞助。

[18] 须达:即须达多。梵语 sudatta 的音译。意译为"善与""善给""善授"等。古印度拘萨罗国舍卫城富商,波斯匿王的大臣,释迦的有力施主之一,号称"给孤独"。后皈依佛陀。与祇陀太子共同施佛精舍,称祇树给孤独园。

[19] 奄逝:去世。

[20] 闲安:幽闲安乐。

[21] 陁顿:崩溃坍塌。陁:音 zhì,山崩曰陁。

[22] 像教:即像法。亦泛指佛法。

[23] 正觉:佛教语。指真正之觉悟。

[24] 常住:佛教语。永存。

## 附:云林寺重建轮藏殿记

清·厉 鹗

佛氏之有轮藏,自梁傅大士始也。嗣后丛林效之,且遍天下,俱供大士像于中。云林轮藏殿,具公始建于顺治庚寅,迄今几及百年,栋宇颓废,所谓轮藏者,亦敧倾摧剥而不能转。

乾隆庚申,新安光禄少卿汪君上章来游兹山,慨然以重兴为己任,而以是殿为之首。落成之日,予适过寺,见夫杰构翔空,若地涌出,入门神耸,则如天枢激而坤轴动,月驾旋而风驭行。瑶窗宝网,眩金碧于无定;天龙帝释,俨生气以飞空。徐而察之,则集众有力负之而趋,且聆夫大声起于足下,又如良霄歌钟之击窟室,袁氏鼓角之鸣地中。伟矣哉! 象教之力宏矣,檀护之施广矣!

主僧巨涛和尚谒予文以为记,予惟傅氏之设轮藏转经也,然三藏十二部卷帙繁而重,庋之于轮,非数百人莫能转。今所供者,诸佛菩萨像,则数人能胜其任,况转佛即转经乎? 且佛氏所重者,以心转境,不以境转心,故云“能转《法华》,不为《法华》转”。若夫成住坏空,大地山河,皆太虚中一微尘耳,何有于轮? 昔村妇荐夫,财少而轮自转,则其能转,有不系于轮者,惟此心之精诚,历劫常存,亦历劫常转。汪君之输财,巨公之集事,可云转大法轮,将有不与土木丹青俱敝者矣。于是乎书。

**按:**选自《樊榭山房集》(上海古籍出版社1992年版)。

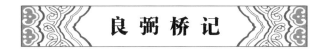

# 良弼桥记

## 清·张廷玉

**【提要】**

本文选自《澄怀园文存》(光绪十七年刻本)。

张英及其子张廷玉在清朝前后辅佐康熙、雍正、乾隆,由于“周敏勤慎”而备受恩宠。张廷玉逝后配享太庙,为终清一朝享此殊荣的唯一汉臣。

雍正十一年(1733),张廷玉回乡祭祖,雍正赠给张廷玉一件玉如意,并祝他“往来事事如意”。同时赠送丰富的物品及内府书籍,《古今图书集成》只印了64部,独赐张廷玉2部,雍正还赐张廷玉春联一幅:“天恩春浩荡,文治日光华。”可谓是恩遇隆盛。张家年年用这副对联作为春联。除此之外,“复赐万金为祠祀费,恩礼隆重,无与为比”。结果,祭祀完毕,所赐之金还剩下一半,于是张廷玉决定用之修理倾圮的七省孔道——东门之桥。

总结以前桥易损毁的原因,张廷玉说,造桥安基“今则掘沙见土,深入地中丈许,悉以概衔巨石奠其底,上建石矶六,矶垒石为层,铸铁轴以键,上下石交处又为铁铤以合之,并融树汁米沈,杂黄壤白垩以实其罅”。张廷玉详细介绍了桥梁营构的步骤、方法。

最后,建起“长十五丈,宽一丈五尺”的东门桥,并且“左右周以石阑,东西建二亭,以憩民之避风雨、施茗浆者。溪之两涯垒巨石为岸,高一丈,西长十有六丈,东长八丈,用御水冲,兼以卫桥"。大桥"经始于雍正乙卯年(1735)正月,落成于乾隆丁巳年(1737)六月,为期三年,为费六千三百"。看来,此桥营造颇费时日、精力。

秋七月,里门书来,知东门石桥于六月讫功,行旅往来称便,予心喜之。吾邑沿山溪为城,城之东门为七省孔道,而大溪当其冲,旧有石桥,倾毁近百年矣。自康熙戊申[1],邑令胡公建木桥以利涉,每山水大至,桥辄坏。凡樵苏之出入[2],城市及驿使、宦游、商贾之有事于江、楚、闽、粤者,往往阻绝不得渡。予为诸生时见而心伤之,蓄愿作石桥以利行人,顾工费浩繁,力有未逮,徒时时往来胸臆间。

雍正十一年[3],蒙世宗宪皇帝念先太傅文端人旧学积勋[4],命祀于京师之贤良祠,又赐祭于本籍。命廷玉归里躬襄祀典,复赐万金为祠祀费[5],恩隆礼重,无与为比。祀事既毕,尚余赐金之半,因念所以广君恩,惠行旅而慰夙愿者,莫若东门之桥矣。乃嘱弟侄外甥辈经理其事,并择方外之人精修苦行,及仆之服勤向义者赞襄之。

今阅来书云,从前之桥所以易毁者,由溪身悉淤沙积砾,橛下不得深[6],每雨猛蛟起,辄随波以逝。今则掘沙见土,深入地中丈许,悉以橛衔巨石奠其底,上建石矼六,矼垒石为层,铸铁轴以键,上下石交处又为铁铤以合之,并融树汁米沈,杂黄壤白垩以实其罅。桥身长十五丈、广一丈五尺,左右周以石拦,东西建二亭,以憩民之避风雨、施茗浆者。溪之两涯垒巨石为岸,高一丈,西长十有六丈,东长八丈,用御水冲[7],兼以卫桥。经始于雍正乙卯年正月[8],落成于乾隆丁巳年六月[9],为期三年,为费六千三百。里人乐之,名桥曰良弼,盖取世宗皇帝赐书"调梅良弼"之额,以为予功。

予念非圣主恩赐之便蕃,则费无所资;非先太傅之崇祀,则予无由经始;非亲族子弟暨在工之人同心共力,则桥未易成;即成亦未必其坚致若此。今既讫功而独归美于予,予实赧焉。因记一时之好善乐施,鸠工庀材之人,以见兹桥之成,非予一人力也。

其相度形势,筹划机宜,总司工费者,则吾弟廷珖,吾侄若潭,若霭、若泌、若霍、侄孙曾启,外甥姚孔铜也;指示匠作、劝课工程,三年如一日者,则僧品山、秀峰也;不避寒暑、奔走督察,俾各工踊跃趋事赳期告竣者,则吴兴老仆詹大、吾家世仆方大之力居多。既成,而吾侄若震又立四石柱于上流以杀水势,吾姊姚太恭人及吾侄妇姚恭人共捐千金,沿溪筑堤以卫民居,是又好行其德而为兹桥计久远之美意也。爰详为之书。

**【作者简介】**

见本书明代卷《宋礼传》。

**【注释】**

[ 1 ] 康熙戊申:1668 年。

[ 2 ] 樵苏:打柴砍草的人。

[ 3 ] 雍正十一年:1733 年。

[ 4 ] 先太傅:指其父张英。

[ 5 ] 祠祀:祭祀。

[ 6 ] 橛:桩。

[ 7 ] 御:抵御。

[ 8 ] 雍正乙卯:1735 年。

[ 9 ] 乾隆丁巳:1737 年。

# 清·马维翰

**【提要】**

本诗选自《清诗别裁集》(中华书局 1975 年版)。

这是一篇歌咏藏传佛教喇嘛寺面貌和僧人日常生活的诗歌,作者马维翰雍正六年开始在四川建昌(今西昌)任职,前后 7 年。他看到的建昌"旧无板屋皆碉房","不生草树山壁立,茫茫沙碛无稻粱"。眼中的大喇嘛寺"垣墙一百丈,甃以文石周四方。横窗侧闼面面辟,幡竿略绰当门张。其上层楼纻金碧,下画神鬼东西厢"。佛寺样式与中原地区显然不同。

不仅如此,这里的僧人"偏袒右肩事膜拜,双瞳转仄黝有光。宰生割剥了不怖,呼号其侧神扬扬。六时梵呗若功课,渴饮酪乳饥牛羊。宵分聚徒大合乐,互吹骨角声低昂"。也与内地僧人大不相同,所以作者有"即论释典尚清净,此宁有意登慈航"的感叹。

我无摩泥照浊水,偶参上乘心清凉[1]。

惠师罗什亦已化[2],今之行脚惟衣粮。

西炉自昔西番地,旧无板屋皆碉房。

不生草树山壁立,茫茫沙碛无稻粱。

恭惟先皇赫威命[3],版图始入开封疆。

至今万里乌斯藏[4],亦来重译瞻冠裳。

奈仍夙昔锢不解,俱言此类生空桑[5]。

空诸所有有彼法,如何佛寺犹雕梁。

缭以垣墙一百丈,甃以文石周四方。

横窗侧闼面面辟,幡竿略绰当门张[6]。

其上层楼缯金碧,下画神鬼东西厢。

寺僧少长凡几众,不语前立纷成行。

偏袒右肩事膜拜,双瞳转仄黝有光。

宰生割剥了不怖,呼号其侧神扬扬。

六时梵呗若功课[7],渴饮酪乳饥牛羊。

宵分聚徒大合乐,互吹骨角声低昂。

即论释典尚清净,此宁有意登慈航[8]。

或云流传术颇异,播弄造化如寻常。

安禅毒龙致时雨[9],诵咒青女停飞霜[10]。

此岂实具定慧力[11],竟能诡术回穹苍。

咄尔世人迷不悟,福田利益萦中肠[12]。

乾坤高厚妙运用,岂待尺寸量短长。

圣人深意在柔远[13],顺育万类通要荒[14]。

因势利导牖蒙昧,欲使寒谷回春阳。

昭昭大道揭日月,异教岂足紊纪纲。

矫首夷风倘一变,饮食男女真天堂[15]。

## 【作者简介】

马维翰(1693—1740),字默临,又字墨麟,号侣仙,浙江海盐人。康熙六十年(1721)进士。雍正元年(1723),授吏部主事。转员外郎,考选陕西道御史,迁工科给事中,监督仓场,所至有声。六年,命赴四川清丈田亩,以功留补建昌道副使。在川七年,不阿上官。乾隆二年,起授江南常镇道参议。丁父忧,归,卒于家。

## 【注释】

[ 1 ] 摩尼:梵语"宝珠"的译音。泛指佛珠。上乘:佛教语。即大乘。

[ 2 ] 罗什:即鸠摩罗什(344—413)。东晋后秦高僧,著名的佛经翻译家。原籍天竺。幼年出家,初学小乘,后遍习大乘,尤擅般若。一生译经 74 部,译文简洁晓畅,妙义自然无碍,深受众人喜爱。

[ 3 ] 先皇:指康熙。清朝皇帝及政府对西藏佛教一直是支持态度。顺治九年(1652)年底,五世达赖喇嘛到达北京,顺治帝赐其金册金印,封他为"西天大慈善自在佛所领天下释教普通瓦赤喇怛达赖喇嘛"。自此,清中央政府正式确认了达赖喇嘛在蒙藏地区的宗教领袖地位,历代达赖喇嘛经过中央政府的册封遂成为制度。康熙册封班禅为班禅额尔德尼,册封达赖为达赖喇嘛;还在西藏设立驻藏大臣,与班禅、达赖共同治理西藏。康熙四十八年(1709),认为"西藏事务不便令拉藏汗独理",遣间郎赫寿赴藏"协同拉藏办理事务",清朝开始直接管理西藏事务。康熙五十七年和五十九年,两次出兵西藏,驱逐了准噶尔部,杀拉藏汗,结束了蒙古和硕特部在西藏的统治。六十年,康熙委任四名噶伦共同管理西藏事务。雍正五年(1727),清廷正式设立驻藏大臣衙门,派遣办事大臣和帮办大臣二人常驻拉萨,督办西藏事务。乾隆十六

年(1751),清廷建立噶厦,作为西藏地方政府。

[4] 乌斯藏:元明时对西藏的称呼。

[5] 空桑:指僧人或佛门。

[6] 略绰:大致,大略。

[7] 梵呗:佛教谓做法事时的歌咏赞颂之声。

[8] 慈航:佛教语。谓佛、菩萨以慈悲之心度人,如航船之济众,使脱离生死苦海。

[9] 安禅:佛教语。指静坐入定。俗称打坐。毒龙:凶恶的龙。句谓佛法的法力。

[10] 青女:传说中掌管霜雪的女神。

[11] 定慧:定学与慧学的并称。定,禅定;慧,智慧。

[12] 福田:佛教语。佛教以为供养布施,行善修德,能受福报,犹如播种田亩,有秋收之利,故称。

[13] 柔远:安抚远人或远方邦国。

[14] 要荒:古称王畿外极远之地。亦泛指远方之国。

[15] 原注:或云:"流传,术颇异"以下六语,远方畏服其教,圣朝容纳之,用以柔顺远人,非尊信异说也。末归到圣人之教,如经天日月。儒者正论,旷若发蒙。

# 板桥题画(节选)

## 清·郑板桥

**【提要】**

本文选自《扬州八怪诗文集》(江苏美术出版社 1985 年版)。

"意在笔先""趣在法外",这是郑板桥画竹之悟,所以他"胸无成竹"。

竹子以其虚心、有节,既刚劲有力,又风姿绰约,与松树、梅花被喻为岁寒三友,历来成为画家的爱物。文与可、苏轼、徐渭、石涛于画竹都有独特的体会、极高的造诣;黄鲁直不画竹,但"观其书法,罔非竹也"。但是,郑板桥与苏轼画竹章法大不同,一个是"胸有成竹",一个"胸无成竹"。

苏东坡画竹的师傅是文与可,从与可那里他学到了"成竹在胸"的画竹经验。其《文与可画筼筜谷偃竹记》说:"竹之始生,一寸之萌耳,而节叶具焉;自蜩腹蛇蚹以至于剑拔十寻者,生而有之也。今画者乃节节而为之,叶叶而累之,岂复有竹乎!故画竹必先得成竹于胸中,执笔熟视,乃见其所欲画者,急起从之。"从脑中、眼中到手执笔下到画到纸上都是这个有生机的完整的竹子,"其身与竹化",作品便能"无穷出清新"了。苏轼所说"其身与竹化",即竹与我合而为一。郑板桥画竹,胸无成竹:"江馆清秋,晨起看竹,烟光日影露气,皆浮动于疏枝密叶之间。胸中勃勃遂有画意。其实胸中之竹,并不是眼中之竹也。因而磨墨展纸,笔落倏做变相,手中之竹又不是眼中之竹也。""眼中之竹"是对自然物象感性认识的阶段,"胸中之竹",是对自然物象的理性认识阶段,"手中之竹",即"画家之竹",是将自然物象与精神意趣、画技章法有机地融为一体了。所以他说:"文与可画竹,胸有成竹,郑板桥画竹,胸无成竹……"一语道出了画家独抒"性灵"的艺术创新境界。

郑板桥的竹画得出神入化,工夫其实在画外。郑板桥爱竹,"宁可食无肉,不可居无竹;无肉使人瘦,无竹使人俗"(苏轼《于潜僧绿筠轩》)。板桥视竹如友:"衙斋卧听萧萧竹,疑是民间疾苦声。些小吾曹州县吏,一枝一叶总关情。"萧萧竹子传达的就是"民间疾苦声","写取一枝清瘦竹,秋风江上作钓竿"(《予告归里,画竹别潍县绅士民》)。清瘦竹就是自己的节操,清风亮节江边垂钓归隐去。此正所谓"一切景语皆情语"(王国维《人间词话》),所以,郑板桥画竹,胸无成竹。

正因为如此,郑板桥晚年画的《竹石图》,全幅画虽不着色,却使人感到翠色欲流。他自己为这幅画题诗:"四十年来画竹枝,日间挥笔夜间思。冗繁削尽留清瘦,画到生时是熟时。"正因为如此,郑板桥不泥古法、推陈出新,他笔下的竹子"林下风度"十足。

画兰,郑板桥同样语出惊人:学一半,撇一半,十分学七要抛三。为何?"非不欲全,实不能全,亦不必全也。"一语道破学习、继承前人经验的奥妙。关于石,郑板桥的体悟同样特别而令人警醒:燮画此石,丑石也,丑而雄,丑而秀;有皴法而见层次,有空白以见平整,空白之外又有皴,然后大包小,小包大,构成全局……一块元气结而石成矣。板桥赏"丑石"。

同为扬州八怪的李啸村评价郑板桥:"三绝诗书画,一官归去来。"三绝中又有三真,曰真气、曰真意、曰真趣(参见《郑板桥集·前言》)。板桥书法自成一体,隶楷参半,称"六分半书",具纵横错落、瘦硬奇峭之趣。他的诗反映生活,言之有物,又具形象化、通俗化的特点。以这样的诗书配在写兰画竹作品上,就使他的画更具意趣与真气。他的"三真"是他内心的表露,集中表现了对人民疾苦的同情,他说:"凡吾画兰、画石,用以慰天下之劳人,非以供天下之安享人也。"襟怀如此,其画自然"三真"。板桥兰爱画兰竹石图,他认为"一竹一兰一石,有节有香有骨","兰竹石,相继出,大君子,离不得"。


余家有茅屋二间,南面种竹。夏日新篁初放,绿阴照人,置一小榻其中,甚凉适也。秋冬之际,取围屏骨子,断去两头,横安以为窗棂,用匀薄洁白之纸糊之。风和日暖,冻蝇触窗纸上,冬冬作小鼓声。于时一片竹影零乱,岂非天然图画乎!凡吾画竹,无所师承,多得于纸窗粉壁日光月影中耳。

一节复一节,千枝攒万叶。

我自不开花,免撩蜂与蝶。

昨自西湖烂醉归,沿山密篆乱牵衣。

摇舟已下金沙港,回首清风在翠微[1]。

江馆清秋,晨起看竹,烟光日影露气,皆浮动于疏枝密叶之间。胸中勃勃遂有画意。其实胸中之竹,并不是眼中之竹也。因而磨墨展纸,落笔倏作变相,手中之竹又不是胸中之竹也。总之,意在笔先者,定则也;趣在法外者,化机也。独画云乎哉。

文与可画竹,胸有成竹,郑板桥画竹,胸无成竹。浓淡疏密,短长肥瘦,随手写去,自尔成局[2],其神理具足也。藐兹后学,何敢妄拟前贤。然有成竹无成竹,其实只是一个道理。

文与可墨竹诗云:"拟将一段鹅溪绢[3],扫取寒梢万尺长。"梅道人云:"我亦有亭深竹里,也思归去听秋声。"皆诗意清绝,不独以画传也。不独以画传而画益传。燮既不能诗,又不能画,然亦勉题数语:雷停雨止斜阳出,一片新篁旋蓊裁,影落碧纱窗子上,便拈豪素写将来。言尽意穷,有惭前哲。

与可画竹[4],鲁直不画竹,然观其书法,罔非竹也。瘦而腴,秀而拔,欹侧而有准绳,折转而多断续。吾师乎!吾师乎!其吾竹之清癯雅脱乎[5]!书法有行款[6],竹更要行款,书法有浓淡,竹更要浓淡,书法有疏密,竹更要疏密。此幅奉赠常君酉北。酉北善画不画,而以画之关纽,透于入书。燮又以书之关纽[7],透入于画。吾两人当相视而笑也。与可、山谷亦当首肯。

徐文长先生画雪竹[8],纯以瘦笔、破笔、燥笔、断笔为之,绝不类竹,然后以淡墨水钩染而出,枝间叶上,罔非雪积,竹之全体,在隐跃间矣。今人画浓枝大叶,略无破阙处,再加渲染,则雪与竹两不相入,成何画法?此亦小小匠心,尚不肯刻若,安望其穷微索渺乎!问其故,则曰:吾辈写意,原不拘拘于此。殊不知写意二字,误多少事。期人瞒自己,再不求进,皆坐此病。必极工而后能写意,非不工而遂能写意也。

石涛画竹[9],好野战,略无纪律,而纪律自在其中。燮为江君颖长作此大幅,极力仿之。横涂竖抹,要自笔笔在法中,未能一笔逾于法外。甚矣石公之不可及也。功夫气候,僭差一点不得[10]。鲁男子云:"唯柳下惠则可,我则不可。将以我之不可,学柳下惠之可。"余于石公亦云。

## 【作者简介】

郑板桥(1693—1765),原名郑燮(xiè),字克柔,号理庵,又号板桥,人称板桥先生。江苏兴化人。乾隆元年(1736)进士。官山东范县、潍县县令,有政声。"以岁饥为民请赈,忤大吏,遂乞病归。"做官前后,均居扬州,以书画营生。工诗、词,善书、画。诗词不屑作熟语;画擅花卉木石,尤长兰竹,书法自称"六分半书"。为"扬州八怪"的主要代表,"诗、书、画"称"三绝"。

## 【注释】

[1]翠微:青翠的山色,也泛指青翠的山。

[2]自尔:犹自然。

[3]鹅溪绢:产于四川盐亭县鹅溪的绢帛。唐代为贡品,宋人书画尤重之。

[4]鲁直:黄庭坚字。黄庭坚(1045—1105),字鲁直,自号山谷道人,晚号涪翁,又称豫章黄先生。洪州分宁(今江西修水)人。北宋诗人、词人、书法家,江西诗派开山之祖。英宗治平四年(1067)进士。历官叶县尉、北京国子监教授、校书郎、著作佐郎、秘书丞、涪州别驾、黔州安置等。擅文章、诗词,诗风奇崛瘦硬,力摈轻俗之习,开一代风气。尤工书法,主要墨迹有《松风阁诗》《华严疏》《经伏波神祠》《诸上座》《李白忆旧游诗》《苦笋赋》等。其论书曰:"老夫之书,本无法也,但观世间万缘,如蚊蚋聚散,未尝一事横于胸中,故不择笔墨,遇纸则书,纸尽则已,亦不较工拙与人品藻讥弹,譬如木人舞中节拍,人叹其工,舞罢则又萧然矣。"

［5］清癯:清瘦。

［6］行款:文字的书写顺序和排列形式,包括字序和行序。行:音 xíng。

［7］关纽:关键,枢纽。

［8］徐文长:即徐渭(1521—1593)。明代文学家、书画家、军事家。

［9］石涛(1630—1724):明末清初四僧之一。作画构图新奇,尤善用"截取法"以特写之景传深邃之境。笔情恣肆,淋漓洒脱,画品豪放勃郁,奔放不羁。

［10］僭差:差错,差失。僭:音 jiàn,超越本分。

## 兰

屈宋文章草木高[1],千秋《兰谱》压《风》《骚》。

如何烂贱从人卖,十字街头论担挑。

此是幽贞一种花,不求闻达只烟霞。

采樵或恐通来径,更写高山一片遮。

僧白丁画兰,浑化无痕迹,万里云南,远莫能致,付之想梦而已。闻其作画,不令人见,画毕,微干,用水喷噀[2],其细如雾,笔墨之痕,因兹化去。彼恐贻讥,故闭户自为,不知吾正以此服其妙才妙想也。口之噀水,与笔之蘸水何异?亦何非水墨之妙乎!石涛和尚客吾扬州数十年,见其兰幅,极多亦极妙。学一半,撇一半,未尝全学,非不欲全,实不能全,亦不必全也。诗曰:十分学七要抛三,各有灵苗各自探,当面石涛还不学,何能万里学云南?

余种兰数十盆,三春告莫[3],皆有憔悴思归之色。因移植于太湖石、黄石之间,山之阴,石之缝,既已避日,又就燥,对吾堂亦不恶也。来年忽发箭数十,挺然直上,香味坚厚而远。又一年更茂。乃知物亦各有本性。赠以诗曰:兰花本是山中草,还向山中种此花,尘世纷纷植盆盎,不如留与伴烟霞。又云:山中兰草乱如蓬,叶暖花酣气候浓,出谷送香非不远,那能送到俗尘中?此假山耳,尚如此,况真山乎!余画此幅,花皆出叶上,极肥而劲。盖山中之兰,非盆中之兰也。

**【注释】**

［1］屈宋:战国时楚辞赋家屈原、宋玉的并称。

［2］喷噀:谓含水于口中向外喷洒。噀:音 xùn。

［3］莫:通"暮"。

## 石

米元章论石[1],曰瘦、曰绉、曰漏、曰透,可谓尽石之妙矣。东坡又曰:"石文而丑。"一"丑"字则石之千态万状,皆从此出。彼元章但知好之为好,而不知陋劣之中有至好也。东坡胸次,其造化之炉冶乎!燮画此石,丑石也,丑而雄,丑而秀。弟子朱青雷索予画不得,即以是寄之。青雷袖中倘有元章之石,当弃弗顾矣。

何以谓之文章,谓其炳炳耀耀皆成文也,谓其规矩尺度皆成章也。不文不章,虽句句是题,直是一段说话,何以取胜? 画石亦然,有横块、有竖块、有方块、有圆块、有敧斜侧块。何以入入之目,毕竟有皴法以见层次,有空白以见平整,空白之外又皴,然后大包小,小包大,构成全局,尤在用笔用墨用水之妙,所谓一块元气结而石成矣。眉山李铁君先生文章妙天下,余未有以学之,写二石奉寄,一细皴,一乱皴,不知仿佛公文之似否? 眉山古道,不肯作甘言媚世,当必有以教我也。

今日画石三幅,一幅寄胶州高凤翰西园氏,一幅寄燕京图清格牧山氏,一幅寄江南李鱓复堂氏。三人者,予石友也。昔人谓石可转而心不可转,试问画中之石尚可转乎? 千里寄画,吾之心与石俱往矣。是日在朝城县[2],画毕尚有余墨,遂涂于县壁,作卧石一块。朝城讼简刑轻,有卧而理之之妙,故写此以示意。三君子闻之,亦知吾为吏之乐不苦也。

昔人画柱石图,皆居中正面,窃独以为不然。国之柱石,如公孤保傅,虽位极人臣,无居正当阳之理。今特作为偏侧之势,且系以诗曰:

一卷柱石欲擎天,体自尊崇势自偏。却似武乡侯气象[3],侧身谨慎几多年。

老骨苍寒起厚坤[4],巍然直拟泰山尊,千秋纵有秦皇帝,不敢鞭他下海门。

顽然一块石,卧此苔阶碧。雨露亦不知,霜雪亦不识。

园林几盛衰,花树几更易。但问石先生,先生俱记得。

**【注释】**

[1] 米元章:即米芾。北宋书法家,画家。酷爱奇石,人称"米颠"。

[2] 朝城县:在今山东聊城。郑板桥曾为范县令兼署朝城,前后三年。

[3] 武乡侯:即诸葛亮。

[4] 厚坤:指大地。

**和雅雨山人红桥修禊**

## 清·郑板桥

**【提要】**

本诗选自《扬州八怪诗文集》(江苏美术出版社 1985 年版)。

"红桥修禊"让一座原本平常的湖桥声名鹊起,红桥修禊让原本平常的湖成了举世闻名的瘦西湖。

"红桥修禊"在清朝康乾时代是仕宦之人的风雅之事。由于康熙、乾隆的六次南巡,扬州盐商在瘦西湖两岸置地构园,逐渐形成了"两堤花柳全依水,一路楼台直到山"的铺锦山水。"红桥",位于瘦西湖南端,始建于明末崇祯年间,原为红色栏杆的木桥,后在乾隆元年改建为拱形石桥,取名虹桥。清初吴绮《扬州鼓吹词序》描述:"朱栏数丈,远通两岸,彩虹卧波,丹蛟截水,不足以喻。而荷香柳色,曲槛雕楹,鳞次环绕,绵亘十余里。春夏之交,繁弦急管,金勒画船掩映出没于其间,诚一郡之丽观也。"李斗亦形容它如"丽人靓妆照明镜中"。

红桥修禊共举办三次。

第一次是清代著名诗人王士禛(王渔洋),他在扬州任推官期间,"昼了公事,夜接词人","与诸名士游无虚日",是一位主持扬州风雅的人物(引文参见《扬州画舫录》卷十)。康熙元年(1662)春,他与扬州诸名士集于红桥,众人"击钵赋诗,游宴不息",此次修禊,王士禛作《浣溪沙》三首,其中广为流传的名句:"北郭清溪一带流,红桥风物眼中秋,绿杨城郭是扬州。"众人皆和,一时传为佳话。纳兰性德也和《浣溪沙》一首:"无恙年年汴水流,一声水调短亭秋,旧时明月照扬州。曾是长堤牵锦缆,绿杨清瘦至今愁,玉钩斜路近迷楼。"

康熙三年春,王士禛复与诸名士修禊于红桥,王士禛一连作了《冶春绝句》二十首,其中脍炙人口的一首:"红桥飞跨水当中,一字栏杆九曲红。日午画船桥下过,衣香人影太匆匆。"唱和者无数,一时间"江楼齐唱《冶春》词"。几年后,王士禛为《红桥唱和集》作序说:"红桥即席赓唱,兴到成篇,各采其一,以志一时盛事,当使红桥与兰亭并传耳。"诗集三卷。到后来,扬州二十四景中就有了"冶春诗社",位于虹桥西南岸。

孔尚任再续修禊之事。20多年后的康熙二十七年(1688)三月三日,孔尚任发起"红桥修禊"。此次参加的24人籍属八省,故孔称之为"八省之会"。孔尚任在扬州登梅花岭,游平山堂后,怀着对王士禛极为崇敬的心情,诗兴大发,写下大量诗作。他在《红桥修禊序》中记录:"康熙戊辰春,扬州多雪雨,游人罕出。至三月三日,天始明媚,士女被禊者,咸泛舟红桥,桥下之水若不胜载焉。予时赴诸君之招,往来逐队。看两陌之芳草桃柳,新鲜弄色,禽鱼蜂蝶,亦有畅遂自得之意。乃知天气之晴雨,百物之舒郁系焉。"扬州的经历为他的《桃花扇》创作提供了丰富的素材。

卢见曾主导了第三次红桥修禊。两淮盐运使卢见曾为官颇有政绩,且为人正直,喜好诗文,"主东南文坛,一时称为海内宗匠"。扬州期间,他数次修禊红桥,郑板桥、金农、袁枚、罗聘、厉鹗等名士均曾参与。其中最为出名的是乾隆二十二年(1757)三月三日,为迎接乾隆第二次南巡,卢见曾在红桥畔的西园曲水举行了一次7000诗人参与的大聚会。卢见曾诗中有:"十里画图新闻苑,二分明月旧扬州。"各地依韵和者的诗作,结集卷数超过三百,并绘《虹桥览胜图》以纪其胜。郑板桥的《和雅雨山人红桥修禊诗四首》《再和卢雅雨四首》就是这次唱和的产物。

卢见曾设计出"牙牌二十四景"的文酒游戏,将瘦西湖二十四景刻在象牙骨牌上,参与者依次摸牌,以所得之景,当场吟诗句,不能者则罚酒一杯。这种游戏方式,很快就在全国流行起来,扬州二十四景也随着文人们的诗句声名远扬。

数次修禊,让红桥成为清代瘦西湖二十四景之一,《梦香词》中道:"扬州好,第一是虹桥。杨柳绿齐三尺雨,樱桃红破一声箫,处处驻兰桡。"就连乾隆也作诗赞赏:"绿波春水饮长虹,锦缆徐牵碧镜中。真在横披画里过,平山迎面送春风。"

除了上述三次著名的红桥修禊外,还有乾隆三年(1738)十月十七日,浙西词派的领袖人物厉鹗与扬州诗人闵华、江昱、陈章等七人在秋日畅游瘦西湖后,留下了一组流传极广的《湘月》(即《念奴娇》)词作,后人就把这视为红桥"秋禊"。厉颚为诗集作《序言》:"扬州胜处,惟红桥为最,春秋佳日,苦为游氛所杂。俗以大舟载酒,穹蓬而六柱,旁翼阑槛,如亭榭然。每数艘并集,或衔尾以进,则烟水之趣希矣。戊午十月十七日,风日清美,煦然如春。廉风、莫亭、宾谷、荺田招予与授衣、于湘,唤舟出镇淮门,历诸家园馆,小泊红桥,延缘至法海寺,极芦湾尽处而止。萧寥无人,谈饮间作,亦一时之乐也。悬灯归棹,吟兴各不能已。相约赋《念奴娇》隅指声一阕,而属予序之。"后来,杭州诗人汪沆来扬州看望老师厉颚,耳闻红桥秋禊事,便与三位诗友一道,泛舟湖上,载酒载歌,写下《红桥秋禊词》:"垂杨不断接残芜,雁齿红桥俨画图。也是销金一锅子,故应唤作瘦西湖"。这便是"瘦西湖"这个秀美名字的由来。

一线莎堤一叶舟,柳浓莺脆恣淹留[1]。
雨晴芍药弥江县,水长秦淮似蒋州[2]。
薄幸春光容易老,迁延诗债几时酬?
使君高唱凌颜谢[3],独立吴山顶上头。
年来修禊让今年,太液昆池在眼前。
迥起楼台回水曲,直铺金翠到山巅。
花因露重留蝴蝶,笛怕春归恋画船。
多谢西南新月挂,一钩清影暗中圆。
十里亭池一水通,俨开银钥日华东[4]。
逶迤碧草长杨道,静悄朱帘上苑风。
天净有云皆锦绣,树深无雨亦溟蒙[5]。
《甘泉》《羽猎》应须赋,雅什先排《禊帖》中[6]。
草头初日露华明,已有游船歌板声。
词客关河千里至,使君风度百年清。
青山骏马旌旗队,翠袖香车绣画城。
十二红楼都倚醉,夜归疑听景阳更[7]。

**【注释】**

　　[1]淹留:长期逗留。

　　[2]蒋州:即南京。隋文帝置。

　　[3]颜谢:指南朝诗人颜延之、谢灵运。《宋书·颜延之传》:"延之与陈郡谢灵运俱以词彩齐名,自潘岳、陆机之后,文士莫及也,江左称颜谢焉。"

　　[4]日华:太阳的光华。

　　[5]溟蒙:亦作"溟濛"。小雨貌。

　　[6]《甘泉》《羽猎》:均为西汉扬雄辞赋。雅什:指高雅的诗文。

　　[7]景阳更:景阳宫中的更鼓声。景阳:宫名。南朝齐武帝置钟于楼上,宫人闻钟,早起妆饰。后人因以为典。唐温庭筠《照影曲》:"景阳妆罢琼窗暖,欲照澄明香步懒。"

# 再和卢雅雨(四首)

## 清·郑板桥

广陵三日放轻舟,渐老春光尚小留。
才子新诗高白傅,故园名酒载青州[1]。
花因近席枝偏亚,人有凭阑句未酬。
隔岸湔裙诸女伴[2],一时欣望尽回头。

莫以青年笑老年,老怀豪宕倍从前[3]。
张筵赌酒还通夕,策马登山直到巅。
落日澄霞江外树,鲜鱼晚饭越中船。
风光可乐须行乐,梅豆青青渐已圆。

别港朱桥面面通,画船西去又还东。
曲而又曲邗沟水[4],温且微温上已风。
放鸭洲边烟漠漠,卖花声里雨蒙蒙。
关心民瘼尤堪尉[5],麦陇青葱入望中。

新月微微一线明,街山低树傍歌声。
烟横碧落春星淡,露满宫楼夜气清。
皂隶解吟笺上句[6],舆台沾醉柳边城。
归途莫漫频吆喝,花漏东已丁已二更[7]。

**【注释】**

[1]原注:公,山东人。

[2]湔裙:古代的一种风俗。《北史·窦泰传》:"(窦泰母)遂有娠。期而不产,大惧。有巫曰:'度河湔裙,产子必易。'"隋杜台卿《玉烛宝典》卷一:"(正月)元日至于月晦,民为醦食,渡水,士女悉湔裳,酹酒于水湄,以为度厄。"注:今世唯晦月临河解除,妇女或湔裙也。湔:音jiān,洗。

[3]豪宕:亦作"豪荡"。谓意气洋溢,器量阔大。

[4]邗沟:是联系长江和淮河的古运河,南起扬州以南的长江,北至淮安以北的淮河。为吴王夫差伐齐时所开,后成为各代交通运输要道。

[5]民瘼:民众的疾苦。

〔6〕皂隶:旧时衙门里的差役。

〔7〕花漏:指款式漂亮的报时漏刻。东丁:象声词。

# 附:扬州画舫录(节选)

清·李 斗

## 虹 桥 修 禊

"虹桥修禊",元崔伯亨花园,今洪氏别墅也。洪氏有二园,"虹桥修禊"为大洪园,"卷石洞天"为小洪园。大洪园有二景:一为"虹桥修禊",一为"柳湖春泛"。是园为王文简赋冶春诗处,后卢转运修禊亦于此,因以"虹桥修禊"名其景,列于牙牌二十四景中,恭邀赐名倚虹园。园门在渡春桥东岸,门内为妙远堂,堂右为饯春堂,临水建饮虹阁,阁外"方壶岛屿""湿翠浮岚"。堂后开竹径,水次设小马头,逶迤入涵碧楼,楼后宣石房,旁建层屋,赐名致佳楼。直南为桂花书屋,右有水厅面西,一片石壁,用水穿透,杳不可测。厅后牡丹最盛,由牡丹西入领芳轩,轩后筑歌台十余楹,台旁松柏杉楮,郁然浓阴。近水筑楼二十余楹,抱湾而转,其中筑修禊亭,外为临水大门,筑厅三楹,题曰"虹桥修禊"。

## 王 士 禛

王士禛,字子真,一字贻上,号阮亭,别号渔洋山人,山东新城人。高祖名重光,官贵州布政使。曾祖名之垣,官户部左侍郎。祖名象晋,官浙江布政使。父与敕贡入太学。兄士禄,官员外郎,士禧贡生,弟士祐进士。公顺治乙未进士,历官刑部尚书,谥文简。著有《带经堂集》《精华录》定本及十种诗话。公以文学诗歌为当代称,总持风雅数十年。

先是顺治己亥选扬州府推官,庚子三月抵郡城,八月充江宁乡试同考官。辛丑三月有事江宁,居秦淮邀笛步,有《白门集》。壬寅春与杜浚、张养重、邱象随、陈允衡、陈维崧修禊虹桥,公作《浣溪沙》三阙,为《虹桥唱和集》。癸卯冬充江宁武闱同考试官。甲辰春复同林古度、杜浚、张纲、孙枝蔚、程邃、孙默、许承宣、承家赋《冶春诗》。此皆公修禊事也。

吴伟业曰:"贻上在广陵,昼了公事,夜接词人。"冒襄曰:"渔洋文章结纳遍天下,客之访平山堂、唐昌观者,日以接踵。渔洋诗酒流连,曲尽款洽,客相对永日,亦终不忍干以私。尝有一莫逆临别,公曰:'愧官贫无以为长者寿,署有十鹤,敬赠其二,志素交也。'"徐钪曰:"虹桥在平山堂、法海寺侧,贻上司理扬州,日与诸名士游宴,于是过广陵者多问虹桥矣。"宋商邱曰:"阮亭谒选得扬州推官,游刃行之,与诸士游宴无虚日,如白、苏之官杭,风流欲绝。"刘体仁曰:"采明珠,耀桂旗,丽矣。或率儿拜,或袂从风,如欲仙去。《冶春诗》独步一代,不必如铁厓遁作别调,乃见姿媚也。"王士禄曰:"贻上负凤慧,神姿清彻,如琼林玉树,朗然炤人。为扬州法曹,日集诸名士于蜀冈、虹桥间,击钵赋诗,香清茶熟,绢素横飞。故阳羡陈其年有'两行小吏艳神仙,争羡君侯肠断句'之咏。"至今过广陵者,道其遗意,仿佛欧、苏,不徒忆樊川之梦也。宗元鼎诗云:"休从白傅歌杨柳,莫遣刘郎唱竹枝。五日东风十日雨,江楼齐唱冶春词。"

# 卢 见 曾

卢见曾,字抱孙,号雅雨山人,山东德州人。父道悦,字喜臣,号梦山,康熙辛丑进士,官知县,入祀乡贤。著有《公余漫草》《清福堂遗稿》。公工诗文,性度高廓,不拘小节,形貌矮瘦,时人谓之"矮卢"。辛卯举人,历官至两淮转运使。筑苏亭于使署,日与诗人相酬咏,一时文宴盛于江南。乾隆乙酉,扬州北郊建卷石洞天、西园曲水、虹桥揽胜、冶春诗社、长堤春柳、荷浦薰风、碧玉交流、四桥烟雨、春台明月、白塔晴云、三过留踪、蜀冈晚照、万松叠翠、花屿双泉、双峰云栈、山亭野眺、临水红霞、绿稻香来、竹楼小市、平冈艳雪二十景。丁丑修禊虹桥,作七言律诗四首云:

> 绿油春水木兰舟,步步亭台邀逗留。
> 十里画图新闻苑,二分明月旧扬州。
> 空怜强酒还斟酌,莫倚能诗漫唱酬。
> 昨日宸游新侍从,天章捧出殿东头。

> 重来修禊四经年,熟识虹桥顿改前。
> 潴汊畅交零雨后,浮图高插绮云巅。
> 雕栏曲曲生香雾,嫩柳纷纷拂画船。
> 二十景中谁最胜,熙春台上月初圆。

> 溪划双峰线栈通,山亭一眺尽河东。
> 好来斗茗评泉水,会待围荷受野风。
> 月度重栏香细细,烟环远郭影濛濛。
> 莲歌渔唱舟横处,俨在明湖碧涨中。

> 迤逦平冈艳雪明,竹楼小市卖花声。
> 红桃水暖春偏好,绿稻香含秋最清。
> 合有管弦频入夜,那教士女不空城。
> 冶春旧调歌残后,独立诗坛试一更。

其时和修禊韵者七千余人,编次得三百余卷。乙酉后,湖上复增绿杨城郭、香海慈云、梅岭春深、水云胜概四景。署中文宴,尝书之于牙牌,以为侑觞之具,谓之牙牌二十四景。后休致归里,有《留别》诗云:

> 力惫宣勤敢自怜,薄才久任受恩偏。
> 齿加孙冕余三岁,归后欧公又九年。
> 犬马有情仍恋主,参苓无效也凭天。
> 养疴得请悬车日,五福谁云尚未全。

祖道长筵舟满河，绿杨城郭动骊歌。
重来节使经三考，归去舆人赋五纶。
绛帐唱酬通籍在，潘门交际纪群多。
二分明月尊前判，半照离人返薜萝。

平山回望更关愁，标胜家家醉墨留。
十里林亭通画舫，一年箫鼓到深秋。
每看绛雪迎朱旆，转似青山恋白头。
为报先畴墓田在，人生未合死扬州。

长河一曲绕柴门，荒径遥怜松菊存。
从此风波消宦海，才知烟月足家园。
枌榆社集牛歌好，伏腊筵开鹤发尊。
痴愿无多应易遂，杖朝还有引年恩。

公两经转运，座中皆天下士，而贫而工诗者，无不折节下交。后赵云崧观察吊之，有诗云："虹桥修禊客题诗，传是扬州极盛时。胜会不常今视昔，我曹应又有人思。"其一时风雅，可想见矣。

## 冶春诗社

冶春诗社在虹桥西岸。康熙间，虹桥茶肆名冶春社，孔东塘为之题榜[1]。旁为王山蔼别墅，厉樊榭有诗云："王家楼子不多宽，五月添衣怯晚寒。树底鸣蝉树头雨，酒人泥杀曲栏杆。"即此地也。后归田氏，并以冶春社围入园中，题其景曰"冶春诗社"。由辋川图画阁旁卷墙门入丛竹中，高树或仰或偃，怪石忽出忽没，构数十间小廊于山后，时见时隐。外构方亭，题曰"怀仙馆"，馆左小水口，引水注池中，上覆方版，入秋思山房。其旁构方楼，通阁道，为冶春楼。楼南有槐荫厅，楼北有桥西草堂，楼尾接香影楼。后山构山亭二，一曰欧谱，一曰云构。

## 冶春诗社阁道

是园阁道之胜比东园，而有其规矩，无其沉重，或连或断，随处通达。由秋思山房后，厅事三楹，额曰"槐荫厅"，联云："小院回廊春寂寂(杜甫)，朱栏芳草绿纤纤(刘兼)。"由厅入冶春楼。联云："风月万家河两岸(白居易)，菖蒲翻叶柳交枝(卢纶)。"楼上三面蹑虚，西对曲岸林塘，南对花山涧，北自小门入阁道。两边束朱栏，宽者可携手偕行，窄者仅容一身。渐行渐高，下视栏外，已在玉兰树杪。廊竟接露台，置石几一，磁墩四，饮酒其上，直可方之石曼卿巢饮，旁点黄石三四级。阁道愈行愈西，入香影楼，盖以文简"衣香人影"句名之，联云："堤月桥边好时景(郑谷)，银鞍绣毂盛繁华(王勃)。"楼北小门又入一层，楼外作小露台，台缺处叠黄石，齿齿而下，即是园之楼下厅也，额曰"桥西草堂"，联云："绿竹漫侵行径里(刘长卿)，飞花故落舞筵前(苏颋)。"堂后旱门,通虹桥西路。

## 虹  桥

　　虹桥即红桥,在保障湖中。府志云:在北门外,一名虹桥,朱栏跨岸,绿杨盈堤,酒帘掩映,为郡城胜游也。《鼓吹词序》云:在城西北二里,崇祯间形家设以锁水口者。朱栏数丈,远通两岸。彩虹卧波,丹蛟截水,不足以喻。而荷香柳色,曲槛雕楹,鳞次环绕,绵亘十余里。春夏之交,繁弦急管,金勒画船,掩映出没于其间,诚一郡之旧观也。《文简游记》云:出镇淮门,循小秦淮折而北,陂岸起伏,竹木蓊郁,人家多因水为园亭溪塘。幽窈明瑟,颇尽四时之美。拿小艇循河西北行,林下尽处,有桥宛然,如垂虹下饮于涧,又如丽人靓妆照明镜中,所谓红桥也。红桥原系板桥,桥桩四层,层各四桩,桥板六层,层各四板。南北跨保障湖水口,围以红栏,故名"红桥"。丙辰,黄郎中履昂改建石桥。辛未后,巡盐御史吉庆、普福、高恒相次重建,上建过桥亭,"红"改作"虹"。国初制府于公建虹桥书院,亦纪此桥之胜也。宗定九有《虹桥小景图》,卢雅雨有《虹桥揽胜图》,方耦堂有《虹桥春泛图》,明春岩有《虹桥待月图》,今皆不存,惟程令延《虹桥图》在《扬州名园记》中。

　　**按:**《扬州画舫录》(中华书局 2007 年版)。

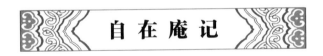

# 自 在 庵 记

## 清·郑板桥

**【提要】**

　　本文选自《郑板桥全集》(齐鲁书社 1985 年版)。

　　"一村一落,必有茅庵精舍,为高僧隐流焚修栖息之所。"郑板桥描述家乡兴化的佛教形胜情状如是说。但自在庵不同,是为"护穷民之冢"而建的。

　　江苏兴化西鲍乡平旺西村北部的自在庵是知县张可立于清康熙十八年(1679)创立。张知县念"水乡穷民棺骨无葬地",在城北九里的平望(今平旺东村九里墩上)建立义冢,总面积十二亩三分,可称作"公墓"。两年后,又创佛殿以护墓地。

　　但是,张知县离开后,"佛舍荒,冢地荡"。众人见到,无不伤之于怀。慧圆和尚"毅然以重修为己任",一念方起,百姓纷纷响应,建成"梵宇二十二间";张公还出资置田五十二亩,慧园置田四十亩,很快,寺院兴旺起来,虽然乾隆年间连续七八年遭遇大水,庵亦不废。

　　雍正初年,郑板桥在庵中设馆授徒。乾隆二十四年(1759),郑板桥应住持祥元之托,更庵名为"自在庵",并题写匾额。

乡中寺庙,念佛、育人,更加上耕渔闲暇时"持一畚一锸以修冢"。与草民百姓水乳交融后的佛教,在民间找到了肥沃的生长土壤。

兴化无山,其间菜畦瓜圃,雁户渔庄,颇得画家平远之意。一村一落,必有茅庵精舍,为高僧隐流焚修栖息之所[1]。而平望庄自在庵之建,不尽为此也。

庵始于邑侯张公蔚生,廉明慈惠,念水乡穷民棺骨无葬地,于城北九里平望东偏买地为义冢,凡一十二亩三分。即于是庄建佛殿,招僧为住持,固以奉佛,实以修护穷民之冢也。张公去后,佛舍荒,冢地荡[2],过者伤之。

慧圆上人毅然以重修为己任,众亦敬其素操,翕然从之[3]。爰造梵宇二十二间。张公置田五十二亩,慧圆置四十亩,晓达置十亩,计田一百二亩。而晓达之师、慧圆之徒祥元者,虽未有所创造,乾隆中叠遭水灾七八载,祥元竭力支持,使此庵不废,则其功亦不可不书也。山田足供僧众,而自在庵永不废矣。

有庵有僧,耕渔之暇,持一畚一锸以修冢[4],而枯骨于兹有托矣。佛舍修,枯骨聚,而张公仁民爱物之心,传于千古矣。凡庵有兴有废,而是庵泽及枯骨,深得佛理,当久而弗替也。

**【注释】**

[1] 隐流:指隐者。焚修:焚香修行。

[2] 荡:平,平坦。

[3] 翕然:形容一致。翕:音 xī,聚,和顺。

[4] 畚:音 běn,盛土器。锸:音 chā,起土器。畚锸,泛指挖运泥土的用具。

招 隐 寺

## 清·郑板桥

**【提要】**

本诗选自《郑板桥全集》(齐鲁书社 1985 年版)。

"不仙不佛不贤圣,笔墨之外有主张"(《偶然作》)。不入佛道的郑板桥一生与和尚交往频繁,从幼年家边的自在庵,到游宦时的法海寺、招隐寺⋯⋯都留下他的吟咏之作。招隐寺在江苏省镇江市南郊招隐山腰,最初由南北朝雕塑家戴颙的私宅改建而成,原在山上,五代时移至现址。太平天国革命战争期间毁于火,以后重建。寺内有大殿、读书台、增华阁、虎泉亭、珍珠泉等名胜。附近花木繁茂,尤以秋天红叶最为美丽。招隐山远隔尘嚣,清幽断俗,历代文士名流留下了珍贵的古迹和名篇,其中有梁代昭明太子萧统召集文士在此编纂了中国第一部文学选集《昭明文选》,北宋大书画家米芾、米友仁父子居住此地四十余年,自创"米氏云山"。东晋刘宋间著名雕塑家、音乐家戴颙隐居招隐山中,谱就了《游弦》《广陵》《止息》三部名曲,宋武帝刘裕屡加诏聘,戴颙均拒招不出,故所舍之宅称为招隐寺。

诗歌中,板桥为自己画像说:"不仙不佛",是说自己不做神仙,也不做高僧;"不贤圣",是说自己也不想当儒家的圣人。但他是修道、修佛,又修儒的。

转过山头,隐隐见松林一片。其中有佛楼斜角,红墙半闪。雨后寻芳沙径软,道傍小饮村醪贱[1]。听石泉幽涧响琮琤[2],清而浅。山门外,金泥匾;只树下,香涂殿。看几朝营造,几朝褒贬。七级浮图空累积,一声杜宇谁听见[3]?向禅扉合掌问宗风[4],斜阳远。

【注释】

[1]村醪:村酒。醪:音 láo,本指酒酿,引申为浊酒。
[2]琮琤:音 cóng chēng,象声词,形容敲打玉石的声音、流水的声音。
[3]杜宇:杜鹃鸟。
[4]宗风:指佛教各宗系特有的风格、传统,多用于禅宗。

扬州画舫录(节选)

清·李 斗

【提要】

选自《扬州画舫录》(中华书局 2007 年版)。

本书是清人李斗所著笔记集,全书共 18 卷,记载了扬州的御道行宫、园亭巷廊、风土人物。李斗自称是个闲人,自云"疏于经史,而好游山水",及至退而家居,又时常优游往来,"阅历既熟,于是一小巷一厕居无不详悉",凡"目之所见,耳之所闻"皆记之,积三十年而成帙。

扬州在中国历史上,尤其在清代,商贾云集、文化兴盛,市井生活极为繁华富足,是当时世界十大都市之一。

笔记"以地为经,以人物记事为纬",先将扬州城按地理分出区域,再描述区内名建景物,记录人物事迹,细看起来颇有些今日城市规划功能分区的意思了。扬州自古繁华,乾隆曾六次南巡至此,草河一线便是御道,因皇帝巡幸而造就了一条长长的风光带。扬州近世名园多,跟皇帝常来关系很大。《画舫录》记乾隆辛未、丁丑南巡,由香阜寺一站至塔湾,有黄、江、程、洪、张、汪······诸园亭,皇帝顺便或纤道临幸,御道沿线土地随之寸土寸金、炙手可热。

不仅如此,小东门至东水关的"小秦淮",长街曲巷交错,茶肆酒楼栉比,商铺客寓密布,市井气息栩栩如在目前。今天,扬州修复此地,称"双东历史街区",即东门、东关之谓,正在个园后街,街两旁的仿古建筑店铺比肩,灯笼高悬,一径儿望过去,西头可出"东门",抵运河东关古渡,街上人头攒动,依稀有古代市肆的热闹模样。

扬州景物著名者甚多,兹举两例以窥豹样。

一是五亭桥。桥建于1757年,是清代扬州官员和盐商为了迎接乾隆南巡,特雇请能工巧匠设计建造的。桥上建有五个亭,故名五亭桥。五亭桥又名莲花桥,因从空中看酷似一朵美丽的莲花,故而得名。五亭桥造型典雅秀丽,黄瓦朱柱,配以白色栏杆,亭内彩绘藻井,富丽堂皇,颇具南方建筑特色;桥下则是具有北方建筑特点的厚实桥墩,和谐地把南北方建筑艺术、园林设计和桥梁工程结合起来。清人黄惺庵赞道:"扬州好,高跨五亭桥。四面清波涵月影,头头空洞过云桡。夜听玉人箫。"桥界泰斗茅以升说,古典建筑的桥梁中,最古老的桥是赵州桥,最雄伟的桥是卢沟桥,最美丽的桥是五亭桥。

再者刻书业。扬州的刻书印刷业有着悠久的历史,到了清代,书籍刻印业异军突起,迅猛发展,轰动朝野的《全唐诗》《佩文韵府》和《全唐文》三部古籍巨著分别于康熙、嘉庆年间在扬州刊刻而成。《全唐诗》更是由江宁织造兼任两淮巡盐御史曹寅领衔在天宁寺刻镂而成。

因为《扬州画舫录》的记录甚为详尽、描述极细密,且三十年坚持笔录而不辍,本书成为阅读扬州的不可或缺之书。

## 扬 州 御 道

扬州御道[1],自北桥始。乾隆辛未、丁丑、壬午、乙酉、庚子、甲辰,上六巡江浙[2],江南总督恭纪典章,泐之成书[3],谨名《南巡盛典》[4]。内载向导统领努三、兆惠奏自直隶厂登舟,过淮安府,阅看高邮东地南关、车络坝等处河道堤工,拢扬州平山堂,渡扬子江至金山,三百七十七里,分为八站,此江北地也。又自崇家湾,三里腰铺,九里竹林寺,四里昭关坝,七里邵伯镇,三里六闸,二里金湾坝,一里金湾新滚坝,二里西湾坝,六里凤凰桥,七里壁虎桥,三里湾头闸,由北桥七里香阜寺御道,旱路八里天宁寺行宫,计程六十二里,此扬州水程一站也。《盛典》载御制诗云:"清晨解缆发秦邮[5],落照维扬驻御舟。"谓此。自天宁寺行宫入天宁门,出钞关马头登舟,四里文峰寺,四里九龙桥,八里高旻寺行宫,计十六里,此水程第二站也。自高旻寺行宫,十六里锦春园,一里陈家湾,一里由闸,五里江口,计程二十三里,此水程第三站也。

又云:徐家渡至直隶厂,由小五台至平山堂、高旻寺等处,由钱家港至江宁府,由苏州至灵岩、邓尉等处,由杭州至西湖,由绍兴至禹陵、南镇等处,俱系旱路。盖江南皆水程,其由小五台至平山堂、高旻寺等处旱路者,乃由于十六年天宁寺未建行宫,香阜寺皆设大营[6],由香阜寺入天宁门出钞关马头,此一段为旱路,即今之北桥御道也。由陆路至江南清江浦为水程,御舟向例在清江浦[7],仓场侍郎及坐粮厅司之舟,名安福舻、翔凤艇、湖船、扑拉船,皆所谓大船也。其余上用船只,装载什用等物及随从官兵船,例给票监放。御舟前派御前侍卫、乾清门侍卫各二员,前引船只派两对出两边行走,船旁令一人骑马在河路行走,以备差遣。拉船帮纤侍卫四员、四副撒袋[8],令在拉帮纤侍卫后行走。纤手用河兵沙飞、马溜[9],添纤用州县民壮盐快[10];不敷,雇民夫。升跸御舟,凡御前大臣、侍卫内大臣、军机大臣、御前侍卫、乾清门侍卫船,及载御马船,上驷院侍卫官员[11]、批本奏事、军机处、侍卫处、内阁兵部官员船,以有事承办,俱在前行走。两岸支港汊河、桥头村口,各安卡兵,禁民舟出入。纤道每里安设围站兵丁三名,令村镇民妇跪伏瞻仰,于应回避时,令男子退出村内,不禁妇女。

乾隆辛未、丁丑南巡,皆自崇家湾一站至香阜寺,由香阜寺一站至塔湾[12],其蜀冈三峰及黄、江、程、洪、张、汪、周、王、闵、吴、徐、鲍、田、郑、巴、余、罗、尉诸园亭,或便道,或于塔湾纤道临幸。此圣祖南巡例也。后增天宁寺行宫,香阜寺大营遂改坐落[13]。迨乙酉上方寺建坐落,方于北桥设御马头,至此策马由御道幸上方寺。其马头例铺棕毯,奉谕不准红黄等毡。御道用文砖亚次[14],暂用石工。余照二十二年定例,用土铺垫。此即至上方寺。过运河东岸香阜寺,复过运河西岸高桥、梅花岭、天宁门、天宁街、彩衣街、司前三铺、教场、辕门桥、多子街、埂子上,出钞关、花觉行,至钞关马头御道也。道旁或搭彩棚,或陈水嬉[15],共达呼嵩诚悃[16],所过皆然。乾隆乙酉,游上方寺,万民随马足趋瞻,或有践踏麦苗者,御制诗云:"马足纷随定何碍,躏跞惟惜麦苗芒。"谓此。

## 【作者简介】

李斗,生卒年不详。字北有,号艾塘,江苏仪征人。生活于乾隆年间。诸生。除本书外,著有《永报堂集》,内含《奇酸记传奇》和《岁星记传奇》两种戏曲作品。

## 【注释】

[1]御道:供帝王通行的道路。

[2]六巡江浙:乾隆十六年辛未(1751)、二十二年(1757)、二十七年(1762)、三十年(1765)、四十五年(1780)、四十九年(1784),乾隆皇帝六次下江南,每次均在正月出发,短则四个月,长则五个多月,每次都经过扬州。乾隆写下《南巡记》,总结性地叙述了六次南巡的原因、目的及成效。下江南的理由包括督察河务海防、考察官方戎政、了解民间疾苦以及奉母游览等。

[3]泐:同"勒"。

[4]《南巡盛典》:书名。清两江总督高晋等编纂。该书120卷,记乾隆十六年至三十年的四次南巡情况,不仅有较高的艺术价值,且对清代江南政治、经济、文化也具有较高的史料价值。

[5]秦邮:江苏高邮的别称。秦时于此筑置邮亭,故名。

[6]大营:军队驻扎的营寨。

[7]向例:以往的规矩,惯例。

[8]撒袋:放置弓箭的袋子。

[9]沙飞、马溜:两种快船的名称。

[10] 添纤:替补的纤手。盐快:护盐的兵丁。

[11] 上驷院:清代内务府所属的三院之一,掌管宫内所用之马。

[12] 塔湾:即今扬州城南的宝塔湾,此处建有塔湾行宫。当地官员多在此接驾或接受召见。乾隆巡视扬州的线路,在扬州境内分为三站:一是从高邮出发,经由江都,抵达位于扬州北门外的天宁寺行宫;二是从天宁寺行宫出发,穿过城区,由水上向西南,至高旻寺行宫;三是从高旻寺行宫向南,抵达江口。其中,天宁寺、高旻寺原来就在扬州八大名刹之列,后来更因建造行宫而有名,这两处也是乾隆进出扬州的必经之地。

[13] 坐落:此指(另择)营地。

[14] 文砖:彩砖。文,通"纹"。亚次:依次排列。

[15] 水嬉:水上游戏。

[16] 呼嵩:《汉书·武帝纪》:元封元年(前110)正月,武帝登嵩高山,吏卒咸闻呼万岁者三。后因以"呼嵩"指对君主祝颂。诚悃:真心诚意。悃:音kǔn,至诚,诚实。

# 天宁寺行宫

杏园大门内土阜,如京师翰林院大门内之积沙,房庑如京师八旗官房,房以三间为进,一进一门,以设六位处六部,及百司皆有攸处[1]。中建厅事,周以垣墙,以待军机,耳房张帷帐。

买卖街上岸建官房十号,如南苑官署房三层共十八间之例,以备随从官宿处,名曰十号公馆。乾隆十五年定例,离水次十里内仍回本船住宿[2],如相距甚远,酌备房屋栖止,故是地建设公馆。迨十七年,扈从官员已给船乘载,概不预备公馆,故是地公馆虽设而居者甚少。驾过后,则盐务候补官居之。

天宁门至北门,沿河北岸建河房,仿京师长连、短连、廊下房及前门荷包棚、帽子棚做法,谓之买卖街。令各方商贾辇运珍异,随营为市,题其景曰"丰市层楼"。

恩奉院在买卖上街路北,门内土阜隆起,下开便门,通御花园,四围廊房内建官房数十间,以备随营管领关防宿处。

【注释】

[1] 攸:文言虚词,无义。

[2] 水次:指船只泊岸处,码头。

# 高旻寺

三汊河在江都县西南十五里。扬州运河之水至此分为二支:一从仪征入江,一从瓜洲入江。岸上建塔名天中塔,寺名高旻寺,其地亦名宝塔湾[1],盖以寺中之天中塔而名之者也。圣祖南巡,赐名"茱萸湾"。行宫建于此,谓之塔湾行宫,上御制诗有"名湾真不愧"句,即此地也。

高旻寺大门临河,右折。大殿五楹,供三世佛[2]。殿后左右建御碑亭,中为金佛殿。殿本康熙间撤内供奉金佛,遣学士高士奇、内务府丁皂保,赍送寺中供奉,故建是殿。殿后天中塔七层,塔后方丈,左翼僧寮,最后花木竹石,相间成文。为郡城八大刹之一。是寺康熙间赐名高旻寺,并"晴川远适""禅悦凝远""绿荫轩"三匾,及"龙归法座听禅偈,鹤傍松烟养道心"一联,"殿洒杨枝水,炉焚柏子香"一联,碑文一首,俱载郡志。今上南巡,赐"江月澄观"扁,及"潮涌广陵,磬声飞远梵;树连邗水,铃语出中天"一联,敕赐"关帝庙"扁、"气塞宇宙"扁、"天中塔云表天风"扁。舟行至此,金山在望,御制诗"金山不速客,暂尔隐江烟",谓此。

**【注释】**

[ 1 ] 宝塔湾:扬州文峰塔所在河湾称宝塔湾,因塔得名。

[ 2 ] 三世佛:是大乘佛教的主要崇敬对象,俗称三宝佛。

# 高旻寺行宫

行宫在寺旁,初为垂花门,门内建前中后三殿、后照房。左宫门前为茶膳房,茶膳房前为左朝房,门内为垂花门、西配房、正殿、后照殿。右宫门入书房、西套房、桥亭、戏台、看戏厅。厅前为闸口亭,亭旁廊房十余间,入歇山楼。厅后石版房、箭厅,万字亭、卧碑亭,歇山楼外为右朝房,前空地数十弓,乃放烟火处。郡中行宫以塔湾为先,系康熙间旧制。今上南巡,先驻是地,次日方入城至平山堂。御制诗有"纤棹平山路"句,诗注云:"自高旻寺行宫策马度郡,至天宁行宫,易湖船,归亦仍之,以马便于船,且百姓得以近光。"谓此。盖丁丑以前皆驻跸是地,天宁寺仅一过而已。迨天宁寺增建行宫,自是由崇家湾抵扬,先驻天宁行宫,次驻高旻行宫;由瓜洲回銮,先驻高旻行宫,次驻天宁行宫。是地赐有"邗江胜地""江表春晖""罨画窗"三匾[1],"众水回环蜀冈秀,大江遥应广陵涛"一联,"碧汉云开,晴阶分塔影;青郊雨足,春陌起田歌"一联,东佛堂:"法云回荫莲花塔,慈照长辉贝叶经"一联,西佛堂:"塔铃便是广长舌,香篆还成妙鬘云"一联,"绿野农欢在,青山画意堆"一联。"罨画窗"本避暑山庄内匾额,因是地相似,故以总名名之。诗云:"虚窗正对绿波涯,名借山庄号水斋。却似石渠披妙迹,水容山态各臻佳。"

**【注释】**

[ 1 ] 罨画:色彩鲜明的绘画。罨:音 yǎn。

# 曲 廊

薜萝水榭之后,石路未平,或凸或凹,若踬若哜[1],蜿蜒隐见,绵亘数十丈。

石路一折一层,至四五折,而碧梧翠柳,水木明瑟。中构小庐,极幽邃窈窕之趣,颜曰"契秋阁"。联云:"渚花张素锦,月桂朗冲襟[2]。"过此又折入廊,廊西又折,折渐多,廊渐宽,前三间,后三间,中作小巷通之,覆脊如"工"字。廊竟又折,非楼非阁,罗幔绮窗,小有位次。过此又折入廊中,翠阁红亭,隐跃栏槛。忽一折入东南阁子,躐步凌梯[3],数级而上,额曰"委宛山房",联云:"水石有余态,凫鹥亦好音[4]。"阁旁一折再折,清韵丁丁[5],自竹中来。而折愈深,室愈小,到处粗可起居,所如顺适,启窗视之,月延四面,风招八方。近郭溪山,空明一片。游其间者,如蚁穿九曲珠,又如琉璃屏风,曲曲引人入胜也。

【注释】

[1] 踶:音 dì,踢。若踶若啮:谓路凹凸不平貌。

[2] 冲襟:亦作"冲衿"。旷淡的胸怀。按:诗原注上联末有"杜甫"、下联末有"骆宾王"。

[3] 躐:音 liè,超越。

[4] 原诗上联末有"刘长卿",下联末有"张九龄"。

[5] 丁丁:音 zhēng zhēng,指水声清脆悦耳。

# 万金湖铭

## 清·全祖望

【提要】

选自《全祖望集汇校集注》之《鲒埼亭集外编》卷十五(上海古籍出版社 2000 年版)。

万金湖,在今浙江宁波,今名东钱湖,为浙东一带众多的海迹湖泊中的一个。

东钱湖古称"钱湖",以其上承钱埭之水而得名;又称"万金湖",以其利溥而言。唐代时称"西湖",当时县治在贸山,湖在县治之西故名;宋代时称"东湖",因宋代时县治在三江口,湖居其东故名。

"石塘周回八十余里,有七堰焉,有四闸焉,泡注阡陌。"广阔田亩的灌溉水源,因为堰闸所限,水中菱、芡、莲、蒋等等杂草常常让湖淤塞。

庆历七年(1047),时任鄞县令的王安石组织民众,补废完缺,订建湖界,疏浚水道,把东钱湖治理得清波浩淼,若大镜悬空。治平初年,主薄吕献之"重新诸堤",方家塘、高湫塘、梅湖塘、粟木塘、平水堰及钱堰塘均获疏浚加固。但乾道五年(1169)以后,湖中蒋草渐渐为患,蓄水锐减,民不敷用。以后屡浚屡淤,屡淤屡浚,曾无息日。宝庆二年(1226),尚书胡矩守郡,当时蒋草淤塞甚。他筹措大米 15 000 石,并令水军协助,农家则按受益田亩数量出劳役,所余差额,便奏明朝廷。工程竣工后结余下来的钱粮置田,每年所收租谷,令翔凤乡乡长顾咏之主其事,安排渔户 500 人分主湖的四隅,每"人给谷六石,沿湖稽察,随茭菰之生,而绝其种"。"管隅者一人,管队者二十人,皆辖之府,而以鄞县丞董司之",由于管理得法,经过这次大规模清理,十数年中未见茭草为患,东钱湖恢复澄泓如镜之旧貌。整治完毕后,胡矩又在陶公山上立烟波馆、天镜亭。

十六年后的淳祐二年(1242),秘书修撰郡守陈垲推行买葑之策,"不调农,不拨军,随舟之大小多寡而售之,交葑给钱"。农民纷纷响应,驾船取葑,少时数百多至千余。

元、明两代,东钱湖不曾大举疏浚,尤其是明嘉靖以后,农民发现葑草可以肥田,便竞相采取,使葑草不致为患。由明至清,湖日淤,田日多,收获日减。至全祖望时,"淤泥日积,湖身日高",而不法之徒"尚私泄诸闸以取鱼",他强烈希望再浚湖,让"湖山兀兀,湖云溶溶,美哉保嘉泽,以佑我甬东"。

其后,光绪十八年(1892),因东钱湖淤积,鄞县人张祖衔发起,但事未成而卒,尔后其弟子继续奔走呼号,直至民国二年(1912)由镇海富商陈协中捐巨资,于青山寺成立湖工局,先浚梅湖,后及全湖,历时三年。中华人民共和国建立以后,1951 年至 1976 年,多次整治东钱湖,发数以千计人力,投入巨资、清除葑草,全面修理湖塘、堰坝、矸闸,清理湖界,兴建了铜盆大闸、邱洪闸、界牌闸,加高湖塘,大大增加了东钱湖的蓄水量。

现东钱湖总库容 4 440 万立方米,灌区涉及鄞州、奉化、北仑、江东地区,灌溉面积 37 万亩。东钱湖水产亦很丰富,每年能捕捞 100 多万公斤各种鱼类,且风景秀丽,素有"太湖气魄,西子风光"之美誉。


甬东七十二溪之水,会于横溪,而以其泄入江流也,潴之为湖,其名曰万金湖,亦曰钱湖,言其利之重也;其支则有所谓南湖、沧湖、梅湖之属,唐人谓之西湖,宋人谓之东湖,说者以为前此县治置于江东则西之,其后迁于江西则东之。然观厚斋先生《四明七观》[1]:唐有西湖,爰在东郊。湖姓以钱,亦处东鄙。其称西湖溉田五百顷,东湖溉田五千四百顷,则似原分东西二湖者。湖势东高而西下,其水皆自东而西,或者西湖先成,东湖后辟,其究混而一之欤? 石塘周回八十余里,有七堰焉,有四闸焉,泡注阡陌,直至定海崇邱乡而止,盖四明东道一巨浸也,李、陆二公之德远矣。

特湖为堰闸所限,蓴、菰、菱、芡、莲、葑之流杂生其间[2],滋蔓不除则渐淤。宋庆历七年,王荆公尝浚之。治平初元,主簿吕献之重新诸堤,其时尚未闻葑泥之患[3]。乾道五年张津乞开湖中潴水灌田,则湖流尚有余也。是后,始日以葑泥为患。淳熙四年,魏王恺以鄞令姚栢之请大浚之[4],而不得其道,去葑泥无尺许,复积于山间之限。当时,虽平望渺茫,若已奏功者。未久,葑泥又泻注于湖中,堙塞如故。于是有为买葑之策,欲运诸海者,亦不果。嘉定七年[5],提刑程覃摄守,置田千亩收租,欲岁募人浚之,且请禁陂塘之侵占种植,尽复旧址,朝议许之。程未及成功而去,有司奉行不虔,田租浸移他用[6],湖又废。

宝庆二年,尚书胡矩来守,又大浚之。以孟冬命水军番上迭休[7],且募鄞、定七乡之食水利者助役,各给券食[8],祁寒暂辍[9],明春役再举,农不妨耕,军不妨阅,农军所不暇赴,则以渔户毕之。是冬告成,天子玺书褒功有差,犹惧其无以继也,增置田,使岁贮谷三千,令翔凤乡长主之,以渔户五百人分主四隅,人给谷六石,沿湖稽察,随茭菰之生,而绝其种。管隅者一人,管队者二十人,皆辖之府,而以鄞县丞董司之,朝议皆报可。于是立烟波馆、天镜亭于陶公山,守牧亦时往游豫焉[10]。是时,湖上称大治。

胡之后,不浚湖者十六年,葑复为患。淳祐二年,陈垲始行买葑之策,不调农,不拨军,随舟之大小多寡而售之,交葑给钱,各有司存。其初不过数百,已而至者千余。前此淘湖之田所收,率以佐郡宰别项支遣,至此,方尽于湖用之。郑清之作诗以美其事[11]。盖自程提刑而后,三大吏皆实心水利之政,不徒以一时之计塞责,足以配食李、陆二公而无愧。虽胡制使生平不为清议所许,指为二史之私人[12],然其尽心于是湖,则固不可以其人废也。

自元时,以买葑田入官,于是淘湖之举稀矣。大德间,势家有以湖为浅淀,请以捺田若干入官租者,营田都水分司拒之,复清为湖。清容纪之志中,以为塞湖之渐。时拘七乡食利之家,责以去葑,其所行大都如魏王时,旋去旋生。至顺中,宣慰太平谋复置田买葑,然不果,而鄞尉王世英之治湖,则有劳焉。至正中,重修嘉泽庙,有濯灵之异,葑泥向春不泛,荷芰俱鲜生者。总管王元恭喜而纪之志中,然亦忧其不足恃,而戒后人以善治之。

明洪武初,又浚之,其弊如大德[13],而据为田者竟不下数千。宣德间,下水王士华以参政家居,开田甚多,七乡之民讼之,稍阻。正德、嘉靖中,卫军累请以为屯田,一则郡守寇天叙拒之,再则县令黄仁山拒之,盖湖之危而仅免者屡焉。至嘉靖以后,而又一变。先是,湖民之剗葑也,以为无用,故多积之山隈,欲运之海,则劳费甚侈。其后知其可以粪田,故争自剗之,而势家竟私征其税。于是有司闻之,遂欲分其利,势家得其大半,以其羡余归有司[14],其实未尝申之宪府。先侍郎自官归,有山庄在湖上,因得闻其害,以语监司而禁之。万历中,有司复私取之,先宫詹自官归[15],复清之[16]。盖是时湖民之得稍苏者,吾家再世之功为多。天启元年[17],复有投牒有司请收葑税者。鄞令沈犹龙以为葑税出,则剗葑者少,而湖日淤,乃大禁之,苟有私征者必治,于是税乃止。截江之役,兵饷不足,搜山括海以厉民,大将武宁侯王之仁力请塞湖[18],户部董守谕以死争之得免。向使之仁策行,江师旋破,无补于军赋,而湖堤一决,不可复修,其害大矣。然而据湖为田者日多。

顺治中,故观察陆宇燝复言之,申明厉禁。嗣是亦屡有谋塞湖者。当事颇知其妄,不之许。呜呼!城西之罂湖,盖久塞矣,然犹可望它山之水,自仲夏以救之。若是湖,则何望乎?徒谓湖之可田,而不知将并旧有之田而失获也。

近者淤泥日积,湖身日高,足以注三河者,且给一河而不足,不肖之徒,尚私泄诸闸以取鱼,殆将不塞而自满,可无惧乎?说者欲大浚之,取淤泥以为堤,固之以石,或自月波山接二灵山,其广八百丈有余,若自邵家山跨杨山则稍近易成,葑不至复注湖中矣,而未有能行之者。是为铭曰:

湖山兀兀[19]，湖云溶溶[20]，美哉保嘉泽[21]，以佑我甬东。谁其尸祝[22]，李、陆是宗。亦有三大吏，嗣克奋庸。有元收田[23]，贻厉莫穷[24]；有明黄、沈，廓清而疏通。廷争息壤，先公所同。危而得存，哀哉此疲农。前此卫湖，买田治葑。胡后之人，欲塞湖为功？三犀未立，双鹄是恫[25]。遗民惟董、陆，惓惓苦衷。吁嗟民牧，尚惜哀鸿[26]。筑堤固隄，先畴有遗踪。重湖可保，仟卜屡丰。莫师楼异[27]，有靦我祠宫。

**【作者简介】**

全祖望(1705—1755)，字绍衣，号谢山，学者尊称为谢山先生。鄞州(今浙江宁波)人。雍正七年(1729)贡生，三年后中举。乾隆元年(1736)，荐举博学鸿词，同年中进士，选翰林院庶吉士。次年即返里，后未出仕，专事著述。曾主讲于浙江蕺山书院、广东端溪书院。撰《鲒埼亭集》38卷，《外编》50卷，《诗集》10卷。另有《汉书地理志稽疑》6卷，辑补《宋元学案》100卷，《全校水经注》40卷并补附4卷等。

**【注释】**

[1]厚斋：即王应麟(1223—1296)，字伯厚，号厚斋，又号深宁居士，祖籍河南开封，后迁居庆元府鄞县人(今属浙江宁波)，南宋著名的学者、教育家、政治家。历仕南宋理宗、度宗、恭帝三朝，位至吏部尚书。王应麟博学多才，对经史子集、天文地理都有研究，是南宋末年的政治人物和经史学者。南宋灭亡以后，隐居乡里，闭门谢客，著书立说。有《困学纪闻》《玉海》《诗考》《诗地理考》《汉艺文志考证》《玉堂类稿》《深宁集》等600多卷。流传极广的《三字经》，相传出自他手。

[2]蓴：音chún，同"莼"。多年生水草，浮在水面，叶子椭圆形，开暗红色花。茎和叶背面都有黏液，可食。

[3]葑泥：谓水草大量腐烂淤积形成的湖泥。葑：音bèng，草木茂盛貌。

[4]魏王恺(1146—1180)：即赵恺，南宋宋孝宗次子。初补右内率府副率，转右监门卫大将军、贵州团练使。孝宗即位，拜雄武军节度使，封庆王。庄文太子病死，恺理应当立。帝意未决，遂加恺雄武、保宁军节度使，进封魏王，判宁国府。恺关心民事，修筑圩田。淳熙元年(1174)，徙判明州(今宁波)，以俸邑田租兴学。七年(1180)，卒于明州。

[5]嘉定七年：1214年。这年，提刑程覃代理县令，筹拨府钱32 000贯，设立开湖局，欲买田1 000亩，以每岁收租谷2 400石，招募农民闲时采葑，每船按照所采多寡、路途远近，酬以谷子。每年能去葑2万船左右。

[6]浸：通"渐"。

[7]番上迭休：谓轮番上阵，轮流休息。

[8]券食：谓凭券供给的膳食。

[9]祁寒：严寒。

[10]游豫：游乐。

[11]其事：按，句下原注"或曰买葑始于程覃，未知所据"。

[12]二史：指史弥远、史嵩之。父子二人先后任宰相，把持南宋朝政数十年。

[13]大德：元成宗铁穆耳年号，1297—1308年。

[14]羡余：封建时代地方官吏向人民勒索来定期送给皇帝的各种附加税。

[15] 宫詹:官名。即太子詹事。全祖望的先祖全天叙曾任此职。

[16] 按:本句下有"二事见《先侍郎崇祀乡校行略》《先宫詹墓志》"。

[17] 天启元年:1621 年。

[18] 王之仁(？—1646):字九如,巴陵(今湖南岳阳)人。南明弘光时官至宁绍总兵,统水师。清兵下浙东,曾奉表投降,旋为民众抗清义举所感动而悔之,乃积极拥立监国鲁王,进封武宁侯。顺治三年(1646)六月,清军渡钱塘江,当江上师溃,众军皆遁,唯之仁一师坚守驻地。后见大势已去,以一大船,高竖旗帜、大吹大擂直驶入吴淞江口。当地清兵以为他是前来投降的明朝高官,即刻转送南京,见招抚江南大学士洪承畴。王慷慨陈词,洪承畴羞愧难当,下令将其杀害。

[19] 兀兀:不动貌。

[20] 溶溶:宽广貌。

[21] 嘉泽:及时雨。

[22] 尸祝:古代祭祀时对神主掌祝的人。

[23] 有元:指元朝。

[24] 贻厉:谓遗留虐政。

[25] 三犀、双鹄:未详。

[26] 哀鸿:悲鸣的鸿雁。后喻流离失所的人们。

[27] 楼异,字试可,原籍奉化,迁居庆元府鄞县(今浙江宁波鄞州区)。元丰八年(1085)进士。初任汾州司理参军,累官登封县令、度支员外郎、左司郎中、太府鸿胪卿,除直秘阁、知秀州。宋徽宗政和七年(1117),以馆阁学士知隋州(今湖北随州)事。辞别时,奏请在明州设置高丽一司(即明州高丽使馆),依宋神宗旧制,重开中朝贸易,并建议造海船 100 艘,以备使者之用。建议将明州广德湖开垦为田,收其田租以给国用。他的建议受到宋徽宗的赞许,于是改任明州知州,赐金紫。支出内帑钱(皇帝私储蓄)6 千万,作为建造海船的经费。广德湖是明州鄞西重要的灌溉水源,为著名的水利工程,但湖面一部分已被土豪侵占为田。楼异到任后,令尽泄湖水,废湖为田。垦辟湖田 7.2 万余亩,每年可收租谷 3.6 万石。因而徽宗对他很称意,令他连任明州牧,加直龙图阁秘阁修撰,又升至徽猷阁待制。

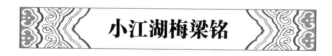

# 小江湖梅梁铭

## 清·全祖望

**【提要】**

选自《全祖望集汇校集注》之《鲒埼亭集外编》卷十五(上海古籍出版社 2000年版)。

梅梁在今浙江宁波鄞州区,"小江湖堰下'梅梁',其传不一","它山之梁,长逾三丈,去岸亦数丈,横浸堰址,暴流冲激,俨然不动,岁久不朽。或有刀坠而误伤之者,流血殷然不止,潮过,则见其脊有草一丛生于上,四时常青,居民呼为'断水梁',又名'梅龙'。二梁之余,飞入定海,横亘江北,是为'梅墟'"。

全祖望笔下,梅梁离他老房子不远,"每望见梁崎水中,如龙昂首,以擎其堰,辄叹息,以为王长官之神功,高吟懒堂、攻愧二君之诗以壮之"。梅木为梁,可能吗?所以作者也说:"从来大木之以坚久名者,曰梓、曰柏、曰栗、曰杉、曰梗楠,不闻其以梅。嘻,亦异矣哉!"所以他要为之铭:"洞天潭潭,一木锁之。外江内湖,左之右之。"

今天,梅梁所在地成为金峨山风景区。风景区由金峨山、大梅山、横溪水库(横溪湖)及金峨盆地等组成。史载,汉时梅福因避王莽之乱,曾隐居大梅山,自称"吴门市翠"。后又因禅宗第九代传人百丈怀海和大梅法常相继在金峨山、大梅山创立了金峨寺和保福寺、护圣寺,怀海的百丈清规和法常的大梅禅风吸引着历代文人雅士,寻仙访禅者访游此地。大梅禅风甚至远播日本。《天童寺志》载,大梅山护圣禅寺在唐寅宗大中六年(847)与天童寺、延庆寺同列为十大常住寺,接待各地僧众参禅礼佛。

小江湖堰下"梅梁",其传不一,而皆未可信。旧志曰:"大梅山者,汉梅子真旧隐也[1]。昔有大梅生山中,吴大帝伐之[2],其上则为会稽禹祠之梁[3],其下则为它山堰梁。禹祠之梁,张僧繇图龙于其上[4],夜或风雨,飞入镜湖与龙斗,后人见梁上淋漓沾湿,萍藻绕之[5],始大骇,乃以铁絪锁于柱,遂不复出。秦淮海诗[6]'一代衣冠埋窆石,千年风雨锁梅梁'是也。它山之梁,长逾三丈,去岸亦数丈,横浸堰址,暴流冲激,俨然不动,岁久不朽。或有刀坠而误伤之者,流血殷然不止,潮过,则见其脊有草一丛生于上,四时常青,居民呼为'断水梁',又名'梅龙'。二梁之余,飞入定海,横亘江北,是为'梅墟'。"

予家旧在溪上,去梁不过数里,岁以展墓必至焉[7],每望见梁崎水中,如龙昂首,以擎其堰,辄叹息,以为王长官之神功,高吟懒堂、攻愧二君之诗以壮之[8]。顾所云镜湖飞斗,则既怪矣。近读《黄南山集》则曰[9]:"吾鄞芝山之梅冠天下,虬枝屈铁,苍藓剥鳞,花疏蕊细,实脆核圆,相传犹汉种。孤山之梅以和靖显[10],不知芝山之过之也。它山堰梁即是山所出。"南山醇儒,其言当有据,然而前人未有及之,何也?及见宋魏岘《它山水利备览》则云[11]:"相传立堰之时,深山绝壑,极大之木,人力所不能致者,皆因水涨乘流而至,以为冥助。"然则所谓"梅梁",盖本不知其所自,后人从而神之,遂有若旧志所云。是乃《水经注》中诡谬习语,而南山之言亦但出于传闻之口也。

吾闻宋神宗时,河决澶州曹村,势且逼京师,程纯公帅厢卒[12],欲以身捍之,忽有大木冲流而下,纯公顾谓众曰:"苟得是木横流入口,吾事济矣。"语毕,木应声至,众以为至诚所感。然则长官之梅梁,长官之深仁所致也,不此之颂,而援怪诞之文以为故事,志乘之陋甚矣。

嗟乎,年运而往,大梅山中护圣寺所谓梅熟堂者,今已不可复问,不特古木之无稽也。而光同乡芝山之梅,亦更无一枝片叶存于世间,独长官之明德所护,岿然无恙。吾鄞西南隅之民，水耕火耨，不为甬江之潮汐所困，惟此梁为砥柱，讵不伟欤。

从来大木之以坚久名者，曰梓，曰柏，曰栗，曰杉，曰梗楠，不闻其以梅，嘻，亦异矣哉。乃为之勒石于云涛观前，而系以铭曰：

是本真龙，天吴所伏[13]。何须画龙，玄黄相触[14]。洞天潭潭，一木锁之。外江内湖，右之左之。

**【注释】**

[1]梅子真：名福，字子真，九江郡寿春(今安徽寿县)人。西汉南昌县尉，后去官归寿春。经常上书言政。西汉末年，大司马王凤当权，外戚王氏控制了西汉政权。汉成帝永始元年(前16)，皇太后之侄王莽封为新都侯，朝政日非，民怨四起。梅福忧国忧民，以一县尉之微官上书朝廷，指陈政事，并讽刺王凤，但被朝廷斥为"边鄙小吏，妄议朝政"，险遭杀身之祸。因此梅福挂冠而去，隐居山林。

[2]吴大帝：即孙权(182—252)，字仲谋，吴郡富春县(今浙江富阳)人，三国时期吴国开国皇帝，229—252年在位。

[3]禹祠：位于今绍兴会稽山大禹陵南侧。今存禹祠为浙江绍兴市1986年在原址重建，坐东朝西，由前殿、后殿、曲廊组成。入口为垂花门，后殿置有前后廊。

[4]张僧繇：生卒年月不详，吴(苏州)人。梁天监中为武陵王侍郎，直秘阁知画事，历右军将军、吴兴太守。苦学成才，长于写真，并擅画佛像、龙、鹰，多作卷轴画和壁画。成语"画龙点睛"即出自他。

[5]萍藻：即浮萍。

[6]秦淮海：即秦观(1049—1100)，字少游，一字太虚，号淮海居士，扬州高邮(今属江苏)人，苏门四学士之一。

[7]展墓：省视坟墓，扫墓。

[8]懒堂：即舒亶(1041—1103)，字信道，号懒堂，慈溪人。北宋治平二年(1065)进士，元丰(1078—1085)间代理监察御史，与李定联名奏苏轼以诗歌讥时事，并奏司马光、张方平朋比为奸，因而使苏轼贬官，司马光、张方平等被处罚金。后被罢官，复出后因开边有功，升为待制。死后追赠直学士。攻愧：即楼钥(1137—1213)，字大防，号攻愧主人。鄞县(今属浙江宁波)人。隆兴元年(1163)进士。初任教官，累官温州教授，起居郎兼中书舍人。楼钥敢言直谏，无所避忌。宋光宗甚至说："楼舍人朕亦惮之。"与大臣韩侂胄政见不同，辞官。后起用为翰林学士，擢吏部尚书兼翰林侍讲，进参知政事，后又授为资政殿大学士、提举万寿观。死谥宣献。他写鄞州山水的诗歌有《大梅山》《它山堰》等。

[9]《黄南山集》：黄宗羲所著。黄宗羲，明末清初思想家。思想深邃，著作宏富。

[10]和靖：即林逋(967—1028)，字君复，奉化人。北宋初年著名隐逸诗人。喜植梅养鹤，自谓"以梅为妻，以鹤为子"，人称"梅妻鹤子"。

[11]魏岘：鄞县人。南宋宁宗嘉定初以朝奉郎提举福建路市舶，后知广德军、吉州。有《四明它山水利备览》。

[12]程纯公：即程颢(1032—1085)，字伯淳，人称明道先生。与其弟程颐并称"二程"，为北宋理学宗师。颢，南宋宁宗谥称"纯公"，其弟谥为"正公"。

[13]天吴：水神名。《山海经·海外东经》："朝阳之谷，神曰天吴，是为水伯。"

[14]玄黄：谓天地，或谓天地混沌之气。

# 吴丞相水则碑阴

## 清·全祖望

**【提要】**

选自《全祖望集汇校集注》之《鲒埼亭集外编》卷十五（上海古籍出版社 2000
年版）。

水则，中国古代的水尺，又叫"水志"。最早的水则是先秦蜀守李冰修都江堰
时所立三个石人，以水淹至石人身体某部位，衡量水位高低和水量大小。宋代已
改为刻石十画，两画间距一尺的水则。北宋时江河湖泊已普遍设立水则。主要河
道上已有记录每日水位的水历。明清时江河为了报汛、防洪，往往上下游都设有
水则。

吴丞相水则碑，位于宁波市海曙区镇明路西侧平桥街口（原平桥河）。南宋开
庆元年（1259）春，以右丞相身份任庆元府知府的吴潜在府治附近选择便于观测的
平桥一侧设立了"平"字水则碑，据以启闭沿江各碶闸。当时鄞西四明之水，经西
塘河和南塘河，分别从西、南水关入城，注入日月两湖。为建立城中河道与上游二
河的水位关系，吴潜亲自测量了鄞西平原河道、农田及城内水位，将城西、城南水
位统一换算为平桥处水位，水则碑上刻一"平"字，水淹"平"字上面一横时即开碶
闸放水，"平"字下面一横出露则闭闸积蓄淡水。

就在当年夏天，庆元府久雨，吴潜根据水则显示的水位，及时指导开启各闸，
并在碶闸泄水不及的关键时刻决堤泄水，防止了一场原本难以避免的洪涝灾害，
保住了一郡农业的丰收。水则明清两代续修，现大部分石亭建筑为清道光时所
建，保留了南宋时的亭基和明代重修的"平"字碑。还把四明桥改称平桥。水则碑
是研究水利发展史、城市排涝防洪水利工程不可多得的实物例证，有特殊的意义。

"考四明之水则有三：其一，在它山堰旁之回沙闸，其一在城东大石碶桥下：皆
前守陈垲所为。"大石桥水则比吴潜水则早 17 年。大石桥位于今宁波江东南路大
石碶。南宋淳祐二年（1242），知府陈垲重修大石桥时，在桥下设平水石堰（溢流
堰），浦口置碶立桥；虽内可泄水，外可捍潮，但闸门启闭如何管理？于是陈垲在此
设立了"平水尺"（即水则），可时刻观测水位高低，以为启闭。平水尺不仅可以测
量城东河道水位，而且建立了城内水位与鄞东南其余各河段碶闸水位的关系，统
一标示各乡水位于城东。自从城东大石桥设了平水尺后，州府能依据平水尺水位
直接控制有关碶闸启闭蓄泄，极大地方便了管理，提高了成效。

"呜呼！观丞相江湖诸碶闸，其功伟矣。"陈垲、吴潜都是对鄞县水利事业都作
了重要贡献的人。史载，陈垲在鄞短短一年时间，在水利工作上至少做了 7 件实
事：东钱湖、小江湖捞葑草；它山堰清淤和建回沙闸；疏治城中气喉、食喉、水喉，开
通泄水通道；清理河道障碍行水的民居；北城外建保丰碶；东城重修浦口、疏二闸；

重修城东大石桥碶等。吴潜在任 3 年,修筑洪水湾塘,兴建吴公塘,建楝木碶、北郭碶、西渡堰(大西坝),重建郑郎坝等。

吴潜《记略》曰[1]:"四明郡阻山控海,自高而卑,水纳于海,则田无所灌注。于是限以碶闸,水溢则启,涸则闭。其启闭之则,曰'平水',往往以入水三尺为平。夫地形在水之下者,不能皆平。水而在地之上者,未尝不平。执三尺以平水,水无不平矣。余三年积劳于诸碶,至洪水湾一役,大略尽矣。己未,劝农翠山,自林村由西门泛舟以归,暇日又自月湖沿竹洲,舣城南,遍度水势,其平于田塍下者,刻篙志之,归而验诸平桥下,伐石为准,榜曰'水则',而大书'平'字于上方,暴雨急涨,水没'平'字,戒吏卒请于郡,亟启钥。若四泽适均,水露'平'字,钥如故。平桥距郡治,巷语可达也。都鄙旱涝之宜,求其平于此而已矣。后之来者,勿替兹哉。"

吾乡水利,阻山控海,淫潦则山水为患,潮汐则海水为患,而其地势有崇庳,故必资碶闸之属以司启闭。由孔内史来,牧守之贤者,大率以治碶闸为先务。而经画尽善,靡往不周,莫如宋宝祐丞相判府吴公,其所创所修,详载图志,"水则"乃其最后所立也。

丞相尝遍度城外水势,刻篙志之,归而验诸城中四明桥下,勒石为准,榜之,大书"平"字。水苟没字,则亟遣人启四乡之闸,不待塘长辈申报以稽时日;不然则仍闭之,而筑时亭于桥上,丞相朝夕车骑过之,即见焉。居民因呼四明桥为平桥,且立庙以志丞相之德。其后,"水则"之旁皆作社学[2],碑为屋障不可见,而时亭亦废,亦无有以此为意者。盖自元大德中,都水使者到路,尝重治之,直至国朝顺治中,海道王尔禄求之,则碑已没入瓦砾中,乃爬梳而出之。然时亭左右之屋,卒莫之能撤也。

呜呼!吾读丞相碑记,以为碶闸者,四明水利之命脉;而时其启闭者,四明碶闸之精神。美哉言乎!夫水利之命脉,即斯民之命脉;而碶闸之精神,乃牧守所注之精神也。今牧守之精神,其与斯民之命脉漠不相关,无惑乎碶闸日荒,而水利日减。

考四明之水则有三:其一,在它山堰旁之回沙闸,其一,在城东大石碶桥下;皆前守陈垲所为[3],陈亦四明牧守之最讲水利者也。然其规制不同,回沙必以石之没水为准,大石乃以入水三尺为准,故丞相不取大石之式,而用回沙之式。但丞相所立之精,在于尽度城外水势,而摄其准于城中,不劳遍验,而足以遥制,斯又陈之所未逮也。

呜呼!观丞相江湖诸碶闸,其功伟矣。清容凤有憾于吴氏[4],盖以其祖越公为史氏之私人,丞相曾纠之,故志中于其一切善政,略而不及,反谓江水入余姚三千里,与四明山水接,更十里,潮已没,旧以堰限之,丞相忌吾乡公相之多,徙堰于上虞,潮至旧堰不数尺,舟楫蔽沙岸,虽驿舟不可发,以此为丞相之过。丞相之惓惓吾乡水利为何如,方且据形法家之言[5],开新河以助文运,而乃有是哉?甚矣清容之谬也。

予游湖上,摩挲"水则"旧碑,丞相记文剥落已尽,乃为重镌而附记其阴。

清容又言育王浮图知愚有高行,丞相求序其语录,知愚以为丞相晚节如病风[6],不许,丞相怒而杖之。为斯言者,真颠倒是非如病风,而浮图之妄,亦可知矣。因序"水则"事而并及之。

**【注释】**

[1]吴潜(1195—1262),字毅夫,号履斋,宣州宁国(今属安徽)人。宁宗嘉定十年(1217)举进士第一,授承事郎,迁江东安抚留守。理宗淳祐十一年(1251)为参知政事,拜右丞相兼枢密使,封崇国公。次年罢相,开庆元年(1259),元兵南侵鄂州,被任为左丞相,但受贾似道等人排挤,不久罢相,谪建昌军,徙潮州、循州。撰有《平桥水则记》。有《履斋遗集》,词集有《履斋诗余》。

[2]社学:元明清三代称地方小学为社学。元制,每50家为一社,每社设学校一所。

[3]陈垲:字子爽,嘉兴人。历京、湖制置使司,累迁户部侍郎。所历皆有善政。

[4]清容:即袁桷(1266—1327),字伯长,号清容居士。元庆元府鄞县人。其祖越公袁韶与南宋权相史弥远在朝堂相互呼应,数代通婚,互为表里。

[5]形法家:术数家之一类。营堪舆、骨相等方术。

[6]病风:患风搐或风痹病。

## 桓溪旧宅碑文

### 清·全祖望

**【提要】**

选自《全祖望集汇校集注》之《鲒埼亭集外编》卷十五(上海古籍出版社2000年版)。

"予先世家桓溪之上"。全祖望的先人,侍御史、知青州事全权,北宋太平兴国年间(976—984)自杭州迁居至鄞县镇宁乡沙港口,即今鄞州区洞桥镇沙港村一带,因该地有桓溪流经,故称"桓溪全氏"。

句章城是越王勾践公元前472年左右建成,为当时浙东地区的政治、经济、文化中心。到了全祖望时,"城址邈矣",可是"溪上之山","其脉甚远,溯自四明山心之杖锡迤逦而出,大小皎之幽深,石臼之清奇,天井之闲静,响岩之明瑟,或起或伏,穹穹窿窿,其中药炉茶灶,琼枝玉木,鸡犬俱别,不可名状。溪上之水,发源四明山中,及放乎兰浦而下,它泉汩汩,一碧如洗,蕙江环其背,春深而绿荫夹岸,秋老而绛叶满汀,千篙竞发,缩项之鳊,时出丙穴,虽山阴道上之泉,不足比美"。

如此景色优美的地方,当然会吸引贺知章、丰稷、陈显、魏杞等众多贵胄雅士纷纷前来,以致"溪上盛时,碧瓦朱甍,翚甍栉比,望之如神仙居"。

当时桓溪"自洞桥两岸而下,十里之中皆全氏也",为当地大族。到明代,全氏一支迁居于宁波城中,全祖望的六世祖南京工部侍郎全元立建第于新街,后元立之孙礼部侍郎全无叙移居月湖西岸烟屿,即今桂井街,该居宅原为明朝刑部尚书陆瑜府第的一部分,后归全氏。全无叙又在竹洲之东构"平淡斋",在南则筑"菘窗"作为别墅,并筑桃花堤,以助竹洲之胜。全祖望就诞生于桂井街的全氏居宅内。乾隆五年(1740),全祖望36岁时搬迁到月湖西芙蓉洲的青石桥胡氏适可轩居住,名为"双韭山房"(全氏原在四明大雷山有别业"双韭山房")。

在桂井街居住的全祖望"复从宗人求一隙地,筑室其间,思为溪上田父",作者还欲以此"充盛世之幸民"。于是他为文勒石,树之旧宅旁。

现洞桥沙港村(原为全家村)全宅为全祖望唯一尚存的居宅。村北有桓溪(鄞江桥光溪下游为桓溪),南为蕙江(鄞江),附近塘河之上有著名的廊桥——洞桥,村内保存有"全氏祠堂"。祠堂面河,由台门、厢房、正厅组成,现辟为老年活动室。现存"全祖望故居"由前屋、后楼组成。前屋为五开间单檐硬山顶平屋,后楼为五开间重檐硬山顶楼房,均系传统木结构民居。前屋和后楼之间有狭长天井,天井南端,设一人字坡小门,门上悬"全祖望故居"匾。故居内住有多户居民,未能全部恢复。

予先世家桓溪之上,故搜索溪上文献最详。尝谓鄞之山水,自四明洞天四面有二百八十峰,其在鄞者居多,然莫如溪上之秀。舒龙图尝以慈溪、桓溪、蓝溪称为"三溪"[1]。予谓鼎足之中,当推桓溪者,以本色也。

句章城址邈矣,溪上之山,其脉甚远,溯自四明山心之杖锡迤逦而出,大小皎之幽深,石臼之清奇,天井之闲静,响岩之明瑟,或起或伏,穿穿窾窾[2],其中药炉茶灶,琼枝玉木,鸡犬俱别,不可名状。溪上之水,发源四明山中,及放乎兰浦而下,它泉汩汩,一碧如洗,蕙江环其背,春深而绿阴夹岸,秋老而绛叶满沚,千篙竞发,缩项之鳊,时出丙穴,虽山阴道上之泉,不足比美。句余灵淑之所荟萃也。

而吾鄞诸叟之卜筑其间者,亦于此最多,故游人迁客亦最盛:自唐贺秘书为开荒诗老[3],其高尚泽今尚存;宋丰清敏公[4],则蕙江其故居也;陈尚书以忤蔡京归[5],于密岩结冥庵;南渡而后,魏文节公自焦山来[6],筑碧溪庵于石臼,为觞咏地;而张监军良臣自大梁来[7],亦卜居焉,三径密迩。其时文节东阁之客,甲于江东;王季彝之诗,白玉蟾之仙,柴张甫之侠[8],葛天民之诞[9],皆以魏、张之友来溪上,又未几时而楼宣献公别业在焉[10]。宣少师之别业亦在溪上,而乡里以其人不甚重,故弗称。咸淳间[11],安秘丞刘以忤贾似道亦居溪上[12],日赋诗。而王尚书深宁园亭多在城东[13],其溪上小园,则晚年所为也。东发黄先生亦别署杖锡山居士[14],其寓溪上最久。清容谓溪上盛时,碧瓦朱甍,犟笋鳞比,望之如神仙居。呜呼盛矣!

予家先世文词之学,实自义田宗老六公发之,其时正及接楼、王诸叟之风采,至今取所传家集读之,虽所造深浅不同,然莫不循循有前辈师法[15]。夫山川之秀,必赖人物以发之,不然则亦寂寥拂抑而不自得。以溪上之山川如此,人物如此,数百年以来,忽变而为樵童牧叟荒江野烧之场,流风遗韵澌灭殆尽[16],欲求当日诸老踪迹不可得,岂不惜夫。

予自放废以来,复从宗人求一隙地,筑室其间,思为溪上田父,以充圣世之幸民。因念汉宣城太山有庙,多名士集其中,荆州刺史为立《冠盖里碑》[17];唐之衡阳有《儒林文学碑》以志其一州人物。今吾溪上之盛,实无忝焉,乃为文勒石,树之旧宅之旁,后生晚辈不及见前哲之风流,得此碑,犹可追溯而想见之也。

**【注释】**

[1]舒龙图:即舒亶(1041—1103)。北宋治平二年(1065)状元。累官至给事中,权直学士院。崇宁元年(1102),以开边功,由直龙图阁进侍制。

[2]穹穹:高大貌。窿窿:深郁貌。

[3]贺秘书:即贺知章(659—744),字季真,号四明狂客,唐越州会稽永兴(今浙江杭州市萧山区)人。早年迁居山阴(今浙江绍兴)。中进士后,初授国子四门博士,后迁太常博士、太常少卿,累官为礼部侍郎、集贤院学士,后调任太子右庶子、侍读、工部侍郎、银青光禄大夫兼正授秘书监,因称"贺监"。

[4]丰清敏公:即丰稷(1033—1107)。字相之,鄞(今属浙江宁波)人。中进士后,入仕途为亳州蒙城县主簿,累官知开封府封丘县,迁工部尚书兼侍读、礼部尚书。屡任要职,清苦廉直,人颂"清如水,平如衡"。谥清敏。

[5]陈尚书:即陈显。北宋时任户部尚书。因上书言蔡京事触怒徽宗,被贬知越州。

[6]魏文节:即魏杞(1121—1183),字南夫,一字道弼,安徽寿春人,迁居鄞县。中进士后,任余姚尉,后调泾县,罢无名科费,有能声,升大理寺主簿。出使金国,不辱使命。隆兴和议成,受孝宗褒奖,历任同知枢密院事,进参知政事右丞相、兼枢密使。次年罢相,后知平江府。归居鄞县小溪,人称碧溪先生。卒,追封鲁国公,谥文节,著《山房集》《魏文节遗书》等。

[7]张良臣:字武子,大梁(今河南开封)人,家于鄞。隆兴元年(1163)登进士第。笃学好古,室无长物,妻子不免饥寒。性嗜诗,但不强作,或终年无一句,所作必绝人。

[8]原注:张甫名厓,见《剡源集》。

[9]葛天民:字无怀,南宋越州山阴(今浙江绍兴)人,徙台州黄岩(今属浙江)。曾为僧,法名义铦,字朴翁。后还俗,居杭州西湖。与姜夔、赵师秀等多有唱和。有《无怀小集》。

[10]楼宣献公:即楼钥。

[11]咸淳:南宋度宗赵禥年号,1265—1274年。

[12]安刘:汴人,居鄞之小溪。善清言,三历秘丞郎官。尝为贾似道幕客,而以科名自持,卒不得用。贾似道(1213—1275):字师宪,号悦生、秋壑,天台人。南宋理宗时权臣,中国历史上有名的奸臣之一。德祐元年(1275)罢官、贬逐,为监送官擅杀于漳州。

[13]王深宁:即王应麟(1223—1296)。详见《万金湖铭》注释[1]。

[14]东发:黄震(1213—1281),字东发,学者称于越先生,南宋慈溪古窑(今属浙江)人。中进士后,入仕途任吴县尉,后又摄吴县、华亭及长洲县事,均有政声。后擢升史馆检阅,参与宁宗、理宗两朝《国史》《实录》的修纂。黄震为官清廉,不畏权贵,正气浩然。所至除弊禁邪,赈济贫民,激励贤善,修明文教;大兴水利,废陂坏堰,尽为修复。其《黄氏日钞》100卷为东发学派代表作。

[15]循循:有顺序貌。

[16]澌灭:消亡,消失。

[17]冠盖里碑:南宋洪适《隶释》引《水经注》"冠盖里碑":宜城县有太山,山下有庙,汉末

名士居其中。刺史二千石卿长(常)数十人,朱轩华盖,同会于庙下。荆州刺史行部见之,雅叹其盛,号为"冠盖里"而刻石铭之。后泛称名臣冠族的故里为冠盖里。

# 天一阁藏书记

## 清·全祖望

【提要】

选自《全祖望集汇校集注》之《鲒埼亭集外编》卷十五(上海古籍出版社 2000 年版)。

全祖望一生清苦,常常一日三餐都难以为继,但读书、著述却孜孜不倦。19 岁时,他便常登天一阁藏书楼阅览藏书。

天一阁在今浙江宁波市区,是中国现存最早的私家藏书楼,也是亚洲现有最古老的图书馆和世界最早的三大家族图书馆之一。天一阁占地面积 2.6 万平方米,建于明朝中期,由当时退隐的兵部右侍郎范钦主持建造。

文中,全祖望历历数来,"阁中之书不自嘉靖始,固城西丰氏万卷楼物也"。因为丰氏自清敏后,代代有闻人,所以"其聚书之多亦莫与比"。可是一旦后人中出了败家子,家丧尽,书"凡宋椠与写本,为门生辈窃去者几十之六,其后又遭大火,所存无几"。

后来,这些书归了范钦。范钦平生喜欢收集古代典籍,日积月累,天一阁藏书渐至 7 万多卷,其中以地方志和登科录最为珍稀。1561 年,范钦主持建造天一阁。

天一阁之名,取义于汉郑玄《易经注》中"天一生水"之说,因为火是藏书楼最大的祸患,而"天一生水",可以以水克火,所以取名"天一阁"。书阁为硬山顶重楼式,面阔、进深各 6 间,前后有长廊相互沟通。楼前有"天一池",引水入池,蓄水防火。1665 年(康熙四年),范钦的重孙范文光又绕池叠砌假山、修亭建桥、种花植草,使整个楼阁及其周围初具江南私家园林的风貌。

范钦为保护藏书订立了严格的族规,如女子不得上楼。如"代不分书,书不出阁"的遗教,范钦的私人藏书历经 13 代,保存 400 余年终不散落。乾隆三十七年(1772),朝廷下诏修撰《四库全书》,范钦的八世孙范懋柱进献所藏之书 638 种,于是乾隆敕命测绘天一阁的房屋、书橱的款式,兴造了著名的"南七阁",用来收藏所撰修的 7 套《四库全书》,天一阁也从此名闻全国。1808 年(嘉庆十三年),阁内的藏书实有 4 094 部,共 53 000 多卷。

天一阁藏书留存至今,与其严苛的管理规定密切相关:"烟酒切忌登楼""代不分书,书不出阁",还规定藏书柜门钥匙由子孙多房掌管,非各房齐集不得开锁,外姓人不得入阁,不得私自领亲友入阁,不得无故入阁,不得借书与外房他姓,违反者将受到严厉处罚,还制订了防火、防水、防虫、防鼠、防盗等各项措施。

　　天一阁的藏书不为外人所知，直到1673年黄宗羲成为外姓人登阁第一人。黄宗羲获准翻阅了全部藏书，把其中流通未广者编为书目，另撰《天一阁藏书记》留世。自此以后天一阁才进入相对开放的时代，但仍只限大学者才会被允许登上天一阁。

　　1994年11月，宁波市博物馆并入天一阁，称"宁波市天一阁博物馆"。

　　南雷黄先生记天一阁书目[1]，自数生平所见四库，落落如寘诸掌[2]，予更何以益之。

　　但是阁肇始于明嘉靖间，而阁中之书不自嘉靖始，固城西丰氏万卷楼旧物也[3]。丰氏为清敏公之裔，吾乡南宋四姓之一[4]，而名德以丰为最。清敏之子安常；安常子治监仓扬州[5]，死于金难，高宗锡以恩恤；治子谊，官吏部，以文名；谊子有俊，以讲学与象山、慈湖最相善[6]，亦官吏部；有俊子云昭，官广西经略；云昭子稑、稑子昌传并以学行，为时师表；而云昭群从曰苊，曰菭，皆有名。盖万卷楼之储，实自元祐以来启之[7]。自吏部以后，迁居绍兴。其后至庚六，迁居奉化。庚六子茂四迁居定海。茂四孙寅初，明建文中官教谕。寅初子庆，眷念先畴，欲归葬父于鄞，而岁久，其祖茔无知者，旁皇甬上。或告之曰：城西大卿桥以南紫清观，吉地也。庆乃卜之，遇《丰》之革，私自喜曰："符吾姓矣。"是日，适读元延祐《四明志》云[8]："紫清观者，宋丰尚书故园也。"庆大喜，即呈于官，请赎之，并为访观中旧籍，得其附观圃地三十余亩，为邻近所据者，尽清出之，遂葬其亲，而以其余治宅。庆喜三百年故居之无恙也，作十咏以志之，而于是元祐以来之图书，由甬上而绍兴，而奉化，而定海者，复归甬上。庆官河南布政；庆子耘官教授；耘子熙官学士，即以谏"大礼"，拜杖遣戍者也。丰氏自清敏后，代有闻人，故其聚书之多亦莫与比。迨熙子道生晚得心疾，潦倒于书淫墨癖之中[9]，丧失其家殆尽，而楼上之书，凡宋椠与写本，为门生辈窃去者几十之六。其后又遭大火，所存无几。

　　范侍郎钦素好购书[10]，先时尝从道生钞书，且求其作藏书记，至是以其幸存之余，归于是阁。又稍从弇州互钞以增益之[11]，虽未能复丰氏之旧，然亦雄视浙东焉。

　　初，道生自以家有储书[12]，故谬作《河图》石本、《鲁诗》石本、《大学》石本，则以为清敏得之秘府；谬作朝鲜《尚书》、日本《尚书》，则以为庆得之译馆；贻笑儒林，欺罔后学，皆此数万卷书为之厉也。然则读书而不善，反不如专己守陋之徒，尚可帖然相安于无事。吾每登是阁，披览之余，不禁重有感也。

　　吾闻侍郎二子，方析产时[13]，以为书不可分，乃别出万金，欲书者受书，否则受金。其次子欣然受金而去，今金已尽，而书尚存，其优劣何如也[14]。自易代以来，亦稍有阙佚，然犹存其十之八，四方好事，时来借钞。闽人林佶尝见其目[15]，而嫌其不博，不知是固丰氏之余耳。且以吾所闻，林佶之博亦仅矣[16]。

**【注释】**

[ 1 ]黄先生:即黄宗羲(1610—1695)。字太冲,号南雷,浙江余姚人,学者尊为梨洲先生。明末清初杰出思想家。

[ 2 ]落落:堆积貌。窴:音 tián,古同"填"。

[ 3 ]万卷楼:与天一阁齐名的鄞地藏书楼。丰氏自丰稷始,至丰坊将藏书售于范钦时经历十六代,历时 470 年左右,为中国传承最久的家族藏书楼。

[ 4 ]南宋四姓:即史(浩)、郑(清之)、楼(钥)、丰(稷)。史浩(1106—1194),字直翁。南宋政治家、词人。明州鄞县(今浙江宁波)人。中进士后,由温州教授除太学正,升为国子博士。以建议立太子蒙遇日隆。绍兴三十二年(1162),孝宗即位,史浩任参知政事,推荐枢密院编修官陆游。隆兴元年(1163),拜尚书右仆射,他首先辩赵鼎、李光无罪,又说岳飞久冠不白,应为他们平反,恢复原有官爵,照顾其子孙,孝宗照办。后请求辞职,除少傅,以太保致仕。封魏国公。光宗即位后,进太师。卒,封会稽郡王。宁宗即位后赠谥文惠。史浩与其子史弥远、其孙史嵩之三代为相。郑清之(1176—1251),初名燮,字德源、文叔,别号安晚,庆元府鄞县人。登进士第,调峡州(今湖北宜昌)教授。后参与丞相史弥远定策,废太子竑,拥立理宗。绍定三年(1230)授参政政事。六年,史弥远卒后,累官右丞相兼枢密使,疏请召还直臣真德秀等人,为帝采纳,时号"小元祐"。端平二年(1235)特进左丞相。嘉熙二年(1238)封申国公。后又获封卫国公、越国公。卒,谥忠定,赠尚书令,追封魏郡王。有《安晚集》60 卷。楼钥(1137—1213),字大防,号攻媿主人。鄞县(今属浙江)人。隆兴元年(1163)进士,初任教官,后调为温州教授,光宗时为起居郎兼中书舍人。楼钥敢于直谏,无所避忌。因与大臣韩侂胄政见不同,辞去官职。韩侂胄被诛后,楼钥再入朝廷为翰林学士,升为吏部尚书兼翰林侍讲,晋参知政事,后又授为资政殿大学士、提举万寿观。卒谥宣献。有《攻愧集》。丰稷:参见《桓溪旧宅碑文》注释[4]。

[ 5 ]监仓:监督仓库的官员。

[ 6 ]象山:即陆九渊(1139—1193)。字子静,号象山,书斋名"存",世人称存斋先生,又称象山先生、陆象山,抚州金溪(今属江西)人。南宋著名的理学家和教育家,与朱熹齐名,史称"朱陆"。宋明"心学"的开山祖。明代王阳明发展其学说,成为中国哲学史上著名的"陆王学派",对近代中国理学产生深远影响。慈湖:即杨简(1141—1225)。字敬仲,号慈湖,世称慈湖先生。慈溪人。乾道五年(1169)进士,任富阳主簿,兴学授徒。时陆九渊过富阳,指示心学,虽陆仅长他二岁,仍向陆执师礼。后调任绍兴府司理,绍熙五年(1194)任国子博士,庆元学禁起,遭斥,家居 14 年,著书讲学。后又出仕。宝庆元年(1225)以耆宿大儒膺宝谟阁直学士、太中大夫,封爵慈溪县男,卒谥文元。有《慈湖遗书》《慈湖诗传》《杨氏易传》等。

[ 7 ]元祐:北宋哲宗赵煦年号,1086—1094 年。

[ 8 ]延祐:元仁宗年号,1314—1320 年。

[ 9 ]书淫墨癖:谓嗜书爱墨成癖成瘾。

[10]范钦(1506—1585):字尧卿,一作安钦,号东明,浙江鄞县(今宁波)人。嘉靖十一年(1532)进士,任湖广随州知州,迁工部员外郎。转福建按察使,迁陕西左使、河南副都御史,官至兵部右侍郎,辞不赴。嘉靖三十九年(1560)归隐。酷爱典籍,每至一地,广搜图书。嘉靖四十至四十五年,建藏书楼名"天一阁",取"天一生水,地六成之"之义,阁四面临水,上通六间为一,中以书橱间隔;其下分六间。为古代藏书楼建筑典范。清乾隆年间,下诏建造七阁以藏《四库全书》,均仿照天一阁规格设计。

[11]弇州:即王世贞。他与范钦订有"书籍相互借钞"之约。

[12]道生:即丰坊(1492—1563?)。一名道生,字存礼,又字人翁。明州鄞县人。书法家、

篆刻家、藏书家。丰玩世不恭,不拘礼法,性情孤僻。五体并能,最擅草书。多造伪书。晚年穷困潦倒,客死僧舍。

[13]析产:分割财产。指分家。

[14]此句下原注:冯(贞群)注:范东明侍郎钦,长子太冲,字子受,以县学生入太学,授光禄寺良醞。其后裔今所谓"天一阁前宅"。次子大潜,字继明,应天副举,拣选教谕,早逝。其妻陆氏与夫兄太冲讼,累年不决,经屠本畯调停,其书归太冲,作直万金。大潜子孙号"天一阁后宅"。注者按,冯贞群(1886—1962),原籍慈溪,后迁宁波。清末参加同盟会宁波分会,民国时期任鄞县文献委员会委员长,建国后任宁波文管会委员。

[15]林佶(1660—1720后):字吉人,号鹿原,福建侯官人。工书善文,家多藏书,有《朴学斋集》传世。

[16]句下原注:临川李侍郎穆堂云:吉人盖曾见其同里连江陈氏书目,故为此大言。冯(贞群)注:连江陈氏《世善堂书目》,刻入《知不足斋丛书》中。

## 东四明地脉记

## 清·全祖望

**【提要】**

选自《全祖望集汇校集注》之《鲒埼亭集外编》卷十八(上海古籍出版社2000年版)。

如何看一个地方的地脉?"予以阴阳之运,凝而为山,融而为水,实一气也。水之所出,必本于山,山之所穷,即寄于水。"在全祖望看来,阴阳之气凝结聚集,就成了山;融化消解就变成了水。就地脉而言,水必从山里流出;而山穷尽处,所寄之地必然是水。

正因为如此,大禹"未导水,先导山",因为以观山之法观水,地脉清清楚楚。所以他说,"四明之七十峰言之,正脉为鄞,支脉为慈",而鄞之脉又分为二:江之西南者是正脉,江之东南者为支脉,"大江横贯其间,是群山之尾闾也"。如此观法,山水联动,山消水长,水尽山起,地脉起伏消长自然了然于心。

如此条分缕析,说到鄞城形势,"盖城外阻江以为天险,而杖锡诸山之龙飞而凤舞者,萃于城中之双湖。故江东两道之山,只足以为外卫,然犹恐城中之气之淤也,则引双湖之水自三喉出以通之,是其建置之精"。

中国古代的风水理论中蕴含着对地理、地势、气候等特点的深入观察和细致总结,顺寻山形水势安城置家,当然可以避免朔风骄阳、水旱威胁,安享平安祥和。但是,堪舆风水走入极端,问题也便随之而来。《管子》中说:"凡立国都,非于大山之下,必于广川之上。高毋近旱,而水用足;下毋近水,而沟防省。因天材,就地利,故城郭不必中规矩,道路不必中准绳。"《管子》还说:"水者,地之血气,如筋脉之流通也,故曰水具材也。"

　　《易经》是古代风水理论的终极依据。清代学者丁芮朴《风水祛惑》中说："风水之术,大抵不出形势、方位两家。言形势者,今谓之峦体;言方位者,今谓之理气。唐宋时人,各有宗派授受,自立门户,不相通用。"概而言之,古代风水学分"形法派"和"理气派"。

　　有论者称,风水是一门环境选择的学问,其目的在于追求对人生存与发展有利的生活环境。人们选择理想的墓葬地慎终追远求受福佑,其理亦然。风水宝地环境模式出于生殖崇拜的构拟思维,风水胎息孕育的原理是对人的胎息原理的构拟。云云。

　　但是,风水走向极端也便走进了妖魔化的误区。

　　四明二百八十峰,各据一面:东七十峰,连宁波之鄞、慈二县境;西七十峰,连绍兴之姚、虞二县境;南七十峰,连宁、绍之奉化、嵊二县境;北七十峰,亦姚、慈二县之境也。而杖锡为四明山心,居中以运之。然所谓二百八十峰之脉,或比连,或中断,或蔓延,或飞度,纷纶变化[1],不可究诘[2],虽昔人作图经者,亦未能了然也。

　　予以阴阳之运,凝而为山,融而为水,实一气也。水之所出,必本于山;山之所穷,即寄于水。故神禹未导水,先导山,今即以观山者观水,而其地界安所遁乎[3]?以东四明之七十峰言之,正脉为鄞,支脉为慈。而鄞之脉又分为二:其在江之西南者,正脉也;其在江之东南者,支脉也。大江横贯其间,是群山之尾闾也[4]。西南之脉,又分为二:由杖锡至它山者为正脉,旁出抵大雷山者为支脉,而水道随之以分。它山之水,导源由上虞之斤岭,经小岭、上庄、龚村为一支;其自上庄之南,出分水岭至芦栖坑又为一支;其自分水岭之南,历杖锡、杜岙[5]、郑岩又为一支。郑岩之水东流与芦栖坑水合,至大皎。而龚村之水至小皎分流,至鲸鱼山前而合。于是至蜜岩,过樟村。又一支自杖锡之南出天井,一支出灌顶,并至平水上下而合,所谓大谿者也。又东至于它山。其谓之它山者,水北皆山,而水南无之,至它山忽矗一小峰以相对,故得于此置堰。又东历洞桥合响岩诸峰之水,入桓溪为前港。未抵洞桥,自凤山旁流入仲夏,合石臼诸峰之水,为后港。二港之水,会于沙渚,又十里合镜川、戚浦诸流,放乎枥社,直抵长春门,潴为日、月双湖。大雷山之水,自凤岙出,一自林村出,稍东经望春、白鹤诸山下,其初有广德湖以蓄水,既废,遂合两道之水,直抵望京门入月湖,与它山之水会。它山之水盛,则城外有行春、乌金、积渎三碶以泄之江[6]。大雷之水盛,则城外有保丰碶以泄之江。前此它山之未有堰也,溪流酾泄入江[7],而江潮深入内地。长春门外两岸五十余里之田,皆不可耕,而望京门外之田,赖广德湖以得振。然犹恐桓溪前后港之水西向撞击,此仲夏堰所以为二水之界也。它山堰既立,而洞桥以东为塘河,清流湛然。未几广德湖亦塞为田,大雷之水横穿而至,不待入城,而后与它山之水会矣。盖自仲夏斜行,一来会于沙渚,再来会于镜川,三来会于枥社,仲夏之堰由此而毁。既入长春门,而余波在城外者,尚与西来之水会于崇法寺冈。是它山之全势,实合大雷之水以行。其不尽收者,方沿白鹤诸山而出,合凤岙、林村之流以为望京门之渠耳。或疑它山在四明诸峰中不为伟,不知万山之水,赖此渺然者而奠,则尊矣。大雷本其别子,固宜朝宗之恐后也[8]。

东南之脉亦分为二:太白为正脉,大梅为支脉,而水道亦因之以分。太白山之水,自大函、同谷、玉几、育王而下,为宝幢河;由三谿而下,会于东吴,为东吴河;由黄瓦溪而下,会于小白,为小白河;皆至大函山下合宝幢河,溯江东诸碶闸以入江。而育王之背,则为镇海。三河所历之山,莫高于太白者。大梅山之水,会于横溪,七十二流注焉,蓄为东钱湖。而溪水溯湖之诸堰,亦自江东诸碶闸以入江。其中万山错互,而以金峨为案,其背则奉化之交。其旁出者,由大嵩薄于海岸而止[9]。此鄞城之形势也。盖城外阻江以为天险,而杖锡诸山之龙飞而凤舞者,萃于城中之双湖。故江东两道之山,只足以为外卫,然犹恐城中之气之淤也,则引双湖之水自三喉出以通之,是其建置之精,古之郧城所弗逮也。其自大隐而下,则属之慈溪,然不过分东四明之十二,而车厩诸峰,则北面来注之者。

**【注释】**

[1]纷纶:杂乱貌,众多貌。

[2]究诘:追问原委。

[3]址界:地点边限。

[4]尾闾:传说中泄海水之处。泛指事物趋归或倾泄之所。此谓山势归于平畴之处。

[5]岙:音 ào,河湾可泊船处,(浙江等沿海)岛屿。

[6]碶:音 qì,水闸。

[7]釃:音 shī,疏导,分流。

[8]句下原注:黄南山金事以鄞脉出于锡山,至桃源,次于崇法寺冈,入南门,历镇明岭,直抵候涛山而止。考之宋、元人,皆无此说,且锡山在它山之西,大雷山之东,其冈陇左萦右拂,若为两山之介绍,而水势亦两相呼应,非能独成岩壑者也,安得擅一城之脉乎?自南山以来,皆守其说,予窃以为不然,故特详之。

[9]句下原注:《丹山图咏》不知太白诸山亦属东七十峰所有,而止收大梅,所谓挂一漏十者也。

# 水云亭记

清·全祖望

**【提要】**

选自《全祖望集汇校集注》之《鲒埼亭集外编》卷十八(上海古籍出版社 2000 年版)。

水云亭结构奇特,亭"空峙湖心,欲过此亭,必泛舟就之。过者皆赏其结构之奇。"但此亭更奇之处"则知之者尤希"。小江湖之水流入城中西湖,为四明西南两地络;而小江湖上诸山脉分道而下,磅礴绵延,直入城中,"其入城中者,正会于柳汀之北,故其气象倍觉空濛浩渺,明瑟无际,而是亭适当之,左顾右眄,以揽其全。方丈之地,洞天东道七十峰如在目前"。

山形水脉尽汇于此,所以"是亭之卜地,盖亦有深意存焉",而不只是夸饰澄湖清景。

"深意"是什么? 作者没有说。

鄞西湖之柳汀,当宋嘉祐中[1],钱集贤公辅始建众乐亭于中央,左右夹以长廊三十间。南渡后,莫尚书将又建逸老堂于亭南。未几而魏王恺至,又建涵虚馆于亭北,遂为十洲绝胜。嘉定以后,居人皆呼为湖亭。元人取其地为驿,于是逸老堂作南馆,涵虚作北馆,叛臣王积翁之徒立祠享祀[2],而湖上之风流尽矣。

方氏据有庆元[3],幕僚刘仁本、邱楠皆儒者[4],始重为点缀,复建逸老堂于东,众乐亭于西。明初并南馆入北馆,移逸老堂与亭俱西,而以其东为花圃,虽未能复柳汀之旧,然稍稍振起矣。

先宫詹居湖上[5],重修众乐亭,相度于驿馆之后,即以魏王当日遗址作四宜楼,一览苍茫,湖光尽在襟袖[6],其北与碧沚庵遥对。楼前深入水二十余丈,去庵亦二十余丈,有水云亭空峙湖心,欲过此亭,必泛舟就之。过者皆赏其结构之奇,而其地所踞,更极日景斗枢之胜[7],不只景物之移人,则知者尤希。

凡吾乡城中之水,皆自小江湖而来,径长春门以汇西湖,而支流自大雷者,则自望京门而入,以一行"山河两戒"之说考之,盖亦四明西南两地络也[8]。小江湖上诸山,其与大雷诸山之脉分道而下,磅礴绵延,直入城中。其在城外者,则会于长春、望京两门之间,即丰氏紫清观一带也。其入城中者,正会于柳汀之北,故其气象倍觉空濛浩渺,明瑟无际,而是亭适当之,左顾右眄,以揽其全。方丈之地,洞天东道七十峰如在目前。吾尝谓李太守之镇明山也,世皆知为收拾城南岩壑之组,而不知是亭之卜地,盖亦有深意存焉,夫岂徒夸澄湖之清景,以恣词客之邀游者哉。

吾闻宫詹之为此也,监牧诸公率与荐绅先生来游[9],环舟亭下,列酒垆茶具而燕集焉,盖有钱集贤之遗风。百年以来,湖上游踪阒寂,而亭亦日以摧,旧有王忠烈公"印月"二字题额,今亦不存。呜呼! 岂知昔人经营之惨淡也,爰记之[10]。

**【注释】**

[1]嘉祐:北宋仁宗赵祯年号,1056—1063 年。

[2]王积翁(1229—1284):字良存,一字良臣,福宁县(今福建霞浦)人。王是南宋末卖国奸臣,虽无经世之才,亦无风骨,然深通权谋之术,熟谙"良禽择木"之学。宋末,以荫补承务郎,历官富阳知县、临安府通判、徽州知事兼都督兵马府参议等。元兵压境时,积翁献闽图籍降元。

元授积翁为福建道宣抚副使,镇守福州。至元十五年(1278)入京,以全闽八郡图籍献元世祖。又以垂询日本事,回答、策划甚称世祖之意,授以刑部尚书、佩金虎将。元至元十七年(1280),擢户部尚书,后除江西行省参知政事。元军征日失败后,王自称能宣谕日本归诚,遂于赴日宣谕国信使。途中,船员不堪虐待,杀之。王死后,元追谥忠愍。

[3]方氏:即方国珍(1319—1374):元末台州黄岩(今浙江黄岩)人。第一个反元的农民起义领袖。详见《方国珍府第记》。庆元:今宁波。

[4]刘仁本(? —1368):字德元,号羽庭,黄岩(今属浙江)人。授江浙行省左右司郎中。至正十四年(1354),方国珍统辖台温,刘仁本应聘为幕僚,辅其创立基业。受命在庆元(今宁波)、定海、奉化兴儒学,修上虞石塘,建路桥石桥,办黄岩文献书院。中原义军切断运河,漕粮北运受阻,元廷命方国珍海运漕粮,刘仁本连续3年出没风涛,万里趋京,海运粟30余万石。明将朱亮祖攻占温州,擒刘仁本,刘随即被朱元璋鞭背溃烂而死。有《海道漕运记》1卷、《羽庭诗集》4卷、《羽庭文集》6卷。邱楠,生卒年不详。事方国珍,国珍许降明太祖而悔,海运粮粟至元廷,楠言:"幸而扶服请命,庶几可视钱俶乎?"(《明史》卷一二三)力争不听,后卒降。太祖命楠为韶州(今广东韶关)知府。

[5]先宫詹:即全祖望的先祖全天叙。曾任少詹事。宫詹:即太子詹事。属东宫詹事府。

[6]襟袖:衣襟领袖。此谓近。

[7]日景斗枢:谓天光星斗,视野寥廓。

[8]络:相连续,前后相接。

[9]荐绅:缙绅。古代高级官吏的装束。亦指有官职或做过官的人。

[10]句下原注:是时,陆氏亦筑会泉亭于岸西,然其地不如湖中之胜。

# 方国珍府第记

## 清·全祖望

**【提要】**

选自《全祖望集汇校集注》之《鲒埼亭集外编》卷十八(上海古籍出版社2000年版)。

方国珍(1319—1374),元末台州黄岩(今浙江黄岩)人。至正八年(1348)十一月,长浦巡检到方家追索欠款,国珍以桌为盾,以杠为矛,格杀巡检,遂与二兄国璋、弟国瑛、国珉逃入海中,不到一个月,就聚集被逼迫的老百姓数千,开始劫夺元朝海运皇粮。先后拿下温州、台州、庆元(今宁波)。

至正十五年(1355),方国珍占据庆元(宁波)。以后十余年时间,一直治理庆元、台州、温州及处州、绍兴一部,不再向外扩张势力,奉行"保境安民"的策略。兴儒学、修水利、建石桥、筑城墙、固海防等。全祖望评论说:"吾乡藩篱之固,则亦其父子实启之,不可谓无功。其吾乡府城因元初隳天下城池而坏者,虽筑于纳麟之手,而亦至方氏始完。"

方国珍府邸就是都元帅府。全祖望一一介绍了府第的方位、结构、规模,加上其兄弟们的府第、幕僚们的府第,可惜到全祖望时只有"鉴桥屠侍郎第尚存"。

方国珍治理浙东期间,这里没有战火兵灾,人民生活安居乐业。甚至还办起了"续兰亭会",以致中原文士纷纷投奔避乱。《列朝诗集》载:"国珍招延士大夫,折节好文,与中吴争胜,文人遗老如林彬、萨都剌辈咸往依焉。"

但是,方国珍至正十六年(1356)接受元廷的"海道运粮漕运万户"官位后,从阻截漕运到从事漕运,支持元朝灭亡残局,"岁岁治海舟,为元漕张士诚粟十余石于京师,累进国珍官至江浙行省左丞相衢国公,分省庆元"(《明史·方国珍传》)。海道漕运粮食至元大都,支撑风雨飘摇的元朝,让朱元璋等大为光火。

至正二十七年(1367)十月,朱元璋命汤和、朱亮祖等兵伐浙东。十二月,方国珍、方国珉率众归顺,浙东百姓再次免于战火之灾。

方国珍乱浙东,所据为庆、台、温,而兼有绍兴曹江之东境,以通明坝为地限。其用刑甚严,犯其法者,以竹笼之投于江。明太祖招之,国珍约降而不奉朔[1],徘徊持两端。及汤信公以师渡江[2],国珍逃窜入海,已而自归。太祖不责前事,赏以千步廊百间。而国珍子亚关,旧尝在金陵为质子[3],建言当筑城于沿海以防倭。太祖诏下信公施行,于是始筑定海等处十一城。定海城为卫,而以大嵩、穿山、霩䨻、翁山西城隶之。观海城为卫,而以龙山城隶之。昌国城为卫,而以石浦、钱仓、爵溪三城隶之。皆以亚关之言也。国珍父子于元末群雄为首乱,鼠窃一十八年,真人出而燧火息[4],其罪甚巨,而吾乡藩篱之固,则亦其父子实启之,不可谓无功。其吾乡府城,因元初隳天下城池而坏者,虽筑于纳麟之手,而亦至方氏始完。不然嘉靖以后,王直、徐海之乱[5],荼毒更有不可言者矣。

国珍所居,即元时都元帅府也[6]。归附后,为宁波卫。又廓都府之后为内衙,有甬道以通前,归附后为安远驿。又取其右为园,归附后为提举司。又立万户府于谯楼西,归附后为镇抚司之狱。国珍三弟:其一为右丞国璋,其一为参政国瑛,其一为行枢密国珉,故别建二府于鉴桥以居国璋,归附后为汤信公署,寻以赐万指挥钟,后为屠侍郎第者也[7]。建三府于问俗坊,以居国瑛,当史越王第宸奎阁之右[8],世所称"史府菜园"者也,归附后以赐李指挥龄,太祖命詹孟举书"武镇坊"以旌之,后为张方伯第者也。建四府于五台寺东南以居国珉,归附后亦入官,后为黄金事第者也。易代以来,宁波卫已改为巡道治,而所谓为驿,为司,为狱皆废,只鉴桥屠侍郎第尚存,而张氏犹共传"花厅"之名。

嗟夫!都府在宋时为绝盛,有窗曰四明,有洞曰桃源,有台曰百花,有轩曰丛碧,吴履斋诸公之所觞咏也[9],岂意其一变而为桑海之场乎?然而隗嚣故宫,见于杜工部之诗[10],而王恽亦尝咏刘豫之书舍[11],则虽渺然小腆之陈迹,未尝不可存之,为志乘之助也[12]。

明初群雄割裂,只国珍以令终[13],既内附,有女适沐黔公子[14],在滇中,凡鄞人仕滇,如应布政履平辈女[15],敦乡里之谊,还往若亲戚。然则方氏之窃据也,所谓盗亦有道者耶?群从弗戢,竟隙厥宗,悲夫!

**【注释】**

[ 1 ] 奉朔:奉正朔。谓使用朱元璋历法。

[ 2 ] 汤信公:即汤和(1326—1395),字鼎臣,濠州(今安徽凤阳)人。随朱元璋征战,晋封信国公。

[ 3 ] 句下严元照注:国珍之质子名宪,见宋潜溪所撰神道碑。

[ 4 ] 爝火:炬火,小火。爝:音 jué,火把,小火。

[ 5 ] 王直(?—1560):《明史》误作汪直,徽州(今安徽歙县)人。嘉靖时,与叶宗满等私造海船,犯禁出海,经营海外贸易,获得甚丰,人称"五峰船主"。此后,王直收罗了徐海等人,并与日本海盗首领相串联,在宁波的双屿建立大本营,剽掠海船和沿海百姓,一时东南沿海惶然不宁。嘉靖二十六年(1547),明浙江巡抚朱纨派兵进剿,毁双屿港。王直率领余党渡海至日本,自称"徽王"。三十二年(1553),王直等勾结倭寇,侵扰东南沿海,先后攻陷上海、苏州、徽州、南京等地,烧杀劫掠。明总督胡宗宪派蒋洲往日本,诱王直归降。三十八年冬,王直被诱杀于杭州。徐海(?—1556):法号明山。歙县人。徐海早年在杭州虎跑寺当和尚,嘉靖年间,随同叔叔徐惟学和友人王直一起从事越海贸易。一次徐惟学经营亏损,被迫将徐海作为人质抵押给日本海盗,贷款购货返回中国,并作为向导引倭寇劫掠岭南。不久,徐惟学被杀,徐海无力偿贷,以导引倭寇入侵内地作为补偿。徐海当了海盗以后,投靠王直,成其大头领,称"天差平海大将军"。屡引倭寇或自己率众焚掠江浙沿海,浙江巡抚阮鹗一败再败,险些丧命。胡宗宪总督浙江后,施离间计,徐海为宠姬王翠翘所迷,解散部属,约降与胡宗宪。结果被胡设伏围歼,投水而死。

[ 6 ] 句下原注:宋时为庆元府治,元人始改都府治,而移总管之治于东。

[ 7 ] 屠侍郎:即屠大山(1500—1579),字国望,号竹墟,明浙江鄞县(今属宁波)人。嘉靖二年(1523)进士,知合州。累官吉安知府、山东按察副使、广东按察使、山东右布政使、福建左布政使。嘉靖二十九年(1550),晋右副都御史、巡抚湖广。又升兵部右侍郎兼右金都御史,总督湘、鄂、川贵军务。得罪严嵩父子,逮系诏狱,几论死,得人白于帝,罢职归里。穆宗即位,复原官。与范钦、张时彻并称为"东海三司马"。有《竹墟集》。

[ 8 ] 史越王:即史浩。参见《天一阁藏书记》。

[ 9 ] 吴履斋:即吴潜。参见《吴丞相水则碑明》。

[10] 杜工部:杜甫。有《隗嚣宫》:"秦州城北寺,胜迹隗嚣宫。苔藓山门古,丹青野殿空。月明垂叶露,云逐度溪风。清渭无情极,愁时独向东。"

[11] 王恽(1227—1304):字仲谋,号秋涧,元卫州汲县(今河南卫辉市)人。少时即有文名,富才干,因荐而京师。历任按察使、翰林学士、嘉义大夫。师元好问。有《秋涧集》100卷。刘豫(1073—1146):字彦游,景州阜城(今属河北)人。南宋叛臣,金傀儡政权伪齐皇帝。北宋时历任殿中侍御使、河北提刑等职。金兵南下时弃官潜逃。建炎二年(1128)杀宋将降金。四年九月,被金人立为"大齐"皇帝,建都大名(今属河北),后迁汴京(今河南开封)。统治河南、陕西之地,配合金兵攻宋。后被废黜。

[12] 志乘:志书。

[13] 令:善,美好。

[14] 沐黔公:沐晟。云南王沐英次子。晟以勋功封黔国公。

[15] 应履平(1375—1453):字锡祥,号东轩,浙江奉化人。中进士后,授德化知县,历吏部郎中,出为常德知府。正统三年(1438),荐升云南左布政使。八年,因病致仕。

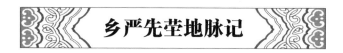

## 乡严先茔地脉记

## 清·全祖望

**【提要】**

选自《全祖望集汇校集注》之《鲒埼亭集外编》卷二一（上海古籍出版社 2000 年版）。

堪舆之学，坟茔地脉自是慎而视之。有"风水宝地"论阳宅四神地、"葬穴"四灵地，一般要求"玄武垂头，朱雀翔舞，青龙蜿蜒，白虎驯俯"（《葬书》）。即玄武方向的山峰垂头下顾，朱雀方向的山脉要来朝歌舞，左之青龙的山势要起伏连绵，右之白虎的山形要卧俯柔顺，这样的环境就是"风水宝地"。风水宝地的构成，不仅要求"四象毕备"，并且还要讲究来龙、案砂、明堂、水口、立向等。

"响岩者，鄞城南之胜地也。"这里"水北作声则岩中应之，一喝一于，清空互答，微类石钟"。且"而山光苍翠浮动，天寒辄有鸤鹈群集如云"；还不止此，府君"两丧未举"，其徒说，"前村有田甚高洁，可葬也"。府君立刻在此地葬祖父，随后不二十年，家中果然有高中皇榜者。生平不信鬼阴之说的全祖望记下这一奇异之事；又记闻夷先生说"诚古地也，其清气缭绕，殆宜世由馆阁以至开府，但惜穴后脉泄，伸于贵，诎于富"，果然应验。在全祖望看来，这正合乎"不害其清"的精神追求。

鬼荫之说，生平所不信，以为言之即令无有不中，有如曾、杨、廖、厉之徒，要非吾心所希觊，则固不过谨避五患而已足[1]。说者以为流泉夕阳，古人不废相度，欲以张鬼荫之说之古，不知都邑之异于墟墓也。倘使五患之外，更有所营，则是《礼经》墓大夫、冢人所掌，反失之耶？独吾家响岩埏道[2]，则向来所言实中，而先公之深以为幸者，正鬼荫之徒所憾。属在子弟，其亦可审所趋矣。

响岩者，鄞城南之胜地也。由沙渚而上五里至兰浦，又五里为响岩，其背为蕙江，水北作声则岩中应之，一喝一于[3]，清空互答，微类石钟。而山光苍翠浮动，天寒辄有鸤鹈群集如云，唐贺秘监之别业也[4]。先检讨府君未通籍，授徒岩下葛氏，每讲经之暇，咄咄若有不怡者[5]。其徒叩之，叹曰："吾两丧未举[6]，是以为恨。"其徒曰："前村有田甚高洁，可葬也，请即以赠先生，可乎？"府君大喜，遂以葬其祖父，不二十年，侍郎府君果高其门，而族祖闻夷先生者，雅以地学自负，过而叹曰："诚古地也，其清气缭绕，殆宜世由馆阁以至开府[7]。但惜穴后脉泄，伸于贵，诎于富。"侍郎府君扬历两京[8]，身后图书法物颇富，而禄廪所余渺然。诸子为治圹，已不免于鬻田。宫詹府君继起,清苦更甚,甫殁而不保其甲第[9]。有明三百年,世宦之贫,未有如吾家者也。万历中,堪舆师沈一鹏者,老学也,来相是茔,亦以闻夷之说为不易,而叹吉地之不能兼备如此。

先公曰:"此正吾家之幸也,使先世为墨吏以肥其家[10],其竟传之无穷乎?抑亦易斩之流也。夫君子之不为墨吏,未必果由于地脉。然使果然,则是出山泉水,不害其清,而一酹千金之可免也。其为吉孰大于此。夫地脉固有清有浊,是茔也,盖其清气最完,故世有介节[11]。今世之言地学者,以求富为第一,但见浊气不至,则瞿然忧之,其以为泄也固宜。"是时,万九沙编修在座,叹以为名言,其后为先公作行状,采及之,而不肖更繁其词以为记[12]。

**【注释】**

[1]五患:五种疾患。说法不一,以叨、贪、狠、矜、妒为常见。

[2]埏道:墓道。埏,音 shān。

[3]喁:音 yóng,低声,附和。于:通"吁"。叹息。

[4]贺秘监:即贺知章。

[5]咄咄:感慨声。

[6]举:谓未能中举。

[7]馆阁:北宋有昭文馆、史馆、集贤院三馆和秘阁、龙图阁等阁,分掌图书经籍和编修国史等事务,通称"馆阁"。明将其职掌移归翰林院,故翰林院亦称"馆阁"。清沿之。开府:古代指高级官员成立府署,选置僚属。后指有权开府的官员。

[8]扬历:谓显扬贤者居官的治绩。后多指仕宦的经历。

[9]甲第:豪门贵族的宅第。

[10]墨吏:贪官污吏。

[11]介节:刚直不随流俗的节操。

[12]不肖:作者自称。谦辞。犹谓没有出息(子孙)。

# 先检讨府君丙舍记

## 清·全祖望

**【提要】**

选自《全祖望集汇校集注》之《鲒埼亭集外编》卷二一(上海古籍出版社 2000 年版)。

"出城西南二里,有崇法寺焉,据高冈为胜,其旁为先检讨府君之阡。"这里的山水之脉"近世堪舆家不解",不解的就是作者指出的"是冈为二道山脉所注以镇水者,是以平壤之中,突然坟起"。他继续说:"夫惟二道山水之会,皆归是冈,故虽不甚峻,而气象盘延磅礴,为城外之伟观。"

　　正因为如此,汉唐以来在此营造者甚众。先检讨迁在景贤堂的右面,"丛桂数十,风景明瑟",作者说,"丙舍虽小,皆先学士之所经营",亲手建造的房子有温度。房子"其前临渊,有沙汇水中成渚,其左有桥,其后为寺,佛灯渔鼓,时足助清致"。在此吟唱,自然飘然方外矣。

　　全祖望说,到如今,已经二百年矣,"高冈无恙,流水潺潺",而门祚兴衰,想来"不禁为之怃然"。


　　出城西南二里,有崇法寺焉,据高冈为胜,其旁为先检讨府君之阡[1]。是冈也,盖甬上西南二道山水之会,凡城南山水之自仗锡来者[2],千岩万壑,至它山而合,由南塘河以入城。其西之自大雷来者,千岩万壑,至桃源而合,由西塘河以入城。南道为大宗,西道为支子,其水胥会于城中之湖上[3],故有双清阁、会泉亭以志其地。余波之在城外者,南道则循长春门而右,西道则循望京门而左,胥会于城下之濠,适当湖上双清之地,只隔雉堞一重为限,而崇法寺冈实遥临之。盖山峙而水流,水之所之,山脉潜附以行。是冈为二道山脉所注以镇水者,是以平壤之中,突然坟起,近世堪舆家不解[4],忽以为四明府治之势,来自建岙之锡山,穿城渡江,直抵候涛山而止。此其说,始于黄孟清佥事,而前此无有也。不知建岙之山,实光、同诸峰之支陇,而遥与大雷一带相应,其水则原通小溪,而会桃源之流以入江,左萦右拂,若为二道之介绍者,非能独擅其尊也。是冈之所自,盖不止此。

　　夫惟二道山水之会,皆归是冈,故虽不甚峻,而气象盘延磅礴,为城外之伟观。其汉、唐以来之古迹,最初则董孝子之母墓在焉[5],游人过之必有诗,而懒堂、皋父二公最工。古庙巍然,墓下有潭,久旱不涸,相传以为孝子庐墓泣血之所。宋则丰清敏公之紫清观,实居寺西,沿河皆植莲花。其观连延三十余亩。荆公为鄞令[6],于寺最多题墨,戴帅初诗所云"惊风急雨舒王字"是也。其女卒即葬此。寺中别有荆公祠,未几魏王恺之妃亦葬焉。咸淳间,袁尚书似道于寺左营南园[7],曲廊修槛,台榭共十五区,而赵氏鄮山书院亦在焉。寺中旧有法智尊者之塔,赵清献公穿碑护之[8],故游人又呼曰"祖关"。入元而清容学士修复南园,其芳思亭、罗木堂,皆有诗。入明,而丰布政文庆重新紫清观,有《故园十咏》。于是,是冈游屐不减宋时。荐绅先生之葬者,黄公孟清而后,不下数十家,而堇山李侍郎营生圹时[9],筑堂曰景贤,以慕丰、袁之遗。

　　先检讨阡,适在景贤堂之右,丛桂数十,风景明瑟,丙舍虽小[10],皆先学士之所经营。其前临渊,有沙汇水中成渚,其左有桥,其后为寺,佛灯渔鼓,时足助清致。当时如张尚书东沙、周都御史莓厓[11]、范侍郎东明[12]、丰考功人翁[13],唱酬翰墨最多。而学士有女已许屠辰州田叔,未嫁而卒,附葬阡旁,开圹得石志,则荆公女之铭也。殇女之兆域[14],先后如相待,时皆诧为异事。二百年以来,日以颓矣。高冈无恙,流水潺潺,紫清芳思之贤子孙何可多得[15],故家门祚之感[16],不禁为之怃然[17]。

**【注释】**

[1]检讨:官名。掌修国史。唐宋均设,位次编修。明清属翰林院,常以三甲进士出身之庶吉士留馆者担任。

[2]仗锡:按:当为"杖锡"。

[3]胥:全,都。

[4]堪舆:本指天地。后多指风水,谓住宅基地或墓地的形势。亦指相宅相墓之法。堪,高处。舆,下处。堪舆家,常指看风水为职业者,俗称"风水先生"。

[5]董孝子:名黯,字叔达,东汉人。奉母至孝。董母嗜溪水,黯筑室溪旁,以便汲饮,现慈溪由此而来。东汉延光三年(124)敕封"孝子"并立祠以祀。

[6]荆公:即王安石。曾知鄞县。

[7]袁似道(1191—1257):字子渊,鄞县(今浙江宁波鄞州区)人。以父荫补承务郎,监无为县襄安镇。绍定四年(1231),为江南路安抚司干办。端平二年(1235),充沿海制置司机宜文字。淳祐七年(1247),通判嘉兴府。十一年,知严州。按:咸淳(1265—1274),其时似道已逝。全氏所述有误。

[8]赵清献:即赵抃(1008—1084),字阅道,北宋衢州(今属浙江)人,世称"铁面御史"。穹碑:圆顶高大的石碑。

[9]"李侍郎"下:严注:堂。按:李侍郎,名堂。

[10]丙舍:后汉宫中正室两边的房屋,以甲乙丙为次,其第三等舍称丙舍。后又指在墓地的房屋。

[11]"莓厓"下:严注:相。按:周都御史,名相。

[12]"东明"下:严注:钦。按:范侍郎,名钦。

[13]"人翁"下:严注:坊。按:丰考功,名坊。

[14]兆域:墓地四周的疆界。亦以称墓地。

[15]紫清:指翰林院。以翰林乃清贵之职。"检讨""学士"皆为翰林院职位。

[16]门祚:家世。

[17]怃然:怅然失意貌。

# 小有天园记

## 清·全祖望

**【提要】**

本文选自《鲒埼亭集外编》卷二十(上海古籍出版社1995年影印本)。

小有天园,在西湖南屏山山腰上,登上山巅,可以览尽西湖风光,园子为清乾隆西湖二十四景之一。

小有天园原是北宋兴教寺所在地,兴教寺始建于北宋开宝五年(972),曾是佛教天台宗山家派的大本营。兴教寺与另一重要佛寺净慈寺,加上附近的中小寺庙,形成继灵隐、天竺之后湖上又一佛寺群落,晨钟暮鼓,梵贝佛号,"南屏晚钟"悠然远播,回音迭起。

元末寺圮,明洪武间重建,后改为壑庵,清初为汪之萼别墅。清《湖山便览》卷七:"旧名壑庵,郡人汪之萼别业,石皆瘦削玲珑,似经洗剔而出,可证晁无咎洗土开南屏语。契嵩所称幽居洞等迹,皆萃于此。盖此实南屏正面也。有泉自石罅出,汇为深池,游人称赛西湖。"乾隆十六年(1751),皇帝弘历南巡杭州,赐名"小有天园",并作诗咏之。然而,乾隆对此美景始终念念不忘。二十二年,他再次南巡,又来到此地,更"为之流连,为之倚吟",曰:"不入最深处,安知小有天。船从圣湖泊,迳自秘林穿。万卉轩春节,千峰低齐烟。不发旋翠华,偷暇重留连。"乾隆回京后,第二年将此景复制到圆明园,仍名"小有天园"。

文中,全祖望指出了乾隆第二次来到此园的原因,"汪氏累世同居,家门敦睦",深得"以孝治天下"的乾隆青睐;他在文中更是希望汪氏勉力"移孝作忠","丕振孝子之家声"。

杭之佳丽以西湖,西湖之胜,莫如南屏,南屏之列峰环峙,而慧日为之尤。涉欢喜岩,至琴台,有司马公磨崖之隶书[1],怪石嘉植,不可以名状也。登其巅,重湖风景,了然在目。相传百年以前,诸老之园亭池榭,尽在其间,今不可复问,而日新又未艾者,曰:汪氏之"小有天园"。

是园也,本名壑庵,为汪孝子之萼庐墓所居[2]。其后遂为别业,适当慧日峰之下,其东即净慈寺也[3]。孝子身后,孙守湜益葺之,筑南山寺于峰上,于以封植嘉树,无忘角弓。荐绅先生游湖上者[4],未有不过是园,感叹旧德,留连光景,其题咏盛见于前人别集。

乾隆十有六年[5],天子南巡狩,孝子之后人湛等更复辟治,新其轩序[6],浚其池塘,增其卉木,以为大吏点缀湖山之助[7]。已而,天子幸净慈,遂至其园,问其主,杭守臣杜甲具奏汪氏累世同居,家门敦睦。天子欣然喜。翊日[8],再莅其园,进御馔焉;爰肇锡以嘉名曰"小有天园"。赐奎墨以旌门,兼制长句一首[9]。湛等感激天恩,恭建御碑,以奉御制,有光熊然,上烛云汉,而属予为之记。

恭维天子以孝治天下,亲奉圣母,时巡岳渎[10],以省民间之疾苦[11],而于山川名胜古迹,亦间一游豫[12],以写闲情。然自淮而东,士大夫家之台榭,只吴中梁溪秦氏之园,建置最古,又以今侍郎蕙田方在法从[13],故得邀翠华之小憩[14]。此外未有所闻。而汪氏独得之,其为宠光,何可胜道!语不云乎:"莫为之前,虽美不彰;莫为之后,虽盛弗传。"非孝子之积善,不足以佑启清门,得兹殊数[15]。而非诸孙之克世其家[16],亦何以历久长新,上荷天宠也!汪氏其勉之哉!移孝可以作忠,自今以往,所以丕振孝子之家声[17],以上报国恩者,当何如矣湛固[18]。汪氏之宗老也,于是役尤有劳,其定以予言为不谬也。

## 【注释】

[1]司马公:司马光。其《家人卦》隶书刻石位于南屏山麓。

[2]庐墓:古人于父母或师长死后,在墓旁搭屋居住以守孝,谓之。

[3]净慈寺:杭州西湖史上四大古刹之一,在南屏山慧日峰下。是五代时期吴越国钱弘俶为高僧永明禅师而建,原名永明禅院,南宋时改称净慈寺,屡建屡毁。

[4]荐绅:指官宦之人及曾为官的人。荐:通"搢"。搢,古人所佩的饰带。

[5]乾隆十有六年:1751年。

[6]轩序:指住宅。轩:栏杆。序:堂屋的东西墙。

[7]大吏:大官。

[8]翊日:同"翌日"。次日。

[9]奎墨:诏书,御书。长句:七言古诗。

[10]岳渎:五岳和四渎的并称。

[11]省:检查,体察。

[12]游豫:指帝王出巡。《孟子·梁惠王下》:"吾王不游,吾何以休? 吾王不豫,吾何以助? 一游一豫,为诸侯度。"春巡曰游,秋巡曰豫。

[13]法从:跟随皇帝车驾。

[14]翠华:指皇帝车驾,亦借指皇帝。

[15]佑启:佑助启发。清门:寒素之家。殊数:异乎寻常的际遇。

[16]克世:谓子孙代代(积善奉孝)。

[17]丕振:大力振兴。

[18]湛固:深固。

# 万寿山昆明湖记

## 清·乾 隆

## 【提要】

本文选自《古建文萃》(中国建筑工业出版社2006年版)。

万寿山,原名翁山,又名金山,在今北京城西北的颐和园。明清时期,万寿山距城内十余公里。山前有一泓湖水,名翁山泊,也称西湖。金朝曾在翁山建金山行宫。元代,此湖之水曾济漕运。明代,翁山南面曾建圆静寺,后来皇室又辟此地为"好山园"。清初,好山园被改为翁山行宫。乾隆十五(1750)年,弘历下令疏浚翁山泊,整治西北郊水系。后来,乾隆又以祝母寿的名义在圆静寺旧址建大报恩寺,并改翁山为万寿山、翁山泊为昆明湖,并在其周围开始了大规模的园林建设。

第二年,乾隆撰本记,刻石勒碑于大报恩寺左。碑文娓娓叙述了疏浚、扩展昆明湖的目的和经过。今天我们看到的石碑立在颐和园万寿山前山。用整块巨石雕造,高 9.87 米,正面"万寿山昆明湖"6 个大字,背面的《万寿山昆明湖记》,均为乾隆帝手笔。

十年后,园林建成,被命名为"清漪园"。咸丰十年(1860),清漪园被英法联军劫掠后焚毁;光绪二十四(1898)年,慈禧动用海军建设费用修复此园,改名颐和园。此次修复主要在万寿山南坡,大报恩寺也变成了排云殿建筑群。

岁己巳,考通惠河之源而勒碑于麦庄桥[1]。《元史》所载"引白浮、瓮山诸泉"云者,时皆湮没不可详。

夫河渠,国家之大事也。浮漕利涉灌田[2],使涨有受而旱无虞,其在导泄有方而潴蓄不匮乎[3]!是不宜听其淤阏泛滥而不治[4]。

因命就瓮山前,芟苇茭之丛杂[5],浚沙泥之隘塞[6],汇西湖之水[7],都为一区[8]。

经始之时[9],司事者咸以为新湖之廓与深两倍于旧[10],踟蹰虑水之不足。及湖成而水通,则汪洋潆沇[11],较旧倍盛,于是又虑夏秋汛涨或有疏虞[12]。

甚哉,集事之难!可与乐成者以因循为得计[13],而古人良法美意,利足及民而中止不究者[14],皆是也。今之为闸、为坝、为涵洞,非所以待汛涨乎?非所以济沟塍[15]乎?非所以启闭以时使东南顺轨以浮漕而利涉乎?昔之城河水不盈尺[16],今则三尺矣;昔之海甸无水田[17],今则水田日辟矣!

顾予不以此矜其能而滋以惧[18]。盖天下事必待一人积思劳虑,亲细务有弗辞,致众议有弗恤[19],而为之。以侥倖有成焉,则其所得必少而所失者亦多矣。此予所重慨[20]夫集事之难也。

湖既成,因赐名万寿山昆明湖,景仰放勋之迹[21],兼寓习武之意[22]。得泉瓮山而易之曰万寿云者,则以今年恭逢皇太后六旬大庆,建延寿寺于山之阳故尔[23]。

寺别有记,兹特记湖之成,并《元史》载泉源始末废兴所由云。

**【作者简介】**
乾隆,即爱新觉罗·弘历(1711—1799)。雍正帝登基后就将其秘密立为皇太子,立储诏书置于乾清宫正大光明匾额的后面,这也成为清朝以后各代的定制。雍正帝驾崩后弘历继位,是为乾隆帝。乾隆天生聪慧,文治武功都有较大成就,"平准噶尔为二,定回部为一,扫金川为二,靖台湾为一,降缅甸(清缅战争)、安南各一,即今二次受廓尔喀降,合为十",因此他晚年自称"十全老人"。除此以外,他还主持纂修《四库全书》;兴建、维护皇家园林,如皇宫的宁寿宫及其花园、天坛祈年殿(换成蓝色琉璃瓦)、清漪园(颐和园)、圆明园三园、静宜园(香山)、静明园(玉泉山)、避暑山庄暨外八庙和木兰围场等;先后五次普免全国一年的钱粮,三次免除江南漕粮(其中一次为 400 万石米),累计蠲免赋银 2 亿两白银,约相当于 5 年全国财赋的总收入。所谓乾隆盛世,不为虚言。

**【注释】**
[1]己巳:乾隆十四年,1749 年。考:考察,调查。通惠河:元郭守敬主持开凿、开发大都漕运的运河。后来,通惠河仅指北京至通州的一段河道,翁山泊至积水潭一段河道叫长河。麦庄

桥:长河上的一座桥,长河自翁山泊向南,在麦庄桥处转向东南,入城。乾隆撰有《麦庄桥记》。

[2] 浮漕利涉灌田:谓开挖河湖,既利于行船,又便灌溉农田。浮漕:运粮的河道。利涉:原谓渡河,又谓行船。

[3] 导泄:疏导排泄。潴蓄:用池塘湖泊蓄水。

[4] 淤阏:谓淤积阻塞,水流不通。阏:è,壅塞。

[5] 芟:音 shān,除草。苇茭:谓蒲苇之类的水生植物。丛杂:繁多而杂乱无序。

[6] 隘塞:阻塞,因狭窄造成的阻塞。

[7] 西湖:谓翁山泊。即今之昆明湖。因在京城之西,故称。

[8] 都为一区:谓汇而成为一个景区。

[9] 经始:开始谋划。

[10] 司事者:主持工作的人。廓:广阔,宽广。

[11] 漭沆:mǎng hàng,谓大水广阔,无边无际。

[12] 疏虞:疏漏,闪失。

[13] 因循:沿袭,按老规矩办事。

[14] 中止不究:谓停下来,不再继续下去。

[15] 沟塍:谓农田。沟:田间水道;塍:音 chéng,田埂。

[16] 城河:谓北京城内的河流,主要指护城河。

[17] 海甸:即今之北京海淀。

[18] 顾:只是,不过。滋:滋长,增加。

[19] 恤:忧虑,惊恐。

[20] 重慨:深深地叹息。

[21] 放勋:即尧。《书·尧典》"曰若稽古帝尧,曰放勋。"迹:功绩,事业,功业。

[22] "兼寓"句:谓乾隆还打算在这里训练部队。

[23] 延寿寺:位于万寿山前建筑的中心部位,是乾隆为其母亲60寿辰而建。1860年被英法联军焚毁。1888年慈禧重建时改为排云殿。关于延寿寺,乾隆另写有碑记。

# 依 绿 园 记

## 清·胡德琳

**【提要】**

本文由路秉杰先生选自聊城县旧县志。

胡德琳所营依绿园实为丽农之园。

园在明清时声名显赫的东昌府(今山东聊城)。在东昌府城西北隅的郡署边,有一块宋代便有的地方,胡德琳知东昌时重加葺治,取名依绿园。

与通常的园子一样,凿渠浚池、构屋治斋、筑亭架桥、栽花种草,自是一样也不能少。"凡为景十二,各系以诗。"但依绿园与其他园子不同的是,园子修好的第二年(1774)乾隆皇帝"翠华临幸,稚耋欢迎"。皇帝来游东昌,观园子、上光岳,题额赋诗,胡德琳又在园子里兴建"观和之堂"。

再后来,胡德琳又在依绿园的西南——蓼湾构园。这里本是"黄茅白苇"的世界,他"披其草莽,芟其荆棘",得到一块"南北二十步,东西三之一"的空地。他没有按常规莳花种草,而是找来农人,一番犁耙之后,种上了麦子,取名"麦浪坡"。

胡德琳不无自得地说:"昔人因劝农而有美农之台;今园之亭馆以丽农为主,丽与美其义同于余所以增葺是园之意。"


东昌郡署直治城西北隅[1],两面皆女墙。前志云:宋时有自公亭,元至元间,改为"绿云亭",绎"自公"之义,斯亭宜在官署。而明代《修城记》又称为"绿云楼",为城上二十七楼之一。其改作之始末,盖不可考矣!

署西故有通判署,通判既裁,署遂废,为民居。乾隆三十二年[2],今山西臬使黄公守郡,始议以俸钱复其半,垒土为山,略置亭馆,南北多积水,因之为池,名曰"得水园"。今年秋,余重加葺治,取杜子美[3]《游何将军园林》诗句,改题为"依绿园"。

园在宅西数十步,前抱经历司署[4],旧制缘司署,后垣凿渠以达于池。形家以直射宅之西位非宜[5],乃浚池取土以平之,筑室曰"砥斋",凡游于园者自此始。斋西四十余步,面园者曰"晚晴书屋"。前有渠,通池之南北。又开支渠,两水夹出而成洲。筑亭其上,曰"小玲珑洲"。左右为双桥,跨东西渠之上。又西为丽农山房,有三峰,矗其右;稍迤而南,平列如屏者,曰"南章山房"。后筑台突出水中,曰"枕流漱石",凡此又自为一洲。由三峰而北,渡桥缘池行,稍西,林木特茂,曰"绿云深处"。又北行,面南而高耸者,曰"北楼",与枕流漱石台相望,园之北境止矣!

由晚晴书屋沿渠而南,当水曲处,有亭翼然,隔水与南章相隐映者,曰:可亭。由可亭循墙而西,有桥北通三峰、南章之间。南则长廊,曰:邀月;步水西有亭,曰:蓼庵。通以妁略亭[6],三面环水,垂杨四五株,园之南境也。凡为景十二,各系以诗,其命名之义,则详于诗之小序云。

先是,余承乏此土[7],郡中仍岁被水,朝廷发帑金赈济[8],民以不饥。明年,翠华临幸[9],稚耋欢迎[10],上为顾而色喜。于是始建观和之堂,盖取赐诗之义,以志光荣。顾奔驰鹿鹿[11],足不窥园者凡且三年。去冬,得雪盈尺,郡父老以为十年来所未有。余踏雪一至园中,因而有作,诸君子相与和之。吴子竹堂为制得水园喜雪图,即此也。今年岁丰民乐,因时之隙,始为增葺此园,以为守土者公余憩息之所。

继自今游于兹者,无忘节俭正直之义,庶前人之美益彰,而后人修复之功俱不虚矣! 遂详叙其本末而为之记。

## 【作者简介】

胡德琳,生卒年月不详,字碧腴,一字书巢,广西临桂人。乾隆十七年(1752)进士。入仕途任什邡县、历城县知县,简州知州、济南知府等。乾隆三十五年(1770)、四十二年(1777),两任东昌知府。东昌期间,胡德琳劝民农桑、整顿吏治的同时,十分重视文教和方志等建设,启文书院、《东昌府志》都凝聚了他的心血。正因为如此,他成为东昌七贤祠中唯一一位外乡人,享受当地百姓的祭奠。

**【注释】**

[1]直:通"值"。当,在。治城:亦作"城治"。地方官署所在地。

[2]乾隆三十二年:1767年。

[3]杜子美:即杜甫。作有《陪郑广文游何将军园林》,诗中有"名园依绿水,野竹上青霄"句。

[4]经历司:明代在卫所中设立的文职机构,掌管发收公文等,职能广泛。

[5]形家:旧时以相度地形吉凶,为人选择宅基、墓地为业的人。也称堪舆家。酉位:正西方。

[6]妁:音shuò。

[7]承乏:暂任某职的谦称。

[8]帑金:钱币。多指国库所藏。

[9]翠华:御车和帝王的代称。乾隆三十九年(1774),乾隆东巡,临幸东昌。

[10]稚耋:儿童老人。

[11]鹿鹿:犹"碌碌"。忙碌。

## 依绿园后记

### 清·胡德琳

依绿园之西南,蓼湾也。向皆黄茅白苇。

予既葺蓼湾之亭,于是,披其草莽,芟其荆棘[1],得隙地于亭之右畔,南北二十步[2],东西三之一,时犹可耩麦[3]。遂令农人架犁以坡以耨[4],布之来牟[5],目曰"麦浪坡"。

夫郡城之水,以园为委输[6]。自园之艮方入汇于北楼之前[7],至"枕流漱石"之下歧分抱"丽农"之左右,会于西南,至蓼湾而汇为池。虽旱不竭,故麦垄之土甚滋。

然大雨时,行水之来颇猛,故于北楼之南、枕流漱石之北,为横堤约之,作涵洞以为节蓄。堤上压以重檐之亭,曰:小方壶。于丽农之左为水步,曰:小沧浪。自柳阴下以登舟,可放而至于蓼湾也。工成时候方小雪,而瑞霰频集[8]。余在山左十余年,未有如是之应候者也,天将以是滋我麦乎?

夫"农为邦本",元公无逸之戒,《七月》之诗,为稼穑艰难而作也。况守土之责,以重农力本为首务。又传而有之,政如农功,日夜思无有越畔[9],其旨非可以一端竟也。后之人同我志者,自必无废斯义矣!昔人因劝农而有美农之台[10],今园之亭馆以丽农为主,丽与美其义同于余所以增葺是园之意,似非泛而无当者乎?故为后记,以贻后之君子。

**【注释】**

[1]芟:割草,除去。

[2]步:古代长度单位之一。各代标准不一,唐代一步为1.514米。李世民把自己的双脚各迈一步的长度定为"步"。

[3]稆:音jiǎng,播种。

[4]垡:音fá,古同"垈"。耕地,把土翻起来。耨:音nòu,锄草。

[5]来牟:古时大小麦的统称。

[6]委输:转运。

[7]艮方:东北方。

[8]瑞霰:瑞雪。

[9]越畔:超越悖离。畔:通"叛"。

[10]美农台:《蜀中名胜记》:在(巴)州南二里有美农台。相传,东晋梁州刺史桓宣于此劝农所筑。

# 开辟宏村基址记

## 清·佚 名

**【提要】**

本文出自《宏村汪氏宗谱》,照相录于宏村。

宏村,古称弘村,位于黄山西南麓,距黟县县城11公里,是古黟境内一座奇特的牛形古村落。整个村落占地30公顷,枕雷岗面南湖,山明水秀,享有"中国画里的乡村"之美称。

南宋绍兴年间,古宏村汪氏祖先为防火灌田,围绕着水布置全村局面。相传明永乐年间,宏村76世祖三次聘请风水先生"何可达"查审村落形势。何认为宏村的地理风水形势为一卧牛,必须按照"牛型村落"进行规划和开发。

具体而言,首先利用村中一天然泉水,扩掘成半月形的月塘,作为"牛胃";然后,在村西吉阳河上横筑一座石坝,用石块砌成有0.6米宽、400余米长的水圳,引西流之水入村,南转东出,绕幢幢楼舍,并贯穿"牛胃",为"牛肠"。牛肠沿途建踏石,供浣衣、灌园之用。"牛肠"两旁民居内,花木果树、漏窗矮墙、水榭长廊、盆景假山,因水而设,四季风景不停歇。村西虞山溪上架四座木桥,为"牛脚"。终而形成"山为牛头,树为角,屋为牛身,桥为脚"的牛形村落。

宏村前有个月塘。据说开挖月塘时,很多人主张挖成一个圆月型,而 76 世祖妻子重娘坚决不许。她认为"花开则落,月盈则亏",只能挖成半月形。最终,月塘成为半月形。后来,风水先生认为,牛有两个胃才能"反刍",因此,月塘作为"内阳水",还需与一"外阳水"相合,村庄才能平安、发达。万历年间,宏村人又将村南百亩良田开掘成南湖,作为另一个"牛胃"。

至此,历时 130 余年的宏村"牛形村落"设计、建造告成。"牛形村落"最值得称道的就是水系设计,不但解决了消防用水,调节了气温,颇便居民生产、生活,还营造了"浣汲未妨溪路连,家家门前有清泉"的良好环境。相关专家评价宏村是"人文景观、自然景观相得益彰,是世界上少有的古代有详细规划之村落";中外建筑专家更是称其为"中国传统的一颗明珠""研究中国古代水利史的活教材"。

宏村古民居,以正街为中心,层楼叠翠,曲院留景,街巷婉蜒曲折,路面用一色青石板铺成。两旁民居大多二进单元,前有庭院,辟有鱼池、花园,池边多设有栏杆。马头墙层层跌落,额枋、雀替、斗拱上的木雕姿态各异,形象生动。

村里建筑主要是住宅和私家园林,也有书院和祠堂等公共设施,建筑组群比较完整。各类建筑都注重雕饰,木雕、砖雕和石雕的细腻精美,均有极高的艺术价值。

据统计,宏村现完好保存明清民居 140 余幢,承志堂"三雕"精湛,富丽堂皇,被誉为"民间故宫";南湖风光、南湖书院、月沼春晓、牛肠水圳、双溪映碧、亭前大树、雷岗夕照、树人堂、乐叙堂等现都是游人必去的景点。

2000 年 11 月 30 日,宏村被联合国教科文组织列入《世界文化遗产名录》。


南宋绍兴间[1],雷岗一带山场属戴氏产,幽谷茂林,蹊径茅塞,无所谓宏村。缘江东盗张琪寇歙[2],土贼剽奇墅[3],同居三百余家一焚而烬,各纷纷谋迁徙,我公独禀仁雅公遗命,购求宅基几亩于雷岗之阳,卜筑数椽,旋坚楼屋。原计十有三间,楼其旧址地也。取扩而太乙象[4],故美其曰宏村。枕高岗,面流水,一望无际,惜古邑一溪自南冲北,界划谢村亭(即今之睢阳亭遗址)于西水石道碢(即今之前街趾),横街东偏(即今之街口头)入东山溪,合石拦塔水,曲折出奇墅。

公精堪舆[5],向谓两溪不汇西绕南为缺陷,屡欲挽以人力,而苦于无所施。曰:沧海桑田,后选剧变,继自今吾子孙其惟望天工呵获乎!逮德祐丙子五月望日[6],雷电风雨,暴兴迷离,若飞沙走石、腾蛟翔龙状,汪洋一片,平沙无垠。明日顿改故道,河渠填塞,溪自西而汇合,水环南潴卫,恨如我公意所素期。

是而元而明,渐成村墟。今则烟火千家,栋宇鳞次,森然一大都会矣。其间南湖、月沼、雷岗、西溪胜景凡八,堪供行吟,致足乐也。

回思我公披荆棘、辟艾草时[7],夫谋诸妇考,率厥子,戮力同心,拓此基址,其勤勤恳恳于后嗣者,诚有以感通神明。然则荷天地之眷顾,邀山川之效灵也。夫岂偶然,夫岂偶然?!

**【注释】**

[1] 绍兴:南宋高宗赵构年号,1131—1162 年。

[2] 张琪:张琪攻陷徽州为绍兴元年。是年十一月,江东按抚使权邦彦派兵征讨,张琪

败走。

[ 3 ] 奇墅:即奇墅湖。在今宏村。

[ 4 ] 太乙:又称太乙数。有多种理解和应用。此谓方位。

[ 5 ] 堪舆:风水。

[ 6 ] 德祐:南宋恭帝赵㬎(xiǎn)年号,1275—1276 年。丙子:1276 年。

[ 7 ] 艾草:植物名。药科艾属。此泛指杂草。

## 重修河州大厦桥碑

### 清·牛运震

**【提要】**

本文选自《空山堂文集》卷九(清嘉庆八年刻本)。

河州(临夏回族自治州)位于今甘肃南部,自古以来就是重要的军事要塞和商市,是中原与西域政治、经济、文化的纽带。河州是丝绸之路上"茶马互市"的集散地之一,被称为"旱码头"。

河州被大厦河环绕,"既径其南,复绕其东",河水"夏则惊浪骇波,彩沙荡石;冬则水浅岸高,列冰峨峨若剑牙然",自然就"深不可以鼓枻,浅不可以褰裳"。修桥是必然的,桥明弘治辛酉(1501)、嘉靖壬辰(1532)、康熙四十四年(1705)三次整修。

乾隆九年(1744),"秋雨淋潦,客水涨作,汹涌澎湃,沙崩石走,挟两桥而飞行",桥又坏了。山东滋阳人张氏用了差不多一个月的时间,修好了两座桥,"其索绳栖铁、砌栏树坊之局势结构,悉如其旧"。

"兹桥为番汉孔道,朝廷布德宣威之所由出",当然要修。

九州之川,《禹贡》《水经》所载,夏后氏之所施功疏凿者[1],河为大。河水潜昆仑,注蒲昌[2],经行大荒之中殆二三千里,及其入中国,见神怪,颎洞腾涌[3],拍天驾地而来者[4],积石始显。由积石而南,大夏河出焉,经塞外,络三关,其流浑浑汤汤[5],与河急雄,折行二三百里,而东入泄湖峡以会于河。当其未与河会也,其迅流回澜,适当河州州城之冲[6],既径其南,复绕其东。夏则惊浪骇波,彩沙荡石[7];冬则水浅岸高,列冰峨峨若剑牙然,深不可以鼓枻[8],浅不可以褰裳。而河之为州,南邻洮阳[9],东连兰会,实为扼番通夷之要区。国家承平日久,仁威旁畅,边夷乡风,百货辐凑,凡驿使商贾,轺轩轮蹄之往来[10],靡不取道而问津于此。非有长桥巨杠,曷由梯洪浪、路穷荒以驰而达诸中外臣隶冠带魋结之壤者哉[11]?

是水也,旧有二桥,一当城之南,一在城之东,均名大夏桥。东则又名拆桥云。

按《州志》,大夏二桥创建于故明弘治辛酉指挥康宏[12],再修于嘉靖壬辰守备杜茂[13]。国朝康熙四十四年[14],知州王全臣拓而新之[15],益坚以完。惟一邑之兴作,所以利济民人者,固吏有司力哉。

乾隆九年[16],秋雨淋潦[17],客水涨作[18],汹涌澎湃,沙崩石走,挟两桥而飞行,梁断桥偾[19]。国之旅人行子畏洋病涉,莫不临河栗栗[20],骇心震魄,束手蹑足而不敢动。当是时,吾乡张君来牧是邦,察人患苦,而桥不可辍状。议倡修之,乃以其事谋诸僚式[21],请于大府,佥允惟同。遂辇石斧材,耸柱叠梁,鸠工于十月之朔,告竣于十月之杪[22]。凡一切修袤周广崇邃之仞步[23],及其索绳栖铁、砌栏树坊之局势结构,悉如其旧。于是驿使商贾,辀轩轮蹄之往来,至者如市,履者如阓[24]。邦人咸喜,耆童歌咏。

于戏!治国以大体,不以小惠。苟利于民,夫亦何废不兴?矧兹关梁之设[25],著于夏令,载在《周官》,此尤便民通商之彰彰大者。如张君斯役,出其一旦之力,以绍数百年守土君子旧成之劳,而通一州诸番兵民商旅数千万人经行之道,俾于于焉愿出其涂,于以悦近来远,怀夏柔夷,上佐宪司宣天子威德[26],下率僚属以康济兆人[27],可不谓知大体,而务利民者哉?然是桥也因河而有,而兹河之水悍急如驶,触之善崩啮,况木石之质,逾久未有不顿者。自兹桥之建,逮今已三修,更之非一手,察其屡坏于水,可危虑。夫物之成毁在天,而举堕由人,岂独一桥然?芒芒禹绩,著在河源,今之安流地中者,宁皆故道?昔人谓踵修增理之功,不在创始者下,不虚耳。然则嗣是之莅兹土者,将登斯桥,临是水,忾然观长河之迅险,而深思兹桥成功之不易,又有以见。

夫兹桥之为番汉孔道,朝廷布德宣威之所由出,其势不可中撤,而前后守土诸君子所以经营补葺,汲汲如恐不及者[28],不谓无所征。然则整饬前绩,垂诒永久,虽谓大夏二桥与积石石门并峙,更千百年勿坏可也。昔刘定公勉晋赵孟[29],以远绩禹功,而大庇民。予于此邦之司桥踵事者,盖不胜其高望远瞩,其亦州牧张公倡议兴工之志也夫。

**【作者简介】**

牛运震(1706—1758),字阶平,号真谷,山东滋阳(今兖州市)人。雍正十一年(1733)进士,乾隆三年(1738)选授秦安知县。期间,勤政为民,兴革除弊,大有政声。时值固原兵变,大掠,运震为画策平定。上官咸异其才,但为忌者构陷,免归。性好金石,精经术,工文章。有《空山堂文集》《史论》等。

**【注释】**

[ 1 ] 夏后氏:指禹建立的夏王朝。

[ 2 ] 蒲昌:古县名。唐贞观十四年(640)平高昌,以其东镇城置。以临蒲昌海得名。即今新疆鄯善。

[ 3 ] 颒洞:绵延弥漫。

[ 4 ] 拍天驾地:谓拍打苍天,鞭驾大地。

[ 5 ] 汤汤:音 shāng shāng ,水势浩大、水流很急的样子。

[6] 河州:今甘肃南部临夏回族自治州,州治今临夏市。

[7] 髟沙荡石:即漂沙荡石。谓水之大,水势之猛。

[8] 枻:音 yì,船桨。

[9] 洮阳:镇名,在甘肃临洮县。位于洮河下游河谷地带。

[10] 辎轩:古代使臣乘坐的一种轻车。轮蹄:车轮与马蹄。代指车马。

[11] 臣隶:犹臣仆。魋结:结成椎形的髻。借指少数民族之人。魋:音 tuí。

[12] 弘治辛酉:1501 年。

[13] 嘉靖壬辰:1532 年。

[14] 康熙四十四年:1705 年。

[15] 王全臣:湖北钟祥人。康熙四十四年,为河州知州。四十七年,出任宁夏水利同知。

[16] 乾隆九年:1744 年。

[17] 淋潦:谓大雨滂沱。

[18] 客水:不按汛期暴涨的河水。

[19] 偾:音 fèn,仰偃,垮塌。

[20] 栗栗:畏惧貌。栗:通"慄"。

[21] 僚弍:谓佐官,下属。

[22] 杪:音 miǎo,月末。

[23] 仞步:尺寸。

[24] 阈:门。此谓如跨过门坎(般方便)。

[25] 矧:音 shěn,况且。

[26] 宪司:犹上司。

[27] 兆人:同"万民"。

[28] 汲汲:急切貌。

[29] 刘定公:春秋时刘国国君,姬姓,名夏。鲁昭公元年(前 541)夏四月,周景王派其至颍慰劳赵孟(鞅)。

# 乙卯春游记

## 清·牛运震

**【提要】**

本文选自《空山堂文集》卷五(清嘉庆八年刻本)。

牛运震雍正十一年癸丑(1733)年进士,雍正十三年春天,年届三十、英气焕发的他写了这篇春意盎然的游记,记录的是今山东西南部春末的雍熙祥和景象。

文中说,"将及依仁村,便见桃花隐映篱落,复有绿竹间之,沿河高柳以十数,映日生翠如染","出村十余步,遥见红色一带,隐隐如墙状,盖桃林也""东望峰山,青倚天色,远近红花带之"。作者一行人沿着泗水河,穿行麦田、桃花丛中,"且驰且骘",或者欣赏无限春光,或者"乞茶于野人",或者"围坐复饮",所处皆"桃色,红动半天,匝接无空旷,都无杂树,老嫩交色如一,人家都藏树里"。

二十二日的河堤游,见到的同样"沿堤皆桃林,有半落者,疏红如经雨,浓淡映合";后二日,夜来微雨,地净无尘,又出游,在古柳幽深、穷溪得泉处,"对坐泉上,开书取汉古诗,且讽且说移时"。

一幅美妙的乡野春光图,一轴新科进士的记游卷。

三月十八日,城武田跻圣来送《李太白图》一册,携法帖十余种求售[1],汤皋问买数种去。徐尚友来,同徐出南门,沿城壕看桃花。花盛开殷艳,映绿柳、青草如画。时日下无风,花特幽真,树下二园子、一菜佣对饮,见因共起,云:"猥不敢让。"乃稍稍礼之,微前,攫其杯,取酒且饮。因大愕,盖喜甚。强再进筑[2],予饮甚急,不可却,且拉从仆同饮。已,乃谢之,遂去。微见花间有人徘徊隐映,徐大言曰:必我人也。遽遣仆侦呼[3],果皋问也,因相持大笑[4],俱东。东及城隅,则日尽云骤,满坐且卧。西望桃花,倍光明,为之曼声而歌。因涉河,南至桃坞,各折一枝,负而归。时已深黑,北望城壕,桃花微茫作白色[5],乃斜穿树林中归。因订次日东乡之约。

十九日,遣田跻圣去。饭后,同徐尚友往汤园,邀皋问,骑行出东门。尾一童,携诗一帙,酒一壶。过金口坝,涉沂河而东。是日无风。日正明。将及依仁村,便见桃花隐映篱落,复有绿竹间之,沿河高柳以十数,映日生翠如染,前无期期[6],遇花而住。出村十余步,遥见红色一带,隐隐如墙状,盖桃林也。因大喜,驰从之。已而近,则在河北岸,岸峻不可过,隔水徘望久之。顾得沟,遂沟而过。徐不胜驴怒,几堕水。既过,憩绿杨林北。看桃花,鳞次高冈上,故远见映地皆红,水中影亦艳艳动,花片浮水面如织。东望峄山,青倚天色,远近红花带之。读陶诗及《桃花源记》,孤杯接传而饮。过数杯起,穿桃林而行。临河湾者,为魏家园子,隔篱望之,众花争含吐。下河洲稍坐,垂柳三五株,摇曳如有风。岸上梨花复之,对岸沙上红树,氤氲如画家烘染状[7],亦不辨是何树也。时日稍温,□坐阴处甚适。久之,上岸,向耘者问桃花深处,指东北,告以史家庄。乃亟上骑,乱行麦田中,且驰且骘,行过大柳材,乞茶于野人。已而,桃花历乱迭出,不见其后。皆上骑,攀枝拂花。且行一里许,得大柳,树阴可数间屋,乃围坐复饮,取谢康乐、储太祝诗讽唱[8],且评之。四围皆桃花,回看所过,已数重高原,斜隐参差,缩露曲折,向背皆有势。时夕日稍淡,光彩有奇艳,卧看青麦如绿波,仰上映之。东望桃色,红动半天,匝接无空旷,都无杂树,老嫩交色如一,人家都藏树里。时有茅舍微出,花丛酒帘飐其端,吟声甚高,傍有棉者樵童,亦不甚异。寻树影转,诗亦尽,徐徐起。东行,斜穿桃林,树稍稀,微得路,徐欲南行。隔路桃花复起,波澜苍媚[9],高柳古柏,如盖如舞,深幽特绝,因强徐回。徐曰:"不可竟也。"约曰:"以河为期。"乃听。至为颜村,觉渴,微闻桔橰声[10],问水于园者,乃却行。马上折花一枝,插诸帽,马首亦戴焉。乃出桃花林,南行至安基,沿路花不断。至则憩大王庙,庙临零河上。远见峰山,夕岚动清,鲜如触目,微讽王右丞古律,期尽壶酒。会日下,僮告当归。乃驰行且歌。及金口坝,回望都无所见,乃并辔而入。是日,诸弟亦觞桃花于城北蒋翊泉上。

二十二日,先一日及大兄有约。是日,同五弟骑出南门,过刘冈,东望堤边桃花,错然稀朗。到南村留马,呼二兄取网,东向河行,过大榆村,遂上堤。沿堤皆桃林,有半落者,疏红如经雨,浓淡映合,隔岸稍有三、五短树,点点篱落间。南行及桃花屯,水鸭百余,喋喋沙水际[11],闻人声,皆拍拍惊起。二兄塞网下河,予及五弟出堤而西,盘旋桃花而行,树木杂密,红桃隐隐间之,人家散居,碓臼桃花下。遇老奈树,如短瓮,度可七八十年,垂条着地,如半间屋,开花正繁盛,蹲卧其下,则树底远花悉见,一抹如红堤。少旋风动,白花片片雨坠。遂行,为五弟说向年来此,风景今殊不同,徒倚茂林久之。过村而南,得桃树可二十行,间有梨花及苹婆[12],诸花色曜目。登破窑俯望之,乃复东上堤,憩前所过柳树下,及二兄会于邵家潭。大兄亦趋来,盖前以事偶出也。携所得鱼归,烹食之。既乃与五弟沿河堤而归,断续见桃林。时日沉西,东映其殷艳,马上数回首。过马桥,见大桃树三四十株,下堤系马,垂杨绕树,攀望摩婆,至日尽。

二十四日,夜来微雨。晨起,地净无尘,气特清悦。遣童约徐尚友无他出。食后,临法帖讫。携一童,将书数卷,出西门,过驿后泉而西,徐在门俟。云:已遣人买蟹,尚须酒。略坐,呼其两儿,出持渔具,向东溪取虾,则俱行。转城隅,径路幽异,茂柳夹岸络列,树瘿大如瓮,且行且说诗及古今成败事,不觉过人家。已乃树行北转,随湾参差,横截道路,盖曲溪也。溪水活活北来,清波委折,穿透柳根,时有微风动之,细纹漾起。古柳幽深,溪势拗峭[13],若不可穷。穷溪得泉,读其碑,曰蒋翊,盖诸弟前游处。因对坐泉上,开书取汉古诗,且讽且说移时。起立堤上,东望桃林,殷密无杂树,树存余花二三,然映日殷红特鲜。稍前至树下,婆娑久之。又东北一井栏,复蹲坐回望,半红桃树与高柳相接,城雉隐露。大黑云如席,从城上来。树底窥东北徂徕诸山,一抹幽黑,如大雨状。时读王龙标诗[14],耳目清适,旷然忘形世。已而起,还至蒋翊泉上。倚柳看列仙、高士二传。会日下,稍觉腹中饥。徐邀至家,呼家人具食饮,尽蟹及所取虾,乃去。抵家已张灯矣。

**【注释】**

[1]法帖:名家书法的范本。

[2]进筑:指再劝饮。

[3]侦呼:谓察看呼喊。

[4]相持:相互扶持,抱持。

[5]微茫:迷漫而模糊。

[6]期期:谓真挚恳切等候之人。

[7]氤氲:气或光混合动荡貌。烘染:烘托点染。

[8]谢康乐:即谢灵运(385—433),南朝宋诗人。他为谢玄之孙,晋时袭封康乐公。储太祝:即储光羲(707—约760)。二人俱以山水田园诗著名。

[9]苍媚:谓灰白可爱。

[10] 桔槔:井上汲水工具。

[11] 唼喋:音 shà dié,形容鱼或水鸟吃食的声音,也指鱼或水鸟吃食。

[12] 苹婆:梧桐科常绿乔木,又称凤眼果,初夏开花,花萼粉红色,圆锥花序。

[13] 拗峭:谓不同于常调而峭动有力。

[14] 王龙标:指唐诗人王昌龄(698—756)。因曾被贬为龙标(今湖南黔阳县)尉,世人又称王龙标。

# 人境园腹稿记

## 清·高凤翰

**【提要】**

本文选自《南阜山人敩文存稿》卷三(上海古籍出版社 1983 年版)。

高凤翰所构人境园腹稿是一幅典型的文人园林图景。竹、幽径、兰桂药栏、垂柳枣槐、杂树山松、荷池焦坪、香榭白鹤、绿汀茅屋、海棠蜀葵……更加上,所筑之亭,要"但见檐脊树顶",藏出"深致";"注水暗下而西",北注以入荷渠,过荷渠、焦坪,园里精灵——一汪碧水一路往西"于池壁承流处,衔一石龙首从口中泻之。"在贴南偏尽处,作一两架茅屋,便称为"抱瓮山房""老圃秋容""雪窟阳春""种玉草堂",文人园所追求的野趣、散淡、雅致、自然在文中表达得淋漓尽致。

文章末尾,高凤翰复又论石,说宜巧宜拙、宜块宜片、直矗偃卧、欹斜婆娑,务要"出奇争新";四时之景,与其石的"方隅"呼应,亦须"先有全算"。即如所用的栏楯、窗格、几榻,也要"博取佳式,广求妙品",这样才会"勿生厌观","以成胜观"。

隋代以来,中国经济社会发展的步伐越来越快。科举取士,学而优则仕,普通人家的读书人也有优厚的俸禄、崇高地位的可能性,然而宦海浮沉,升迁贬谪无常,退而隐则园林,营园林而善其身,常常成为文人士子的一致选择,园林常常成为他们寄托理想、陶冶情操、表现隐逸的载体。其间的布局、构景,往往浸染着他们心中的诗情画意,因此文人园林常常又被人称为"无声的诗"和"立体的画"。

宋以后,文人园林的这种诗情画意日渐强烈。园林的写意倾向越来越鲜明,景题、匾额、对联在园林中普遍使用,园林借助它们更加含义隽永、超凡脱俗;文人画家直接参与园林的设计、构筑,具象园林的意境渐渐深远,园林的诗文境界、绘画旨趣日渐浓郁。这种新的意味,不但大大影响市井商人所营园林的风格面貌,也越来越大地影响着皇家园林、庙观园林的营构。

高凤翰,一位命运多舛却风骨铮铮的士大夫,给我们留下了数千篇诗文以及大量的书、画、印、砚等艺术精品,他的成就就连八怪中的高翔向他求印也要数年之久,他的左手书法一时供不应求,竟连郑板桥也参与了造他的假。

当代学人邓云乡等认为,曹雪芹描写"大观园"的蓝本就是《人境园腹稿记》,

仔细比勘,二园在园林设计、营造艺术上,神似、相似之处颇多。

**外**园,门南向偏西,即就群房开一寻常榇子[1],大门不必过作局面[2],使人便不可测。入门,即植丛竹,少东北折,横界以砖墙,上砌一小石,额曰:竹径。由此北行,东西两墙,尽以山石叠砌,作虎皮文,下壮上细,砖结墙顶,作鹰不落,密栽薜萝[3],曰:萝巷。

直北至园尽处。少南,开内园门,东向,不用门楼,即就墙开门,内筑发券方台[4],用重砖厚砌,穿透中间,以通园径。其内覆顶,用粗木密排作架,而以厚阔杉木板贴平使光,用饰观瞻。台之南面接山墙,用土堆起,靠园围墙,曲折高下,相势蜿蜒,外护山石,断续历落[5],缀以杂树,循墙南下,作山径,至山势当西折处,渐底平下,迤逦接作山脚,属于荷池而止,使游人自亭中荷舫来者,由此登台。此宾客游览,明出南路之一段也。其北,面山墙,外亦筑一石磴,陡上细窄,以作暗道,使家人辈伺候搬运供客一切诸件自内出者,由此登台。此暗藏北路之一段也。台上当南北二路入首处,各留一缺,短栏关之;而四围绕以矮花墙,皆可坐憩,中安一大方矮石桌,列石墩坐具于旁,外砌一石,额于门上,曰:结庐人境,或曰:人境园。

入门,即植一太湖石,相对作小亭,曰:拄笏亭,取米元章拄笏拜石之义也[6]。接亭南界,则遍列密柏如墙,曰:柏屏,与登台山径相对列。

南走可二三十步,相势即西折,其南即依东西两界之间,筑土山,东昂西陂,即台径山脚也。少点以石,而杂树山松、文栝、高梧、长楸、榆、柳、槐、枣之属,掩映覆罨[7],曰:绿云阜。北界柏墙,作路径;南则远去外垣数十步,隐于山后作小屋三四间,竹篱茅舍,鸡犬吠鸣,以居园丁。更相隔数步,鼎足作三井,不必甃砌。旁植垂柳。各安一吊罐、坠石之野辘轳,共筑一三和土大潭以贮水[8],而以地道总承之,要令亭上不见,但见檐脊树顶,愈藏愈有深致。

自此注水暗下而西,至荷池东头,其一暗绕南折,从藕香书屋后西行以达蕉坪,再由蕉坪北注以入荷渠;其一北折,以灌亭前药栏。其亭曰:四照亭,方式而阔,内列四额:东曰"夕佳",西向以赏秋;西曰"东皇驻影",东向以赏春;南曰"薰风",生微凉以赏朱夏;北则"四照亭"之总额也。亭前植红药,曰"药栏";亭后作一长轩,疏棂短槛四五,槛使其障日通风,以荫兰桂,曰"并香榭"。其药栏前监荷池,作一小船房,四面轩敞,但安短栏,不设窗牖,背亭向池,曰"荷舫"

出舫南行,接一板桥,红栏翼之,跨池穿荷,小作曲折,曰:分香桥。桥尽,即置一五间长房,曰:藕花书屋。而所引暗道井潭之水,放之西出者,则贮成浅陂,于中叠土为坪,种蕉数十百本,所谓蕉坪也。坪东岸作栅,养鹤三四头,就水饮啄,曰:鹤柴。再引此水明出,绕药栏亭厦而北,别用砖甃狭底阔面之水道以种荷。尽亭之北,绕出其后,复南行,绕亭而东折,至柏屏之西脚而止,所谓荷渠也。其山后三井之水,共蓄一潭者,注此有余,则储之以待别用灌溉,而园中之水,可常活活不绝矣。

就此折处,筑一牡丹巨台,与亭侧对,以作春赏。其四园多栽杨柳、桃、杏、垂丝、辛夷之属;而物色一大直挺宣石[9],雄峙台上,刻字曰:沁香,所谓东皇驻影也。

其东则以此时见有之井专供荷池之用。井设桔槔[10],覆以草棚,法将池井相连之处,凿下数尺,中留东壁以界井,而开西溜以通池。仍复用砖甃起,以作水柜,高砌短墙,立石井边,以受桔槔倒注之水,刻文其上,曰:挹注潭。挽水出井,即倾其内,旁注使西,而于池壁承溜处,衔一石龙首从口中泻之。此东南大概布置也。

由此过荷渠、蕉坪而西,则贴南偏尽处,作一两架茅屋,曰:抱瓮山房。接房北山筑长花墙,依荷渠西岸北走,及园之半,开一大月门[11],去西墙五六尺,辟一馆,前敞后窗,后植紫藤作架,而列梧、竹数十百本于前院,曰:来凤馆。其房后空地,则另依房以实墙界断;或柴篱竹栅皆可。中蓄山鹿数头,以助野趣,更为萧飒。其月门花墙,南北之界,只取掠尽来凤馆而止。

更以花墙断其北畔,而别以短者曲折北去,护以竹篱,曰:老圃秋容。于西筑茅屋三楹,为餐英居。其院中全以艺菊为主,而杂以霜柿、丹枫、芙蓉、秋色海棠、蜀葵,参错相间,以助冷艳,而秋景妙矣。

北尽东折,则南向作长廊,护以朱栏,曲折横斜,多种梅品,曰:香雪步。于廊中间,凿后壁作门,通以疏棂细槁,别为暖室者三楹,以便风雪中,时歊佳客[12];而额其上曰:雪窟阳春。至此,园景略尽。由窟转入,则后层矣。西植牡丹,颜曰:天香室;东植茂竹,曰:种玉草堂。而园之布置,西界亦无剩矣。

大略园中之物,各有所宜。如墙则外之东西巷,宜薜荔;南宜荼蘼。内西墙宜砖花砌;内北墙宜编竹。其桥则有宜石版、木版、略彴、蜂腰[13],或用槛,或不用槛。其石则或宜巧宜拙,宜块宜片,宜色宜素,又或直矗,或偃卧,或欹斜而婆娑,或整齐而端重,各以出奇争新,勿使雷同为要。而四时之景,与其方隅,亦须先有全算,始足以备观览;举此遗彼,缺略荒陋,未善也。至其中所用栏楯、窗槅、几榻器具,亦必变换,勿生厌观。是又所当博取佳式,广求妙品,以成胜观,是在园翁主人矣。

**【作者简介】**

高凤翰(1683—1749),字西园,号南村,晚号南阜,胶州(今属山东)人。早知名,尝奉王渔洋遗命,为私淑门人。与张贞、张在辛、蒲松龄友善。工书、画,草书圆劲。44 岁时,应"贤良方正科"试,列一等,入仕为歙县县丞,累官代绩溪令、代仪征县丞兼委管"泰州坝监掣"。后受卢见曾案牵连,风痹旧疾加速恶化,致使右手病废,时年 55 岁,故又号"丁巳残人""老痹"等。"一臂思扛鼎"的高凤翰以惊人的毅力改用左手进行艺术创作,为后人留下大量艺术精品。美术史上把他归入"扬州画派"或为"扬州八怪"之一。有《南阜山人诗集类稿》《南阜山人敩文存稿》《砚史》等。

**【注释】**

[1]棂子:窗子。

[2]局面:铺排,排场。

[3]薜萝:按:下有"俗名爬山虎者"。

[4]发券:在门券顶部衬砌砖拱,以增固。也称仰拱。

[5]历落:参差不齐貌。

[6]米元章:即米芾。他以太常博士知无为军(治今安徽无为无城镇),刚上任时,看见立在州府的景观石十分奇特,欣喜若狂,便命随从取来袍笏,穿好官服,执笏板,对石头行叩拜之礼,称石为"石丈"。

[7]覆罨:覆盖。罨:音 yǎn,网,覆盖。

[8]三和土:泥土、石灰、沙按一定比例掺拌而成的土,以垫潭底而固本。

[9]宣石:又称宣城石。主产于安徽宣城、宁国一带山区,其色洁白,愈旧愈白,俨如雪山也。古时此石多用于制作园林山景或山水盆景,少量作为清赏之物,现产出无几。

[10]桔槔:井上汲水工具。

[11]月门:即月洞门。

[12]欸:音 èi,叹词,表示招呼。

[13]略彴:小木桥。彴:音 zhuó,独木桥。蜂腰:蜂腰桥。

# 和 阗

## 清·褚延璋

【提要】

本诗选自《历代西域诗钞》(新疆人民出版社 2001 年版)。

和阗即古于阗地。魏晋以前于阗只包括和田河流域的和田、墨玉、洛甫三地,魏晋以后逐渐扩大。这一地区以产玉出丝著称于世,是我国西部边陲一块蕴金藏玉、宜农宜牧的宝地。

佛教东来,和阗为重镇。《汉书》载,佛教东来分两路,南道越葱岭。正如诗中所说,"大乘西来留法显"。不仅法显跋涉千山万水取真经,出使西域的张骞,设立毗沙都督府,汉唐以来,中国历代王朝都无一例外地在和阗地区加强治理。所以才有诗人"渔人秋采河边玉,战马春耕陇上田。今日六城歌舞地,唐家风雨汉家烟"的吟唱。

毗沙府号古于阗[1],葱岭千盘积翠连。
大乘西来留法显[2],重源东下问张骞[3]。
渔人秋采河边玉[4],战马春耕陇上田。
今日六城歌舞地[5],唐家风雨汉家烟。

**【作者简介】**

褚延璋,生卒年不详,官翰林院编修。

**【注释】**

[1]毗沙府:即毗沙都督府。时于阗王尉迟伏阇雄击吐蕃有功。上元二年(675),唐在于阗置毗沙都督府,以伏阇雄为都督。

[2]法显(334—420):东晋司州平阳郡武阳(今山西临汾)人。隆安三年(399),他从长安出发,经于阗到西域取经,并由海路回国。

[3]张骞(约前164—114):字子父,汉中城固(今陕西城固)人。数次出使西域,开拓汉朝通往西域的南北道路,并从西域引进葡萄、石榴、汗血马等。

[4]河边玉:和阗玉是著名的软玉品种。夹生在昆仑山海拔3 500—5 000米的山岩中,经长期风化分解为碎块,崩落山坡上,再经雨水冲刷流入玉河水中。待秋季河水干涸,百姓便在河床中捡拾。河水冲刷的玉块称为籽玉。和阗玉以羊脂白玉最为珍贵。

[5]六城:指额里齐、哈喇哈什、玉陇哈什、克勒底雅、塔克、齐尔拉。

## 随 园 记

### 清·袁 枚

**【提要】**

本文选自《园综》(同济大学出版社2004年版)。

随园,地点位于金陵小仓山(今南京市广州路西侧)。最初为曹雪芹先辈、江宁织造曹頫所建。雍正五年(1727),頫因"行为不端""骚扰驿站"和"亏空"等罪名被抄家,由内务府郎中隋赫德接替曹家产业,袁枚文中所述"康熙时,织造隋公"所造之园,以姓为名"隋园"。后来,隋赫德又因贪污被抄家。乾隆十三年(1748)袁枚购得此园,寓居于此,改名为随园。袁枚在《隋园诗话》中说:"雪芹撰《红楼梦》一部,备记风月繁华之盛,中有所谓大观园者,即余之随园也。"

袁枚购随园在江宁知县任上,随后开始了改造营理。改造的原则是随势造景,"随其高,为置江楼;随其下,为置溪亭;随其夹涧,为之桥;随其湍流,为之舟;随其地之隆中而欹侧也,为缀峰岫;随其蓊郁而旷也,为设宧奥"。故名为"随园"。袁枚倡"性灵"说,主张诗文写作要直抒胸臆,抒写性灵——真情实感是写诗的根本。而园子营造,同样随性、随山形水性而行。袁枚营造的随园中曾有苍山云舍、香雪海、书仓、双湖、澄碧泉、小栖霞等24景,园子成后,袁枚自号随园老人。从此不再出仕,优游其中近40年,从事诗文著述,广交四方文士。

时任两江总督尹继善是这里的常客;乾隆皇帝听到人们夸赞随园的布局和景色,曾派人来此画景送于宫中。随园在太平天国时期废为耕地,一代名园遂不复存在。

金陵自北门桥西行二里,得小仓山。山自清凉胚胎[1],分两岭而下,尽桥而止,蜿蜒狭长,中有清池水田,俗号干河沿。河未干时,清凉山为南唐避暑所,盛可想也。凡称金陵之胜者,南曰:雨花台,西南曰:莫愁湖,北曰:钟山,东曰:冶城[2],东北曰:孝陵[3],曰:鸡鸣寺[4]。登小仓山,诸景隆然上浮;凡江湖之大,云烟之变,非山之所有者,皆山之所有也。

康熙时,织造隋公[5],当山之北岭,构堂皇[6],缭垣牖[7],树之楸千章[8],桂千畦,都人游者,翕然盛一时[9]。号曰:隋园,因其姓也。

后三十年,余宰江宁,园倾且颓弛,其室为酒肆,舆台谨哦[10],禽鸟厌之,不肯妪伏[11];百卉芜谢,春风不能花。余侧然而悲!问其值,曰:三百金。购以月俸。茨墙剪阖[12],易檐改涂[13]:随其高,为置江楼;随其下,为置溪亭;随其夹涧,为之桥;随其湍流,为之舟;随其地之隆中而欹侧也,为缀峰岫[14];随其蓊郁而旷也,为设宧窔[15]。或扶而起之,或挤而止之,皆随其丰杀繁瘠[16],就势取景,而莫之夭阏者[17],故仍名曰:随园。同其音,易其义。

落成,叹曰:"使吾官于此,则月一至焉;使吾居于此,则日月至焉。二者不可得兼,舍官而取园者也。"遂乞病,率弟香亭、甥湄君[18],移书史,居随园。闻之苏子曰:"君子不必仕,不必不仕。"[19]然则余之仕与不仕,与居兹园之久与不久,亦随之而已。夫两物之能相易者,其一物之足以胜之也。余竟以一官易此园,园之奇可以见矣。

己巳三月记。

**【作者简介】**

袁枚(1716—1797),字子才,号简斋,晚年自号仓山居士、随园主人、随园老人。浙江钱塘(今浙江杭州)人。乾隆四年(1739)进士,授翰林院庶吉士。累官沭阳、江宁、上元等知县,政声好,得到两江总督尹继善的赏识。33岁父亡故,辞官养母,居随园近40年。从事诗文著述,编写诗话,奖掖后进,为当时诗坛所宗。有《小仓山房文集》《随园诗话》等传世,江苏古籍出版社将其结集为8卷本《袁枚全集》。

**【注释】**

[1]清凉:即清凉山,踞于南京城西,又名石头山、石首山。胚胎:谓发源。

[2]冶城:在今南京冶城山,属朝天宫景区一部。相传春秋时吴王夫差曾在此设城铸剑,此城又被称为"南京母城"。

[3]孝陵:明孝陵是朱元璋与皇后马秀英的合葬陵墓。因皇后谥"孝慈",故名。坐落在南京紫金山南麓,茅山西侧,是中国古代最大的帝王陵寝之一。

明孝陵始建于明洪武十四年(1381),翌年马皇后去世,葬入此陵。洪武三十一年(1398),朱元璋病逝,启用地宫与马皇后合葬。至明永乐十一年(1413)建成"大明孝陵神功圣德碑",整个孝陵建成,历时30余年。

明孝陵壮观宏伟,代表了明初建筑和石刻艺术的最高成就,直接影响了明清两代500多年帝王陵寝的形制。依历史进程分布于北京、湖北、辽宁、河北等地的明清帝王陵寝,都是按南京明孝陵的规制和模式营建的。历经600年的沧桑,明孝陵许多建筑物的木结构今天已不复存在,但陵寝的格局恢弘犹在,地下墓宫完好如初。方城、明楼、宝城、宝顶,包括下马坊、大金门、神功圣德碑、神道、石像路石刻……陵区内的主体建筑和石刻都是明代建筑遗存,保持了陵墓原有建筑的真实性和空间布局的完整性。尤值一提的是,明孝陵的"前朝后寝"和前后三进院落的陵寝制,反映的是礼制,但突出的是皇权和政治。明孝陵既继承了唐宋及之前帝陵"依山为陵"的陵寝制度,又通过改方坟为圜丘,开创了陵寝建筑"前方后圆"的基本格局,其建设规制规范明清 500 余年 20 多座帝陵的建筑格局,在中国帝陵发展史上有着特殊的地位。明孝陵堪称明清皇家第一陵。2003 年入选世界文化遗产名录。

[4]鸡鸣寺:鸡鸣寺位于鸡笼山东麓,是南京最古老的梵刹之一。始建于西晋。其名"鸡鸣"始于朱元璋。

[5]隋公:隋赫德。江宁织造曹𫖯黜罢后,他由内务府郎中接任,后亦被查抄。

[6]堂皇:谓堂皇大屋。

[7]垣牗:垣墙窗户。

[8]千章:千株。

[9]翕然:谓一致。

[10]舆台:指地位低下的人。古时人分十等,舆为第六等,台为第十等。譁呶:音 huān náo,喧闹,吵闹。

[11]妪伏:鸟孵卵。谓栖息繁衍。

[12]茨墙剪阖:谓补墙筑篱。《周礼》:茨墙则剪阖。

[13]易檐改涂:谓翻修房屋,粉刷墙壁。

[14]欹侧:倾斜。

[15]宧窔:音 yí yǎo,房屋的东北角和东南角。东北角设厨房;《仪礼》:比奠,举席埽室,聚诸窔。

[16]丰杀:多少。

[17]夭阏:阻止,遏止。语出《庄子·逍遥游》。文中谓不改变原有的山势起伏。

[18]香亭:袁枚弟,号香亭。湄君:袁枚外甥陆建,字湄君,袁枚二姐之子。

[19]"苏子曰"句:原文见本书宋辽金元卷《灵壁张氏园亭记》。原文"不必不仕"下,有"必仕则忘其身,必不仕则忘其君",表达的是仕则以出世的精神干入世的事业,隐则浸情青山绿水,独善其身。风起云行,全凭随意。

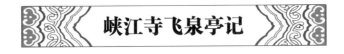

## 峡江寺飞泉亭记

## 清·袁 枚

**【提要】**

本文选自《历代游记选》(湖南人民出版社 1980 年版)。

袁枚开篇即说,"余年来观瀑屡矣",所见不可谓不多,但到了峡江寺却"意难决舍"。为何? 因为飞泉亭。

观瀑，最要紧的是什么？"其目悦，其体不适，势不能久留"，"游者皆暴日中，踞危崖"，"如倾盖交"，如此等等，都"虽欢易别"。

那飞泉亭呢？作者"登山大半，飞瀑雷震，从空而下"。就只见瀑布旁就有一座室宇，那就是飞泉亭了：纵横丈余，八窗明净。闭窗瀑闻，开窗瀑至。人可坐，可卧，可箕踞，可偃仰，可放笔砚，可瀹茗置饮。

作者由衷地感叹：当时建此亭者其仙乎！

余年来观瀑屡矣，至峡江寺而意难决舍[1]，则飞泉一亭为之也。

凡人之情，其目悦，其体不适，势不能久留；天台之瀑，离寺百步；雁宕瀑旁无寺；他若匡庐，若罗浮，若青田之石门，瀑未尝不奇，而游者皆暴日中，踞危崖[2]，不得从容以观；如倾盖交[3]，虽欢易别。

惟粤东峡山[4]，高不过里许，而磴级纡曲，古松张覆，骄阳不炙。过石桥，有三奇树，鼎足立，忽至半空凝结为一。凡树皆根合而枝分，此独根分而枝合，奇已。

登山大半，飞瀑雷震，从空而下。瀑旁有室，即飞泉亭也。纵横丈余，八窗明净，闭窗瀑闻，开窗瀑至；人可坐，可卧，可箕踞[5]，可偃仰，可放笔砚，可瀹茗置饮[6]；以人之逸，待水之劳，取九天银河置几席间作玩。当时建此亭者其仙乎！

僧澄波善弈，余命霞裳与之对枰[7]，于是水声，棋声，松声，鸟声，参错并奏。顷之，又有曳杖声从云中来者，则老僧怀远，抱诗集尺许，来索余序。于是吟咏之声，又复大作；天籁人籁[8]，合同而化。不图观瀑之娱，一至于斯！亭之功大矣。

坐久日落，不得已下山。宿带玉堂，正对南山，云树蓊郁[9]，中隔长江，风帆往来，妙无一人肯泊岸来此寺者。僧告余曰："峡江寺俗名飞来寺。"余笑曰："寺何能飞！惟他日余之魂梦，或飞来耳。"僧曰："无征不信[10]。公爱之，何不记之？"余曰："诺。"已遂述数行，一以自存，一以与僧。

**【注释】**

[1]决舍：弃绝，离弃。

[2]踞：倚靠。危崖：高崖。

[3]倾盖：途中相遇，停车交谈，双方车盖往一起倾斜。形容一见如故或偶然的接触。

[4]峡山：一名观亭山、中宿峡。在今广东清远市东北。

[5]箕踞：一种坐的姿式。坐时两脚伸直岔开，形似簸箕。

[6]瀹茗：煮茶。瀹：音 yuè，煮。

[7]霞裳：姓刘，山阴人。袁枚的学生。

[8]人籁：人发出的声音。

[9]蓊郁：茂盛貌。

[10]无征不信：谓没有证物就不能使人相信。

# 乌鲁木齐杂诗(节选)

## 清·纪 昀

**【提要】**

本诗选自《历代西域诗钞》(新疆人民出版社 2001 年版)。

乾隆三十三年(1768),纪昀的亲家两淮盐运使卢见曾侵吞公款,被揭发检举,乾隆密令搜查卢家,事前,身为侍读学士的纪昀秘密把消息透露给了卢见曾。结果,纪昀被贬到了乌鲁木齐。在乌鲁木齐的两年中,纪昀表现出对乾隆感恩戴德,深得赏识,很快就被召回复职。

乌鲁木齐大规模开发始于清代乾隆二十年(1755)。清政府鼓励屯垦,减轻粮赋,乌鲁木齐农业、商业、手工业开始有了较快的发展。为适应人口增长、屯垦及商业贸易的需要,清军在今乌鲁木齐南门外修筑"周一里五分,高一丈二尺"的土城;乾隆二十八年(1763),又将旧土城向北扩展,达到周长五里四分。竣工时,乾隆命名曰"迪化"。

纪昀的《乌鲁木齐杂事诗》描述的就是此时的城市景象。"山围芳草翠烟平,迢递新城接旧城","半城高阜半城低,城内清泉尽向西",而城内房屋犹如棋盘一般,这里的街道廛肆与内地没有两样,"夜深灯火人归后,几处琵琶月下闻";与内地不同的当然是大风刮起时"人马轻如一夜旋",还有移营的戍卒。

待到"三十四屯如绣错",不劳转粟便能自给守边时,乌鲁木齐就让纪昀充满诗情和留恋了。

余谪乌鲁木齐凡二载,鞅掌簿书[1]。未遑吟咏,庚寅十二月恩命赐环[2]。辛卯二月,治装东归。时雪消泥泞,必夜深地冻而后行。旅馆孤居,昼长多暇,乃追述风土,兼叙旧游。自巴里坤至哈密[3],得诗一百六十首,意到辄书,无复诠次[4],因命曰乌鲁木齐杂诗。夫乌鲁木齐,初西番一小部耳。神武奠定以来[5],休养生聚,仅十余年。而民物之番衍丰阜[6],至于如此,此实一统之极盛。昔柳宗元有言:思报国恩,惟有文章。余虽罪废之余,尝叨预承明之著作[7],歌咏休明[8],乃其旧职。今亲履边塞,纂缀见闻,将欲俾寰海内外咸知圣天子威德郅隆[9],开辟绝徼[10]。龙沙葱雪,古来声教不及者,今已为耕凿弦诵之乡,歌舞游冶之地。用以昭示无极,实所至愿。不但灯前酒下,供友朋之谈助已也。

山围芳草翠烟平,迢递新城接旧城[11]。
行到丛祠歌舞榭,绿氍毹上看棋枰[12]。
廛肆鳞鳞两面分[13],门前官柳绿如云。

夜深灯火人归后,几处琵琶月下闻。

万家烟火暖云蒸,销尽天山太古冰。

腊雪清晨题牍背,红丝研水不曾凝。

半城高阜半城低,城内清泉尽向西。

金井银床无用处,随心引取到花畦。

惊飙相戒避三泉[14],人马轻如一叶旋。

记得移营千戍卒,阻风港汊似江船。

良田易得水难求,水到秋深却漫流。

我欲开渠建官闸,人言沙堰不能收[15]。

银瓶随意汲寒浆,凿井家家近户旁。

只恨青春二三月,却携素绠上河梁[16]。

秋禾春麦陇相连,绿到晶河路几千。

三十四屯如绣错,何劳转粟上青天[17]。

**【作者简介】**

纪昀(1724—1805),字晓岚,一字春帆,晚号石云,道号观弈道人,直隶献县(今属河北)人。历雍正、乾隆、嘉庆三朝,享年82岁。因其"敏而好学可为文,授之以政无不达"(嘉庆帝御赐碑文),故卒后谥号"文达",乡里世称文达公。纪昀自幼聪颖,中进士后同年进入翰林院。先后担任山西、顺天乡试的主考官,并曾视学福建。后入主翰林院,三迁御史,三入礼部,两次执掌兵符,以礼部尚书、协办大学士加太子太保管国子监事致仕。他为人忠厚、治学精研,主持编纂《四库全书》,又殚十年之力,编纂《四库全书总目提要》。另有《阅微草堂笔记》等。

**【注释】**

[ 1 ] 鞅掌:事务繁忙貌。

[ 2 ] 庚寅:1770年。赐环:亦作"赐圜"。旧时放逐之臣,遇赦召还谓之。《荀子·大略》:"绝人以玦,反绝以环。"杨倞注:"古者臣有罪待放于境,三年不敢去,与之环则还,与之玦则绝,皆所以见意也。"

[ 3 ] 巴里坤:今名巴里坤哈萨克自治县。位于新疆东部,天山东段北麓,南隔巴里坤山与哈密市为邻。

[ 4 ] 诠次:次第,层次。

[ 5 ] 神武:指乾隆。耆定:平定。

[ 6 ] 丰朊:丰美富厚。朊:音 wǔ,盛、厚。

[ 7 ] 叨预:谦词。犹缀附参与。

[ 8 ] 休明:用以赞誉明君或盛世。

[ 9 ] 郅隆:昌盛,兴隆。

[10] 绝徼:谓边陲。

[11] 迢递:连绵不绝貌。

[12] 氍毹:音 qú shū,毛织的地毯。棋坪:指城区街市。

[13] 廛肆:街市。鳞鳞:形容多得像鱼鳞。

[14] 三泉:在今新疆木垒县,处古尔班通古特沙漠深处。其地风力猛烈。庚寅(1770)三

月,西安兵移置伊犁,阻风三月不得行。

[15]按:作者注:四五月需水之时,水多不至。秋月山雪消尽,水乃大来。余欲建闸蓄水,咸言沙堰浅溢,闸之水必横溢,若深浚其渠,又田高于水,水不能上。余又欲浚渠建闸,而多造龙骨车引之入田,众以为庶几。未及议,而余已东还矣。

[16]按:作者注:土性壁立。凿井不圮,每工价一金即得一井,故家家有之。然至春月,虽至深之井亦涸,多取汲于城外河中。素綆:汲水桶上的绳索。

[17]按:作者注:中营七屯,左营六屯,右营八屯,吉木萨五屯,玛纳斯四屯,库尔喀拉乌素二屯,晶河二屯,共屯兵五千七百人。一屯所获,多者逾十八石,少者亦十三四石云。晶河:今新疆精河县。绣错:色彩错杂如绣。

## 雅州道中小记

### 清·王 昶

**【提要】**

本文选自《春融堂集》(嘉庆十二年塾南书社刻本)。

王昶乾隆三十七年(1772)随云贵总督阿桂入川,至四十一年随师凯还,在川贵前后5年,行走在雅州邛水、汶川之上,自然是稀松平常之事。

雅州位于长江上游、四川盆地西缘,东邻成都、西连甘孜、南界凉山、北接阿坝,素有"川西咽喉""西藏门户""民族走廊"之称。隋仁寿四年(604)置州,因境内雅安山得名。治所在严道(今雅安)。唐辖境相当今四川雅安、名山、荥经、天全、芦山、小金等县地。清雍正七年(1729),升雅州为府,治所雅安,辖雅安、名山、荥经、芦山、清溪五县,天全州,同时管理打箭炉厅(今康定)和穆坪宣慰司,范围南抵大渡河、西至金沙江边的芒康,雅州成为当时全国面积最大的一个州。

索桥、溜索、牛皮船、栈道,作者绘声绘色地一一介绍当地奇特的东西:一桥凡数十绚,经于空中,人行其间颠簸,心目皆眩晕,至有噫呕者;剖竹为瓦状,有渡者缚两瓦合于索上,又缚人于瓦上,推之,瓦循索自高以迄于卑;用牦牛皮绷于竹,以为船,围二丈余,径约七尺,容两人;先凿穴石壁上,下二三丈,复凿穴,以楮巨木。木斜出,杪与上壁穴平,举木横上穴中,复引其首,缀于木杪。势平后,固以絙,或铁,或竹索。

行走在这样的道上,作者不由感叹:坦途易忽,险地易儆。儆则无虞,而忽必有失,理也。

雅州道,既是一条险峻的道,更是一条奇迹之道。

### 其一

距雅州府治四里,闻水声潺潺然,盖邛水也。编竹为筏浮水面,筏相接处以木亘之[1]，维绷缅如筵席五重焉[2]。行筵上，水汪然出马蹄下，竹间疏，可以通水，而履之若康庄，法至善也。巴、蜀之间渡水者，率用竹，故古谓之邛、笮。徐广云：笮，竹索也。

余闻汶川西北多索桥，法绞竹为绹[3]，穴山趾，以贯首尾，一桥凡束数十绹，经于空中，人行其间颠簸，心目皆眩晕，至有噫呕者[4]。

又松潘杂谷有溜索，索亦裂竹绞焉。两崖植桩各二，高卑各一。西崖系索高桩上，则以其末曳东崖，属于桩之卑者，其自东而西亦然。剖竹为瓦状，有渡者缚两瓦合于索上，又缚人于瓦上，推之，瓦循索自高以迄于卑。抵岸侧，则解其缚以行。他若财货器用及婴儿，皆可用以渡。渡者如激矢，其下石如犬牙，与波浪相戞摩[5]，而土人殊不为意。其奇诡险怪若此。或云即《蜀都赋》所云都卢寻橦者。嗟夫！徼外蛮、僚所造作器用[6]，大率非中原所经见。

又闻打箭炉西章谷河夷人，用牦牛皮绷于竹，以为船，围二丈余，径约七尺，容两人。渡船行杈枒乱石间，水若喷云，篙师举篙点之，篙善委蛇屈曲[7]，无不如意，否则触石棱，率以破败淹没云。

## 其二

自雅州至小关山，两山皆壁立，溪中石累累然，若卵，若棋，若弹丸，若缶瓶甑釜，大者若舟，盖夏秋间瀑流怒涨，挟石以下，轰訇乱纷[8]，排击抵荡，凡角圭镌杀焉[9]，故其状若此。溪水落，入为道，溪中水涨，则从偏桥以行。

偏桥之制，先凿穴石壁上，下二三丈，复凿穴，以楮巨木[10]，木斜出，杪与上壁穴平，举木横上空中，复引其首，缀于木杪，势平后，固以绹[11]，或铁，或竹索。两木间，则施骈木焉，实土布以版，如是始通人行，秦中名曰"栈道"。又名"阁道"。楚、黔皆有之，惟蜀为甚。岁久绹稍弛，率跛倚摇荡。又久者，版木朽腐，缺处俯见万石林林，石皆枪植剑矗[12]，辄背汗足瘁[13]，涩不能举。马蹄其隙，颠踣行人坠万仞下，肢肌糜裂以殒[14]。若是者，壁绝路断处多有之，故其地号至险。

予以十月四日过此，雨甚，遇桥朽腐，必下马，以步其上。穷崖敲嶂[14]，若鹏搴，若虎搏，若熊蹲，若豕立牛骇，往往摩人顶。木千章荫苁，石左右蒙翳，甚者若屋若障，罨以云雾[15]，昼冥晦。有鸟焉，噍杀咿嘎，如婴儿啼，下与溪水淙潺相应和[16]。是溪也，北流入于邛水。

## 其三

越小关山行，折而稍南，雨益密，桥之敧仄朽腐[17]，又加险焉。道中骋而蹶者十五、六，蹶而伤若损者十二、三，予时时下马，衣制控以行，故得无恙。

嗟夫，予骑行天下，盖万余里矣，惟侍从为最稳，銮辂将至[18]，地方有司除道刮泥淖，理荦确[19]，视其宏窿而治之[20]，实以赤埴，其平且直如砥。然甲申春，从幸田盘，将止舍，与员外郎汪君承霈并而驰，以马蹶辔坠[21]。丁亥秋，从幸木兰，过博洛河屯，在马上指山色,语形势向背,忽颠而下,同行者不知所以然也。己丑,从军出铜壁关,由野牛坝而蛮暮,由蛮暮而新街,而老官屯,雨久,泥淖没马腹,淖下树根络丛,石如网然。其上藤之悬,木之椅,篾箦之蒙密[22],又与头、目、肩、脊相触碍,险视此倍之。行数百里,卒无颠仆患,岂信工于骑哉?

坦途易忽,险地易儆,儆则无虞,而忽必有失,理也。凡处险之道二:在见险而能止,若不可止,受之以需,需非怠缓之谓,盖敬慎也。需之象[23],故曰敬慎不败。嗟夫,惧以始终,其要无咎,独行路为然耶!既抵馆,戚戚然犹有戒心。因燃烛书之。

## 其四

由大关山抵邛崃山大象岭,凡五十余里。肩舆戛戛,上密雨不已。及岭,凝为雪,舆人凌兢[24],手足皆僵冻。至一祠,诸葛武乡侯祠也。入旁室,道人进粥糜,启西南牖,云雾雨雪,晦雾掩塞,四顾无所见。顷之,自岭下,雪霁,舆人云:岭北雨,岭南日,盖率以为常。下岭七十二盘,始抵麓。

《志》云:此九折坂为王阳停驭处[25]。然视关山,路较坦易,古人且踌躇彳亍,不敢轻蹈。则如予者,以遗体行,殆昧于"道而不径,舟而不游"之义,其王阳之罪人矣夫!

**【作者简介】**

王昶(1725—1806),字德甫,号述庵,又号兰泉,江苏青浦(今上海青浦区)朱家角人。清乾隆十九年(1754)进士,授内阁中书、协办侍读,入军机处,后又擢刑部郎中。乾隆三十七年(1722),随大学士、云贵总督阿桂入川,平定大小金川。前后在军营9年,所有奏檄,均由王昶起草,加军功十三级,记录八次。四十一年,师凯还,乾隆赐宴紫光阁,称其"久在军营,著有劳绩",擢为鸿胪寺卿,赏戴花翎。不久,又升为大理寺卿,都察院右副都御史。累官江西、直隶、陕西按察使,江西布政使,刑部侍郎。五十八年,以老乞罢,上许之,方岁暮,谕俟来岁春融归里。昶归,遂以"春融"名其堂。有《春融堂集》《湖海诗传》《湖海文传》《明词综》《国朝词综》等。

**【注释】**

[1] 亘:谓串接。
[2] 绋缅:绳索和带子。多指挽船、系船所用。
[3] 绹:绳索。
[4] 噫呕:呕吐。
[5] 戛摩:犹摩擦。
[6] 徼外:塞外,边外。
[7] 委蛇:犹逶迤。
[8] 轰訇:亦作"轰哄"。形容巨大而嘈杂的声音。
[9] 角圭:有棱角的圭玉。比喻锋芒。
[10] 榰:音 zhī,犹植。
[11] 絙:音 gēng,绳索。
[12] 瘁:疾病,劳累。
[13] 颠踣:跌倒,仆倒。踣:音 bó。殁:音 mò,同"没"。

[14] 欹嶂:谓山高险如障如倾貌。

[15] 罨:音 yǎn,覆盖,笼罩。

[16] 淙潺:水流声。

[17] 欹仄:同"欹侧"。倾斜,歪斜。

[18] 鸾辂:天子王侯所乘之车。

[19] 荦确:怪石嶙峋貌。荦:音 luò,杂色牛,引申为杂色。

[20] 窊窿:低洼窟陷。窊:音 wà。

[21] 蹴纆:谓踩住缰绳。

[22] 箯筤:俱竹名。

[23] 需:卦名。六十四卦之第五卦。

[24] 凌兢:形容寒凉。

[25] 停驭:常写作叱驭。《汉书·王尊传》:"先是,琅邪王阳为益州刺史,行部至邛崃九折坂,叹曰:'奉先人遗体,奈何数乘此险!'后以病去。及尊为刺史,至其阪,问吏曰:'此非王阳所畏道耶?'吏对曰:'是。'尊叱其驭曰:'驱之,王阳为孝子,王尊为忠臣。'"

# 圩田图记

## 清·韩梦周

【提要】

本文选自《清经世文编》(道光七年刊行本)。

圩田,也叫围田,沿江、濒海或滨湖地区筑堤围垦成的农田。常常在地势低洼处,其地面低于汛期水位,甚至低于常年水位。

圩田起源于唐代以前,至唐代圩田的名称已经很普遍。圩田的建造维修都需要大量费用,多由政府或有实力的大地主来完成。圩田的规模很大,五代十国时期,南唐与吴越在各自境内大修圩田,每圩方圆几十里,如同大城。其中,地势较低、排水不良、土质黏重的低沙圩田,大都栽水稻;地势较高、排水良好、土质疏松、蓄水性不良的高沙圩田,常常种棉花、玉米等。吴越国曾设立了专门机构对太湖流域的圩田进行管理。

宋代以后,南方圩田进入快速发展期。北宋沈括就有《万春圩图记》,位于太平州芜湖县的万春圩,"有田十二万七千亩,圩中有大道长二十二里"(《文献通考·田赋六》)杨万里《圩田》诗吟道:"周遭圩岸缭金城,一眼圩田翠不分。"而此时,江淮、浙西、浙东的圩田在形式上虽有其相似之处,实际上各不相同。浙东的圩田,又称湖田,在山地高处的湖泊上辟地修成,在一定程度上造成对山下原有耕地的破坏;而江淮、浙西的圩田筑于低洼处。江淮圩田虽多单独成圩,但往往规模宏大;浙西太湖流域的圩田则是由众多圩田连片而成的集合体,其单个圩田往往规模较小。

南方圩田明清时臻于全盛。"来安东南多圩田",为何?"河水自发源行七十里,涧流沟注,交汇于水口,于是始大,足灌溉。故圩田居焉。"于是,河东西岸都广构圩田。韩梦周详细介绍这些圩田的情况,并绘出圩田图。

池州知府李本樟所作的《皇兴圩记》则是清代安徽省沿江两岸兴修圩田的真实记录。

来安东南多圩田[1],夹列水口沙河东西岸。沙河发源于盱眙之炉山四十里,径县东门,又三十里径水口,又三十里入乌衣河,又东汇于滁河。河水自发源行七十里,涧流沟注,交会于水口。于是始大,足灌溉,故圩田居焉。

列西岸者,曰:罗沈圩、河西圩、范家圩、三城圩、劝垦圩、塘南圩、固镇圩、天涧圩,凡八圩。列东岸者,曰:瓜圩、扁圩、胡母圩、黄青圩、大雅圩、董青圩、江青圩、西广大圩、东广大圩、北广大圩,凡十圩。共十有八圩。

凡圩之制,大者周四十余里,次二三十里,次十余里。四围筑堤,堤高二丈余,厚四五丈余;次高一丈余,厚三四丈余。堤外有夹河,有散水堤。内有月塘[2],有沟有渠。于堤半下作斗门[3],以石为之;小者为龠[4],以砖为之。时其启闭,旱则引沙河之水入斗龠,流入塘渠灌田;涝则决圩内之水出斗龠,由夹河分入散水,达沙河。沙河不能即泄,在东岸又有汪波荡、惊儿荡以汇之,在西岸有红草场、黄线沟以出之。而汪波荡为最大,荡广四十余里,东南通乌衣河。水口以北诸冈埠之水皆聚焉,于来为巨浸。故凡圩田之设,其为利害于沙河者十之七,为利害于汪波荡者十之三。此圩田规制之大略也。

凡圩田宜稻,所获视他田三倍,其值亦倍于他田。故谚曰:"圩田收,食三秋。"其地利然也。比年以来[5],雨旸愆伏[6],旱涝过甚。旱甚则无水可资,涝甚则中外皆饱,圩反为泽。于是,圩之民始病。然涝之中尤有甚病者曰:破堤。河溢荡涌,冲激所至,堤不能御,则溃决而入,拔树木,漂庐舍。圩之沟渠畦塍[7],荡涤变迁,失其故制。沙砾所淤,化为硗瘠[8]。是以破堤之圩,三年不复。然来圩再被涝,而无破堤之患,视他邑为幸者,非其水势弱也。圩之堤高且固,足与水敌也。语曰:"人力足,灾为福。"此其验也。

故凡营圩田者,莫先于固堤;欲固堤者,在齐民力;齐民力者,在通作。民力既齐,厚其力食而堤自固矣。堤固,则小旱涝足以为备,而甚亦不为大病,夫而后圩民可得小安也。

余三年以来,营度于此。考地势,究利害,齐人功。凡所规建,颇有成效。因命工为图,备具经制[9],及所以兴作力食之条悉列焉。俾后来者有所考,毋以荒功遗害也。

**【作者简介】**

韩梦周(1729—1798),字公复,号理堂,山东潍县人。乾隆二十二年(1757)进士。乾隆三十一年(1766年)任安徽来安知县,法令严明,不畏权势,一到任就将欺压民众的衙役开除,提倡种桑。来安北部多山,南部为圩田,农民生活贫困。他让农民依山种桑,并招募充、沂两州善养蚕者教养蚕。为使瓜埠口等地圩田免受水灾,他率人测量、规划,拟将浦口黑水河改道流入长江,著《圩田图三记》,详述地理测量工程。又建书院和恤孤院,甚有政声。三十五年,调江宁南闱任同考官,启程前恰遇来安遭蝗灾,因未能及时灭灾被劾罢官。三十七年,回潍县,授徒讲学,著述颇丰。

## 【注释】

[ 1 ] 来安:今属安徽滁州,邻长江,境内河流众多。

[ 2 ] 月塘:谓池塘。其形如月,故称。

[ 3 ] 斗门:农业灌溉系统中,控制渠水流量的水闸。

[ 4 ] 馠:同"涵"。涵洞。

[ 5 ] 比年:近年。

[ 6 ] 雨旸:谓雨天和晴天。愆伏:谓阴阳失调。多指气候异常。

[ 7 ] 畦塍:音 qí chéng,田亩堤埂。

[ 8 ] 硗瘠:谓瘠薄之地。

[ 9 ] 经制:经理节制。

## 新修皇兴圩堤碑记

### 清·李本樟

天下之赋,出于东南者十之八九。其濒江一带为圩田,设堤防而立斗门,以司吐纳,往往称沃壤。然或畚筑不时[1],启闭无节。潮汛溃决,民且为鱼。上无以供赋税,下无以宁家室,非细故也。

铜陵滨江为治,赋出于圩者十之七。厥土坟垆[2],厥田下下,以江潮之大小为丰歉。

万历间,弋阳徐侯始筑长堤,以御江潮。而后四十八圩永享其利。其堤起于丁家洲老坝,迄于仁丰下圩,高其防而障以都埂。嗣是,邑侯辁念民艰者[3],皆以治圩为重务。南北皆有斗门,而北临大江者,吐纳尤重。数十年来,蚁穿蚓溜[4],渗漏如泉。

予守铜陵之明年,阳侯肆虐[5],荡析为灾。又自皇兴圩始,其堤之冲激碎裂,抑又甚焉。呜呼! 兹之弗治,铜陵其鱼矣。爰进绅耆而筹之,佥以工巨力艰[6],束手无策;或欲请帑兴修,则工始于民而修于官,政体弗协,且成例弗能也。

顾费不给则堤不完,堤不完则圩永废。国赋民生,其何以赖? 予念举大事首在得人,乃访有章子廷锷者商之。出其《修圩条议》一篇,言皆有根柢。余知其必有成,乃韪其议而行之。其法:按亩以征费,计甲以起夫,开方以算土,积步以权值。计堤之围三千三百有奇。小圩障其西,又堤一千有奇。新筑之方一万八千有奇。费不足,则任事者解囊以助之;力不能即输者,又假贷以先之。其壮者,既受夫之值,足以赡其家;而老弱者,又分班任易[7],足以糊其口。有业者,蒙任恤之休[8];无业者,享代赈之利。且使各圩之呈乞者,关其口而勉于言。而四十八圩之堤,俱兴起,坚固缜密,用卜永年。

乃进任事者而告曰:"勉之哉! 一德一心,以保此不替。其岁择一长而群长咸听,无违心也。其增卑培薄,一以时启闭也。其利害与共,毋筑堤坝于水渚也[9];其高尔埂于沟浍之上[10],以防水溢也;其预存余地,毋留宿水以滋涨决也;其尽塞外圩之硈[11],勿令驱水入圩而以私害公也,则铜民其世世永利矣。爰叙其颠末[12],以垂示后人。

**【作者简介】**

李本樟,生卒年月不详,山东武定人,雍正癸丑(1733)进士,官至池州府同知。

**【注释】**

[ 1 ]畚筑:盛土和捣土的工具。

[ 2 ]坟垆:高起的黑色硬土。

[ 3 ]轸念:悲痛地思念。

[ 4 ]蚁穿蚓溜:谓大堤因蚂蚁、蚯蚓的打洞侵害,伤口百出,功能渐失。

[ 5 ]阳侯:借指波涛。

[ 6 ]佥:音 qiān,全,都。

[ 7 ]任易:谓轮流上工。

[ 8 ]任恤:谓诚信并给人以帮助。

[ 9 ]渚:水中小块陆地。

[10]沟浍:泛指田间水道。浍:音 huì,田间水渠。

[11]硈:同"涵",石闸。

[12]颠末:本末,前后经过情形。